Análise do Comportamento

Aplicada na Atenção Primária, Secundária e Terciária à Saúde

A642 Análise do comportamento aplicada na atenção primária, secundária e terciária à saúde / Organizadoras, Ana Karina C. R. de-Farias, Luziane de Fátima Kirchner. – Porto Alegre : Artmed, 2022.
xvi, 263 p. : il. ; 25 cm.

ISBN 978-65-5882-061-1

1. Psicologia do comportamento. I. de-Farias, Ana Karina C. R. II. Kirchner, Luziane de Fátima.

CDU 159.9.019.4

Catalogação na publicação: Karin Lorien Menoncin – CRB 10/2147

Análise do Comportamento
Aplicada na Atenção Primária, Secundária e Terciária à Saúde

Ana Karina C. R. de-Farias
Luziane de Fátima Kirchner (ORGANIZADORAS)

artmed

Porto Alegre
2022

Gerente editorial: *Letícia Bispo de Lima*

Colaboraram nesta edição:

Coordenadora editorial: *Cláudia Bittencourt*

Capa: *Tatiana Sperhacke*

Imagem da capa: *baseada em ©shutterstock.com/Fona/1722017908*

Preparação de originais: *Camila Wisnieski Heck*

Leitura final: *Marcela Bezerra Meirelles*

Projeto gráfico e editoração eletrônica: *Tipos – Design editorial e fotografia*

Rua Ernesto Alves, 150 – Bairro Floresta
90220-190 – Porto Alegre – RS
Fone: (51) 3027-7000

SAC 0800 703 3444 – www.grupoa.com.br

IMPRESSO NO BRASIL
PRINTED IN BRAZIL

A João Claudio Todorov (*in memorian*),
pelas suas contribuições ao Behaviorismo Radical e à
Análise do Comportamento. Nosso muito obrigada,
Professor "com P maiúsculo"!

Autores

Ana Karina C. R. de-Farias
Psicóloga clínica do Centro de Atenção Multiprofissional (CaMtos). Formação em Terapia Comportamental Dialética (DBT) pelo Linehan Institute. Mestra em Processos Comportamentais pela Universidade de Brasília (UnB).

Luziane de Fátima Kirchner
Psicóloga. Professora do Curso de Psicologia e do Programa de Pós-graduação em Psicologia da Universidade Católica Dom Bosco (UCDB). Coordenadora do Laboratório de Estudos do Comportamento em Saúde (LECS). Doutora em Psicologia pela Universidade Federal de São Carlos (UFSCar).

Adriana Jaime
Psicóloga. Especialista em Psicologia Hospitalar e da Saúde pela Asssociação de Combate ao Câncer de Goiás/Instituto de Ensino e Pesquisa (ACCG/INEP) e em Psicologia Transpessoal pela UniBem. Mestra em Ciências da Saúde: Saúde da Mulher pela Fundação de Ensino e Pesquisa em Ciências da Saúde (FEPECS-DF).

Andréia Schmidt
Psicóloga. Professora do Curso de Psicologia e do Programa de Pós-graduação em Psicobiologia da Faculdade de Filosofia, Ciências e Letras de Ribeirão Preto da Universidade de São Paulo (FFCLRP-USP). Doutora em Psicologia Experimental pela USP.

Bianca dos Reis
Psicóloga. Mestranda em Psicologia na Universidade Federal do Paraná (UFPR). Bolsista CAPES-DS.

Carolina K. Kracker
Psicóloga clínica. Responsável técnica pelo Serviço de Atendimento em Psicologia Comportamental da Clínica Diálogo e Compreensão, São Paulo. Mestra em Psicologia Experimental: Análise do Comportamento pela Pontifícia Universidade Católica de São Paulo (PUC-SP). Formação avançada em Acompanhamento Terapêutico e Atendimento Extraconsultório pelo Paradigma – Centro de Ciências e Tecnologia do Comportamento e capacitação em amamentação pela Lumos Cultural.

Carolina Neves da Rocha
Psicóloga clínica. Mestra em Psicologia pela UFSCar. Qualificação avançada em Clínica Analítico-comportamental pelo Paradigma – Centro de Ciências e Tecnologia do Comportamento.

Fernanda Torres Sahão
Psicóloga. Mestra e doutoranda no Programa de Pós-graduação em Análise do Comportamento da Universidade Estadual de Londrina (UEL).

Flávia Nunes Fonseca
Psicóloga da Secretaria de Estado de Saúde do Distrito Federal (SES-DF). Professora do Instituto Brasiliense de Análise do Comportamento (IBAC). Especialista em Análise Comportamental Clínica pelo IBAC. Mestra em Ciências do Comportamento pela UnB.

Gabriela Sabino
Psicóloga clínica. Supervisora de Análise do Comportamento Aplicada do Núcleo Kompass de Londrina e em Clínica e Saúde no Serviço de Aconselhamento Genético (SAG) da UEL. Gestora de Psicoeducação no Projeto Suporte Psicológico Covid-19 da UEL. Mestranda em Análise do Comportamento na UEL.

João Victor Pedrosa Marcolini
Psicólogo. Residente técnico em Gestão Pública (UEPG-UEL) e psicólogo residente no Patronato Penitenciário de Londrina (PLDA).

Josiane Knaut
Psicóloga clínica. Coordenadora e professora do Curso de Pós-graduação em Clínica Analítico-comportamental: Práticas e Recursos Terapêuticos da Universidade Positivo (UP). Especialista em Psicologia Clínica: Behaviorismo pela UFPR. Mestra e doutoranda em Psicologia na UFPR.

Juciléia Rezende Souza
Psicóloga. Preceptora do Programa de Residência Multiprofissional em Saúde da UnB/HUB. Responsável pelo Serviço de Psicologia Oncológica do HUB. Chefe da Unidade de Gestão da Pesquisa do HUB. Especialista em Psicologia Oncológica pelo Inca e em Preceptoria pelo IEP Sírio-Libanês. Mestra e Doutora pelo Programa de Pós-graduação em Psicologia do Desenvolvimento e da Saúde da UnB.

Júlia Weiss
Psicóloga clínica e doula. Qualificação avançada em Clínica Analítico-comportamental e aprimoramento em Clínica Infantil, Adolescente e Orientação de Pais pelo Paradigma – Centro de Ciências e Tecnologia do Comportamento. Mestranda no Paradigma – Centro de Ciências e Tecnologia do Comportamento.

Juliana Afonso Prado
Psicóloga do Núcleo Regional de Atenção Domiciliar da Região de Saúde Leste do Distrito Federal, Secretaria de Estado de Saúde do Distrito Federal. Especialista em Psicologia Junguiana pela Faculdade de Ciências da Saúde de São Paulo (Facis).

Karina Pinheiro da Silva
Psicóloga clínica. Professora no Curso de Psicologia e Medicina da UP. Especialista em Clínica Analítico-comportamental pela UP. Mestra em Análise do Comportamento pela UEL.

Kellen Martins Escaraboto Fernandes
Psicóloga clínica. Membro da equipe do Instituto de Análise do Comportamento em Estudos e Psicologia (IACEP), Londrina. Professora convidada de pós-graduação das seguintes instituições: Universidade Filadélfia, Universidade Paranaense (Unipar), Universidade Estadual de Maringá (UEM), Pontifícia Universidade Católica do Paraná (PUC-PR) e

Unicesumar. Especialista em Psicoterapia na Análise do Comportamento pela UEL e em Psicopedagogia e Educação Especial pela Universidade Norte do Paraná (Unopar). Mestranda no Programa de Pós-graduação em Análise do Comportamento da UEL. Formação em DBT pelo Linehan Institute, Estados Unidos, e em Terapias Contextuais, com ênfase em Terapia de Aceitação e Compromisso e Psicoterapia Analítica Funcional, pelo Instituto Continuum, Londrina.

Lorena Bezerra Nery
Psicóloga da Secretaria de Estado de Saúde do Distrito Federal (SES-DF). Psicóloga e supervisora clínica da Eixo Norte. Professora do IBAC. Especialista em Análise Comportamental Clínica pelo IBAC. Mestra em Ciências do Comportamento pela UnB.

Maria Rita Zoéga Soares
Psicóloga clínica. Professora sênior do Programa de Pós-graduação em Análise do Comportamento da UEL. Doutora em Psicologia pela USP. Pós-doutorado na Universidad de Valencia e na Universidad Jaume I de Castellón, Espanha.

Maryam Furlan Ayoub
Psicóloga. Doutoranda em Psicobiologia na FFCLRP-USP.

Michaele Terena Saban-Bernauer
Psicóloga. Professora e coordenadora do Curso de Terapia de Aceitação e Compromisso do Hospital das Clínicas da Faculdade de Medicina da USP (HC-FMUSP). Especialista em Análise do Comportamento pelo Núcleo Paradigma. Mestra em Psicologia Experimental pela PUC-SP.

Nádia Kienen
Psicóloga. Professora do Departamento de Psicologia Geral e do Programa de Pós-graduação em Análise do Comportamento da UEL. Doutora em Psicologia pela Universidade Federal de Santa Catarina (UFSC). Pós-doutorado na University of Alabama at Birmingham, Estados Unidos.

Nione Torres
Psicóloga. Terapeuta, coordenadora de projetos e supervisora clínica do IACEP, Londrina. Coordenadora do Núcleo de Estudos sobre Luto do IACEP. Especialista em Docência do Ensino Superior pela UEL. Mestra em Psicologia Clínica na Análise do Comportamento pela PUC-Campinas. Formação em DBT pelo Behavioral Tech/The Linehan Institute, Estados Unidos.

Renatha El Rafihi-Ferreira
Psicóloga do Ambulatório do Sono (ASONO) do Programa Jovem Pesquisador FAPESP. Pesquisadora colaboradora no Instituto de Psiquiatria do HC-FMUSP. Doutora, com pós-doutorado, pelo Programa de Psicologia Clínica da USP.

Tathianna de Assis Córdova
Psicóloga. Especialista em Psicologia Hospitalar pelo IBAC.

Yara Luana Pereira de Souza
Psicóloga clínica. Mestranda em Psicobiologia na FFCLRP-USP.

Apresentação

A intervenção psicológica no contexto saúde-doença é prevista no modelo biopsicossocial de saúde, que aponta nesse processo a presença interativa de variáveis biológicas, psicológicas e sociais. Esse modelo, multidisciplinar por definição, cresceu de forma abrangente ao longo das últimas três décadas e é adotado pelas especialidades médicas na promoção da saúde e na prevenção e no tratamento de doenças. A atenção integral à saúde demanda a participação interativa de múltiplos profissionais nos setores hospitalares e ambulatoriais, ou mesmo em consultórios, conforme o caso e a disponibilidade de recursos humanos e contextuais.

A contribuição do psicólogo nessa área é principalmente voltada para o manejo de mediadores comportamentais e emocionais inerentes ao processo saúde-doença vivenciado pelo paciente. Nesse contexto, os pressupostos teóricos e a prática da Análise do Comportamento se ajustam especialmente às peculiaridades da área, que demandam assistência objetiva, eficaz, exequível em curto prazo e nas condições nem sempre ótimas de ambientes hospitalares. Outra dimensão inerente ao trabalho do psicólogo nessa área é a assistência ao profissional, que tipicamente experiencia em seu cotidiano uma rotina indutora do estresse e do *burnout*.

Embora os avanços científicos já alcançados sejam significativos, a área ainda requer pesquisas aplicadas que apresentem evidências quanto à adequação e à eficácia das práticas utilizadas para abordagem e intervenção junto ao paciente. Neste livro, os capítulos descrevem pesquisas que sustentam as práticas descritas, ou estudos de caso que especificam formas adequadas e bem-sucedidas de intervenção. Os modelos são claros, os conceitos da Análise do Comportamento são descritos de modo didático, e sua aplicação é viável para profissionais experientes e até para o aluno estagiário ou, em algumas situações, para outros profissionais membros da equipe multidisciplinar nos hospitais.

Os ensinamentos são enriquecedores tanto pela relevância das especialidades abordadas quanto pela clareza e adequação dos procedimentos propostos. Os conceitos necessários à intervenção são descritos como ferramentas acessíveis e ajustáveis às múltiplas demandas do paciente, de seus familiares e da equipe médica, sempre focando as especificidades da condição clínica em questão.

O livro enfatiza aspectos teóricos, metodológicos e empíricos da resposta humana ao processo saúde-doença, desde a atenção básica até o tratamento especializado e as práticas comportamentais promotoras da melhor resposta do paciente, como mostra o Capítulo 1.

A prática da Terapia de Aceitação e Compromisso, ainda pouco conhecida por profissionais de saúde, mas com alto potencial de aplicação e sucesso na área, é descrita no Capítulo 2, incluindo um exemplo de protocolo para intervenção.

O Capítulo 3 aborda a prática humanizada nos serviços de saúde, legalmente definida como direito do paciente e um dos principais conceitos em implementação na atualidade. Para assegurar o claro entendimento e a aplicação adequada da assistência humanizada pelos profissionais de saúde, os autores operacionalizaram o conceito de humanização a partir de cuidadosa análise das classes comportamentais propostas na Cartilha da Política Nacional de Humanização, divulgada pelo Ministério da Saúde. A descrição feita de comportamentos adequados à assistência humanizada é ampla, clara, adequada e útil para o treinamento de toda a equipe de qualquer unidade hospitalar.

O Capítulo 4 trata do medo noturno e do comportamento de esquiva de dormir entre crianças, que é queixa recorrente na demanda clínica e, conforme a gravidade, tem implicações relevantes sobre a saúde da criança e do adolescente. A autora discute aspectos teóricos e as explicações fisiológicas envolvidas na queixa, conceitua os problemas relacionados ao sono e descreve as etapas da intervenção proposta. São referidas possíveis técnicas comportamentais e cognitivo-comportamentais, como dessensibilização sistemática, exposição *in vivo*, modelagem e reforçamento diferencial, além de técnicas breves, utilizando programas autodirigidos com uso de manuais, livros, telefone e internet. Um caso clínico ilustra os passos a serem seguidos para uma intervenção breve e simples, lúdica, de baixo custo e de fácil execução pela família.

O Capítulo 5 é voltado para as demandas específicas da mulher durante o período gestacional e todo o puerpério. São apresentados aspectos teóricos e conceituais que favorecem a familiarização do leitor com esse tema, que, muito relevante e associado à frequente demanda para intervenção psicológica, é pouco discutido na literatura. O capítulo traz uma proposta interventiva que contempla as mudanças contingenciais inerentes à evolução do processo, incluindo os períodos de concepção, gestação, parto e pós-parto. A análise das demandas peculiares ao contexto é feita a partir do modelo de seleção pelas consequências, considerando cada caso uma experiência única, decorrente da história e das características da mulher. São abordadas ainda as variações contextuais inerentes ao puerpério e as peculiaridades vivenciadas por mulheres submetidas aos processos de inseminação e de fertilização. Com especial relevância nesse momento, é discutido o impacto do já esperado afastamento social, agora aumentado devido à pandemia de covid-19, que resulta em menos oportunidade para a mulher receber apoio, inclusive da própria família. Um caso clínico ilustra a proposta de intervenção descrita de forma detalhada, com ilustrações sobre as técnicas e os procedimentos referidos no texto.

O Capítulo 6 aborda o trabalho do psicólogo em equipes multiprofissionais, treinando a comunicação de más notícias, rotineiras nos serviços de saúde e especialmente em ambientes de urgência e emergência hospitalar. Comunicar uma notícia difícil relativa ao diagnóstico, ao prognóstico ou ao tratamento é competência do médico, que, tradicionalmente, não é treinado de modo satisfatório para essa tarefa. Sem repertório suficiente para esse tipo de comunicação, é comum que profissionais e familiares optem pelo silêncio em relação ao paciente, como forma de lidar com as más notícias. Para reduzir essa dificuldade, e em respeito ao paciente, as autoras propõem um treinamento para os profissionais responsáveis pela comunicação de notícias difíceis, a ser conduzido pelo psicólogo da equipe. A proposta segue orientações de órgãos oficiais, como a Academia Nacional de Cuidados Paliativos (ANCP), e aborda aspectos específicos da comunicação verbal e não verbal do profissional, do paciente e de sua família. O protocolo SPIKES, um dos mais reconhecidos na literatura internacional para uso na comunicação respeitosa e honesta com o paciente, é operacionalizado em cada uma de suas etapas. É também detalhado um modelo curto e objetivo de treinamento para comunicar más notícias em ambiente de urgência e emergência desenvolvido pelo Projeto de Simulação Realística Multidisciplinar em Urgência e Emergência no Centro de Simulação da Universidade Positivo (CESUP), em Curitiba.

O Capítulo 7, voltado para a geriatria, descreve o transtorno neurocognitivo maior (TNCM), no qual se incluem as demências que predominam na velhice. O foco é a doença de Alzheimer, cuja incidência cresce globalmente devido à maior expectativa de vida em todas as culturas. A doença, cerebrovascular e neurodegenerativa, implica crescente declínio cognitivo que impacta a pessoa acometida e todos que com ela convivem. São discutidos os sintomas da doença, as demandas do paciente, o impacto sobre a saúde física e mental do cuidador e a forma como isso modifica, de forma retroalimentada, as contingências que controlam os comportamentos e as demandas do doente. Como exemplo ilustrativo de intervenção psicológica, é descrito o trabalho realizado junto a uma paciente com doença de Alzheimer e com comportamentos autolesivos, sendo estes o alvo da intervenção. São descritos a análise funcional da resposta, as técnicas e os procedimentos utilizados para manejo de contingências e para controle de possíveis consequências reforçadoras do próprio comportamento autolesivo. Em especial, é descrito um excelente modelo de intervenção com a cuidadora, filha da paciente, realizado em cinco sessões *on-line* durante o período da pandemia. Intervenções *on-line* são ainda pouco comuns para atender esse tipo de demanda, o que caracteriza esse trabalho como um dos primeiros exemplos na área.

O Capítulo 8, voltado para a Psico-Oncologia Pediátrica, descreve e contextualiza o processo de intervenção psicológica nesse contexto, predominantemente adverso e aversivo. O leitor é familiarizado com o câncer e seu tratamento na infância, seus impactos psicológicos, sociais e pedagógicos sobre a criança, o alto custo da resposta de adesão ao tratamento e as implicações também psicológicas e práticas na dinâmica familiar. É apresentada uma proposta de intervenção elaborada a partir da demanda reconhecida na literatura especializada, que atende às necessidades específicas do paciente e de seus cuidadores desde o diagnóstico até o pós-tratamento. São enfatizados os procedimentos humanizados e a psicoeducação para informar o paciente e sua família sobre a doença, o tratamento e suas implicações. As informações a serem prestadas são compatíveis com orientações de fontes especializadas, como o Instituto Nacional do Câncer (Inca). A intervenção proposta tem caráter lúdico, inclui livros, brincadeiras e histórias, e busca o manejo de respostas psicológicas e a qualidade da relação criança-pais. As etapas da intervenção são claramente descritas, incluindo procedimentos, duração e objetivos para atividades sequenciadas.

O Capítulo 9 aborda o processo de luto entre adultos, necessário em todo processo saúde-doença e em situações de morte inesperada.

O Capítulo 10 discute os cuidados paliativos em termos comportamentais, em que é cada vez mais necessária a intervenção psicológica, devido ao crescente aumento de recursos medicinais para tratamento, mas sem expectativa de cura para o doente.

Finalizando a obra, o Capítulo 11 contribui com aspectos relevantes que envolvem a assistência básica e a atenção domiciliar oferecida a pacientes restritos ao leito. São discutidos aspectos legais e técnicos relacionados às intervenções e competências requeridas para atuação da equipe de saúde. São ainda descritos aspectos relevantes do procedimento a ser realizado pelo psicólogo, incluindo o contexto físico e familiar em que o paciente está inserido, as modalidades atendidas e suas diferentes demandas. O capítulo como um todo oferece recursos necessários para que o profissional tenha segurança para intervir de modo adequado e objetivo nas questões comportamentais envolvidas nos diferentes aspectos e momentos do processo saúde-doença fora do contexto hospitalar.

Os psicólogos da saúde, iniciantes e os mais experientes, terão neste livro um referencial objetivo e pautado pelas contingências presentes em cada situação, que possibilita o delineamento de procedimentos interventivos facilitadores da melhor evolução do paciente, do bem-estar de sua família e da equipe de saúde. Este livro traz grande contribuição para a Psicologia da Saúde, área reconhecida pela American Psychological Association (APA) no final dos anos de 1970, que muito se beneficia do desenvolvimento de procedimentos objetivos e eficazes, como estes aqui apresentados.

Suely Sales Guimarães
Doutora em Psicologia pela University of Kansas.
Pesquisadora colaboradora
sênior na Universidade de Brasília.

Sumário

Capítulo 1

Níveis de atenção primário, secundário e terciário: contextos para a aplicação da análise do comportamento

Luziane de Fátima Kirchner
Ana Karina C. R. de-Farias

O sistema de saúde brasileiro passou, e ainda vem passando, por uma série de transformações de ordem econômica, sociocultural e política. Em 1990, com a efetiva implantação do Sistema Único de Saúde (SUS) (Lei nº 8.080), foi realizada a organização básica das ações e dos serviços de saúde, bem como as atribuições da direção, da gestão e de cada esfera do Governo. Nesse momento, o sistema de saúde é distribuído entre níveis de atenção (básico ou primário, secundário e terciário), e compete ao SUS prestar assistência a todos os cidadãos, por intermédio de ações de promoção, proteção e recuperação da saúde em todos esses níveis (Portaria nº 95, 2001).

A *atenção básica ou primária* (PSE) estabelece o fluxo entre os níveis de atenção à saúde, centralizando as informações, encaminhando e recebendo usuários dos outros sistemas, seguindo uma rede de atenção continuada e integral. Esse primeiro nível de atenção caracteriza-se por um conjunto de ações de natureza democrática e socialmente participativa, desenvolvidas pelo trabalho em equipe destinado às populações de territórios bem delimitados. A Política Nacional de Atenção Básica (PNAB) estabelece como princípios universalidade, acessibilidade, vínculo, continuidade do cuidado, integralidade da atenção, responsabilização, humanização, equidade e participação social. São exemplos da atenção básica ou primária os programas Estratégia Saúde da Família (ESF), Brasil Sorridente, Consultório na Rua, Práticas Integrativas e Complementares em Saúde (PICS), Saúde na Escola (PSE) e Saúde Prisional (Ministério da Saúde, 2012).

A Saúde da Família é a estratégia prioritária nesse contexto, que se fundamenta no trabalho de equipes multiprofissionais para promover ações de saúde de necessidades locais, que demandem tecnologia e serviços de baixa complexidade. As equipes de Saúde da

Família (eSFs) são formadas por médico(s) da família, enfermeiros, técnicos/auxiliares de enfermagem e agentes comunitários de saúde.

Os profissionais são generalistas e devem encaminhar casos mais complexos para os demais níveis de atenção à saúde. As equipes ficam lotadas nas Unidades Básicas de Saúde (UBSs), os antigos postinhos ou centros de saúde. Dependendo do número de equipes de cada UBS e da disponibilidade de recursos de cada município/Distrito Federal, essas equipes contariam, também, com um Núcleo de Apoio à Saúde da Família (NASF), programa criado em 2008, no qual profissionais de diferentes especialidades poderiam matriciar* as eSFs, avaliar e intervir em casos mais complexos e realizar visitas domiciliares em caso de necessidade. Dessa forma, os NASFs seriam a forma de inserção dos profissionais de saúde especialistas, médicos e não médicos, na atenção básica ou primária.

Recentemente, foi proposta uma nova forma de financiamento para os programas da atenção básica ou primária: os recursos serão repassados pelo Ministério da Saúde a cada secretaria dependendo do número de atendimentos individuais realizados pelos seus profissionais, o que poderá gerar impactos sobre a criação e a manutenção de equipes NASFs. Alguns gestores podem passar a valorizar programas que tenham impacto quantitativo mais claro e direto. Como profissionais de saúde e como cidadãos, devemos monitorar essas mudanças e propor a manutenção dos agora denominados Núcleos Ampliados de Saúde da Família e Atenção Básica (NASF-AB), a fim de manter a qualidade do trabalho realizado pelas eSFs (Ministério da Saúde, 2018).

* O matriciamento pode ser entendido como um suporte técnico especializado que é ofertado a uma equipe multi ou interdisciplinar em saúde, a fim de ampliar seu campo de atuação e qualificar suas ações (Figueiredo & Campos, 2009).

O *nível secundário* de atenção em saúde compreende as ações e os serviços ambulatoriais e hospitalares, com densidade tecnológica intermediária entre a atenção básica ou primária e a terciária. Esses serviços são destinados a atender aos principais problemas de saúde da população, com a utilização de recursos tecnológicos de apoio diagnóstico e terapêutico, atendimento de urgência e emergência (Portaria nº 95, 2001). Os Centros Especializados de Assistência Ambulatorial e as enfermarias são locais prioritariamente destinados aos serviços de média complexidade, embora alguns procedimentos ambulatoriais (p. ex., quimioterapia, radioterapia, hemoterapia, ressonância magnética e medicina nuclear) também sejam caracterizados como alta complexidade. São exemplos de funções do serviço ambulatorial promover assistência especializada por meio de equipe multiprofissional (médicos, dentistas, nutricionistas, psicólogos, etc.), acompanhar exames especializados (laboratoriais, radiodiagnóstico e ultrassonografia) e monitorar ações de programas de saúde definidas por linhas de cuidado. Já as enfermarias são espaços destinados ao monitoramento, à avaliação e à assistência especializada aos pacientes em regime de internação, com a garantia de contrarreferência e referência, quando necessária, para a alta complexidade (Conselho Nacional de Secretários de Saúde [CONASS], 2011).

O *nível de atenção terciário* é, por fim, um serviço altamente especializado, cujos procedimentos, no contexto do SUS, envolvem alta tecnologia e alto custo, como alguns tipos de cirurgia (p. ex., cirurgia bariátrica, cardiovascular, implante coclear, partos de alto risco e neurocirurgia), alguns procedimentos ambulatoriais (como já mencionado) e a disponibilidade de alguns materiais, como próteses ósseas, marca-passo e *stent* cardíaco (Aguilera et al., 2013). A Unidade de Terapia Intensiva (UTI) é um ambiente preparado e organizado para oferecer o suporte vital de alta complexidade, pois comporta alta tecnologia e equipe multiprofissional especializada para o monitoramento contínuo (24 horas por dia) e intensivo dos pacientes (CONASS, 2011).

Os três níveis de assistência podem e devem se relacionar, a fim de prestar atenção integral e continuada ao usuário e a seus familiares, e são regulados pelas Redes de Apoio à Saúde (RAPs). As RAPs auxiliam no desenvolvimento e na articulação dos serviços, proporcionando: a) decisões baseadas em evidências científicas; b) ênfase nas redes de atenção à saúde voltadas para condições agudas e crônicas, em vez de ênfase na atenção às condições e aos eventos agudos; e c) concepção integral de sistemas de atenção à saúde, o que envolve atuar sobre os determinantes sociais da saúde e sobre as condições de saúde estabelecidas dentro de determinado território. A título de exemplo, uma equipe de cuidados paliativos, necessariamente multi ou interdisciplinar, com o objetivo de garantir qualidade de vida e bem-estar ao paciente e a seus familiares/cuidadores, pode atender usuários da atenção básica ou primária (p. ex., atendimento domiciliar), secundária (p. ex., em ambulatórios) ou terciária (p. ex., pacientes internados em grandes hospitais ou UTIs). Os cuidados paliativos consistem em uma abordagem em saúde que prima pela integralidade, equidade, humanização e respeito à vida, em todos os sentidos físicos, emocionais, sociais/familiares e espirituais* e, por isso, servem como bom exemplo da integração entre os diferentes níveis de saúde (Coutinho et al., 2019; Gontijo, 2019; Santos, 2019).

De acordo com Hartz e Contandriopoulos (2004 apud Mendes, 2011), a integralidade da atenção é essencial para a avaliação dos sistemas e serviços de saúde, uma vez que se reconhece que nenhuma organização dispõe de todos os recursos e competências necessários para resolver os problemas de saúde da população, em diferentes ciclos da vida. Deve haver, portanto, o rompimento de barreiras entre os diversos níveis de atenção, por meio de um "sistema sem muros", e, além disso, uma gestão eficiente, responsável e articulada, para prover os recursos, que atenda à coletividade e às demandas individuais de saúde em âmbito regional e local.

Entre os membros que fazem parte das equipes para o funcionamento desse trabalho está o psicólogo. A Psicologia da Saúde é definida como um campo de contribuição educacional, científica e profissional que visa a) à promoção e à manutenção da saúde, b) à prevenção e ao tratamento de doenças, c) à identificação de etiologias e diagnósticos relacionados a saúde, doença e disfunções relacionadas, e d) à análise do desenvolvimento do sistema de atenção à saúde e à formação de políticas públicas de saúde (Matarazzo, 1982). Sua atuação deve ocorrer em todos esses níveis de atenção, em contribuição e articulação com os diferentes atores responsáveis por esses processos. Para isso, a atuação exige a aplicação de metodologias e intervenções bem delimitadas, amparadas no rigor técnico e científico de registro e análise de resultados, com uma visão que busque a multideterminação dos processos de saúde-doença.

A Análise do Comportamento insere-se como uma abordagem efetiva, articulada à Análise Experimental do Comportamento e aplicada à solução de problemas práticos em diferentes contextos (Andery, 2010), dentre eles os que fornecem condições para as intervenções direcionadas à promoção da saúde. Sua visão de homem está pautada em três

* O sentido espiritual refere-se a questões existenciais, perguntas que todos nós fazemos em algum momento de nossas vidas, independentemente de religiosidade. "Por que comigo?", "por que agora?", "para onde eu vou?", "será que aquilo tudo em que acreditei (vida após a morte, paraíso, purgatório, reencarnação ou, simplesmente, voltar à natureza, sem finalidade clara para a humanidade) vai ocorrer?", "o que deixarei como legado?", "como se lembrarão de mim?", "eu vivi de acordo com os meus valores?", etc.

níveis de variação e seleção pelas consequências: um que diz respeito às características da espécie, nesse caso, a genética humana (filogênese); outro referente à história de vida de cada organismo, cuja interação com o ambiente favorece a aquisição dos comportamentos (ontogênese); e, por fim, outro referente às variáveis oriundas do grupo ou da sociedade em que o indivíduo está inserido (cultura) (Hübner et al., 2016; Skinner, 2007). Essa abordagem tem sido respaldada por diversas ações junto ao sistema de saúde nas últimas décadas, com práticas emergentes discutidas à luz de mudanças nas políticas organizacionais, comunitárias e públicas (Biglan & Glenn, 2013; Moraes & Rolim, 2012).

Apesar de existirem inúmeras demandas para a atuação nesse contexto, ainda é escassa a literatura que esclarece o papel, ou mesmo as ações do analista do comportamento, nas diferentes redes de atenção à saúde (Follette et al., 1993). Com vistas a ampliar o diálogo acerca das possibilidades de atuação do analista do comportamento no campo da saúde, com ênfase no contexto da saúde pública, é que foi pensada a escrita deste capítulo. São apresentadas, portanto, as estratégias e as possibilidades de atuação do analista do comportamento nos diferentes níveis de atenção à saúde, as quais são apoiadas na literatura científica.

Atenção básica ou primária

A atenção básica ou primária é, ou deveria ser, a porta de entrada do paciente, da família e da comunidade ao sistema nacional de saúde, pois é a partir dela que se articulam os outros níveis de atenção, em sistema de referência e contrarreferência, respeitando-se os princípios da integralidade e a continuidade dos cuidados (Serra & Rodrigues, 2010). As principais estratégias da atenção básica ou primária são o atendimento compartilhado (mais de um profissional atendendo a população ao mesmo tempo) e individualizado (quando necessário), desde que este tenha o enfoque integral na saúde do indivíduo. As equipes NASF-AB podem matriciar as eSFs e participar ativamente do atendimento a casos mais complexos. Para isso, o NASF-AB conta com uma equipe de, no mínimo, cinco profissionais de áreas da saúde diferentes daquelas que compõem as eSFs (p. ex., psicólogo, médico especialista, assistente social, educador físico, farmacêutico, fisioterapeuta, fonoaudiólogo, nutricionista, terapeuta ocupacional e/ou sanitarista), a ser constituída conforme a gestão local julgar necessário ou a depender das necessidades do município (Conselho Federal de Psicologia [CFP], 2019; Ministério da Saúde, 2012).

As principais ações das ESFs e dos NASF-ABs são transmitir informações sobre diagnósticos e tratamentos aos usuários e familiares por meio da educação em saúde, realizar os atendimentos individuais e em grupo e realizar visitas domiciliares para auxiliar no manejo do cuidado, quando isso se mostrar necessário (Ministério da Saúde, 2012). Contudo, a considerar um corpo de conhecimento em desenvolvimento, pode-se concluir que tais práticas ainda apresentam técnicas rudimentares ou pouco eficazes, com altos custos e baixas taxas de mudança, o que resulta no aumento de casos que chegam aos outros níveis de atenção que demandam recursos de média e alta complexidades e que poderiam ter sido tratados de forma eficaz na atenção básica ou primária (Aguilera et al., 2013). Muitas pessoas deixam de buscar os serviços da atenção básica ou primária, não comparecem às consultas agendadas e apresentam dificuldades para seguir as orientações dos profissionais, gerando desperdício de recursos no sistema de saúde (Beltrame et al., 2019).

Dentre as inúmeras justificativas ou explicações para esse mau funcionamento da atenção básica ou primária está a de que a abordagem desses profissionais, ao instruírem os usuários sobre o manejo de cuidados, está pouco atrelada ao entendimento das variáveis que controlam tais comportamentos. Os profissionais das diversas áreas de saúde tendem a utilizar termos técnicos, que são distantes da realidade de pacientes e cuidadores, a transmitir excesso de informações complexas em um ou poucos encontros e a não utilizar outras maneiras de ensinar um comportamento, como a modelação (aprendizagem por observação) e a modelagem (exposição direta, gradual, programada, às contingências*) (Bonagamba et al., 2020. Ver, também, o Capítulo 11 deste livro). Um analista do comportamento pode contribuir, nas diferentes equipes, explicando ou exemplificando esses processos, facilitando a aprendizagem de pacientes e cuidadores e, assim, aumentando a probabilidade de adesão aos cuidados (Martins, et al., 2019; Pomerleau, 1979. Ver o Capítulo 10 deste livro).

A disposição do paciente para se engajar em comportamentos de cuidado com a saúde pode ser afetada por fatores como o acolhimento e a atenção prestados pelos profissionais do serviço de saúde, a acessibilidade e o tempo de espera para o atendimento, a clareza das informações recebidas, entre outras inúmeras variáveis (Cotta et al., 2005). Também é válido considerar que os comportamentos de cuidar da saúde (p. ex., alimentar-se de maneira saudável, praticar atividade física, realizar exames médicos regularmente), para muitos indivíduos, podem ser controlados por consequências imediatas aversivas (e, nesse sentido, podem controlar respostas de fuga-esquiva), enquanto os comportamentos de risco para a saúde (p. ex., ingerir alimentos ricos em carboidrato, consumir álcool, sedentarismo) tendem a ser controlados por consequências imediatas reforçadoras, o que explicaria, em parte, a manutenção das práticas consideradas não saudáveis (Gon et al., 2015; Yonaha & de-Farias, 2019).

Para a Análise do Comportamento, é a partir do modelo de variação e seleção pelas consequências (filogênese, ontogênese e cultura) que são realizadas as análises funcionais das interações organismo-ambiente, e, desse modo, é possível que o profissional identifique as contingências responsáveis por alterar as condições de saúde e auxilie as pessoas a manejá-las (Skinner, 2003, 2007). Com base nisso, os analistas do comportamento têm as ferramentas para identificar quais comportamentos são tidos como mais efetivos na manutenção da saúde e na prevenção de doenças da população, podendo atuar antes que os problemas se agravem (Gon et al., 2015). Essas ferramentas também podem auxiliar na identificação de variáveis que influenciam os comportamentos dos profissionais do serviço de saúde, a relação profissional de saúde-paciente, bem como o desenvolvimento e a implementação das políticas públicas (Bonagamba et al., 2020).

Neste ínterim, as análises funcionais podem ser a base para o estabelecimento do Projeto Terapêutico Singular (PTS), que é um instrumento elaborado pelas equipes de eSFs, articuladas com o NASF-AB, assim como pelas equipes de Atenção/Internação Domiciliar. O PTS constitui-se como um "conjunto de propostas de condutas terapêuticas articuladas, para um sujeito individual ou coletivo, como resultado das discussões coletivas de uma equipe interdisciplinar" (Barreto, 2019, p. 63). Nele, são descritos os processos saúde-doença e suas complicações, as ações terapêuticas ou estratégias de cuidado para determinado indivíduo ou grupo. Para tanto,

---

* Contingências são regras que descrevem a relação de dependência entre eventos ambientais ou entre eventos ambientais e comportamentais. Modelagem é o processo de ensino-aprendizagem baseado na exposição direta às contingências, por meio de aproximações sucessivas a um comportamento final, partindo de uma linha de base (medida do nível operante ou frequência em que o comportamento é emitido antes da intervenção) (Moreira & Medeiros, 2019; Skinner, 2007).

faz-se necessário identificar as contingências em âmbitos micro e macro que se relacionam ao responder do indivíduo a partir do levantamento das informações trazidas por ele, pela família e pelos profissionais envolvidos, além daquelas obtidas por meio dos matriciamentos, das interconsultas e das visitas domiciliares.

A formulação de um PTS exige, além do conhecimento técnico de cada profissional da equipe e suas interfaces, o desenvolvimento de habilidades terapêuticas relacionadas ao paradigma da APS. Um PTS deve visar à promoção de mudanças na atuação dos profissionais da ESF e em sua relação com a equipe NASF-AB, incluindo a atuação em ações intersetoriais e interdisciplinares, promoção, prevenção, reabilitação, além de humanização de serviços, educação permanente, promoção da integralidade e da organização territorial dos serviços de saúde (Barreto, 2019; Ministério da Saúde, 2018).

Nas UBSs, pode também ocorrer a Terapia Comunitária Integrativa (TCI), uma metodologia de intervenção em comunidades, por meio de encontros interpessoais e intercomunitários. Qualquer membro da equipe pode realizar treinamento para esse tipo de trabalho, sem a necessidade de um psicólogo. A TCI tem o objetivo de promover saúde, a partir da construção de vínculos solidários, valorização das experiências de vida dos participantes, resgate da identidade, restauração da autoestima e da confiança em si, ampliação da percepção dos problemas e possibilidades de resolução a partir das competências locais (Barreto, 2019, p. 64).

Por meio da TCI, procura-se prevenir doenças e promover a saúde em espaços coletivos. Nesse sentido, torna-se um instrumento estratégico para os gestores de saúde e a comunidade como um todo, servindo a importantes diretrizes do SUS, fontes de inclusão e cidadania, como equidade e universalidade (Barreto, 2019; Ministério da Saúde, 2012). Mais uma vez, a Análise do Comportamento poderia se mostrar efetiva por meio de suas análises funcionais, estratégias de intervenção e de avaliação do trabalho, ampliando o escopo e o alcance dos encontros realizados pela TCI.

Dimenstein e Macedo (2007) referem-se à escassez de produção científica acerca do trabalho de psicólogos no campo da saúde no Brasil, especialmente na atenção básica ou primária. Outro aspecto importante é identificar o nível de engajamento do usuário e de sua família para a implementação das estratégias de cuidado e quais contingências imediatas e atreladas à história do indivíduo estão relacionadas às habilidades ou às dificuldades para comprometer-se com os cuidados. Segundo Elder et al. (1999), as dificuldades podem indicar que a pessoa tem habilidade para desempenhar determinados comportamentos, mas não se engaja em realizá-los em virtude da presença de consequências aversivas, da disponibilidade limitada das consequências positivas ou porque há consequências de reforço positivo por realizar comportamentos concorrentes (p. ex., a aceitação dos colegas por beber muito ou por não ser fisicamente ativo). No caso de mudança na dieta, por exemplo, os cuidados do indivíduo no preparo das refeições podem ser punidos pelos familiares (p. ex., quando alguns membros da família reclamam das refeições com pouco sal ou gordura). Também é possível que o individuo tenha um repertório muito limitado para desempenhar esses comportamentos de cuidado, como não ter habilidade para escolher e preparar refeições saudáveis ou não ter informações a respeito de quais comportamentos de cuidado são necessários e a descrição das suas consequências.

Schwartz e Goldiamond (1975) e Straub (2014) salientam que é mais efetivo auxiliar o manejo de comportamentos de cuidados já presentes no repertório do indivíduo do que simplesmente engajar-se em eliminar os comportamentos-problema. Nesse sentido, utilizam-se os princípios de modelagem, cujos reforços disponíveis podem ser a atenção do profissional voltada para os comportamentos de cuidado do usuário, a identificação dos progressos pelo usuário e a generalização dessas mudanças para outras condições de estímulos e respostas. Conforme apontam Elder et al. (1999) e Yonaha e de-Farias (2019), o analista do comportamento pode identificar e estabelecer, junto com o usuário, um plano de metas em pequenos passos, com registros e acompanhamento dos progressos em curto, médio e longo prazos e o uso de pistas no ambiente que funcionem como estímulo discriminativo para a emissão de comportamentos saudáveis (p. ex., lembrete em cima da geladeira com o horário da atividade física) e/ou que tenham similar probabilidade de reforço, mas que sejam menos danosos ao organismo (p. ex., lista de alimentos menos calóricos que funcionem como alternativa para a vontade de comer doce). Ainda, é possível fazer uso de cartilhas, com instruções mais claras e redigidas em uma linguagem acessível, com figuras e fotos de procedimentos (ver, p. ex., a *Cartilha do cuidador: ajudando a cuidar em casa*, elaborada por uma equipe de Internação Domiciliar, no Distrito Federal – Martins et al., 2019) para descrever regras* e as potenciais consequências de segui-las.

A eficácia do trabalho na atenção básica ou primária deve envolver a compreensão dos gestores regionais e municipais acerca do processo saúde-doença para além do modelo biomédico, ampliando a interlocução com outras secretarias. Em relação aos profissionais, é necessário abandonar o modelo clínico individual (Follette et al., 1993), levando a aplicabilidade da Análise do Comportamento para a saúde coletiva, para grupos. Considera-se que, nesse contexto, as intervenções um para um são muito caras e impraticáveis e que os programas de prevenção se tornam cada vez mais importantes.

Atenção secundária

O nível secundário de atenção é caracterizado por ações e serviços dirigidos aos principais problemas e agravos de saúde da população, como as consultas especializadas, os exames diagnósticos e as cirurgias de baixa complexidade (Portaria nº 95, 2001). Os contextos de atendimentos são, em sua maioria, os Centros Especializados de Assistência Ambulatorial e as enfermarias dispostas em hospitais gerais. Embora o psicólogo possa estar inserido nos contextos que demandam esses atendimentos, salvo em demandas específicas (p. ex., pessoas com deficiência auditiva – Portaria nº 2.776, 2014; pessoas com doença celíaca – Portaria nº 1.149, 2015), não há uma política pública que torne obrigatória a sua presença. Apesar disso, o reconhecimento do trabalho do psicólogo nesses espaços tem sido alcançado, à medida que esses profissionais começam a definir e a esclarecer seu papel (Dias & Radomile, 2006).

Nos ambulatórios, os serviços são prioritariamente destinados ao diagnóstico e ao tratamento de problemas de saúde, geralmente crônicos e que requerem mudanças no estilo de vida do paciente, quando constatado que não há necessidade de internação (Romano, 1999). Os pacientes são submetidos a procedimentos invasivos ou não invasivos (procedimentos de média e alta complexidade) e recebem orientações para os cuidados que devem ser administrados por eles, com o auxílio de seus familiares, em ambientes extra-hospitalares. O *setting* para o atendimento psicológico é diferente de um ambiente de consultório, uma vez que o tempo de atendi-

* Regras são estímulos verbais antecedentes que especificam/descrevem uma contingência, de forma incompleta ou completa (todos os termos da contingência: ambiente antecedente, respostas e consequências reforçadoras e/ou aversivas), inacurada ou acurada (Moreira & Medeiros, 2019; Skinner, 2007).

mento e a frequência das consultas podem variar conforme as características do serviço e as necessidades de cada caso, isto é, poderá ocorrer semanalmente ou em intervalos longos de até três meses (Giulianno et al., 2014).

Romano (1999) destaca que o alvo do serviço de psicologia ambulatorial deve ser identificar e intervir naqueles comportamentos que apresentem estreita relação com a patologia que levou o paciente a buscar o ambulatório. Com base nisso, a etapa inicial deve se caracterizar pela realização de uma entrevista que visa a identificar as informações que o paciente apresenta a respeito da doença e do tratamento, se recebe suporte operacional, emocional e financeiro, o repertório de comportamentos de autocuidado e motivação para o cuidado, os hábitos de vida e as mudanças ocorridas após o adoecimento. Esses dados fornecem a base para a realização das análises funcionais, a partir das quais são planejadas as intervenções (Gorayeb & Guerrelhas, 2003).

As intervenções podem ser realizadas individualmente ou em grupo de pacientes e/ou familiares que apresentam demandas em comum (Gorayeb & Possani, 2015). Em virtude da grande quantidade de pessoas atendidas nos ambulatórios da rede pública e dos benefícios que decorrem na interação em grupo (um indivíduo funciona como ambiente social para o outro), sugere-se priorizar a modalidade de intervenção grupal e possibilitar os atendimentos individuais para os clientes de maior complexidade ou urgência, ou cujas demandas não apresentem similaridade com as demandas do grupo (ver, p. ex., Yonaha & de-Farias, 2019, e o Capítulo 2 deste livro). Entre as estratégias utilizadas na intervenção estão a psicoeducação, que objetiva informar e orientar pacientes e familiares acerca da patologia e seus aspectos psicossociais, a identificação e o manejo das contingências atreladas ao adoecimento e suas estratégias de enfrentamento, bem como a prevenção de recaídas (Amaral, 1999; Gorayeb & Possani, 2015).

Pomerleau (1979) salienta que um dos principais focos do trabalho do analista do comportamento em ambulatório é auxiliar os pacientes na aquisição de um repertório de autocontrole para a manutenção dos comportamentos de adesão aos cuidados de saúde. No caso das doenças crônicas, demandas recorrentes dos ambulatórios, é comum observar que esses pacientes apresentam dificuldades para seguir as orientações médicas (p. ex., restringir determinados alimentos, realizar exercícios físicos), uma vez que as consequências positivas em não as seguir tendem a ser imediatas, enquanto as consequências ao seguir tais orientações podem demorar a ocorrer (Gon et al., 2015; Gorayeb & Possani, 2015). Moraes et al. (2009), apontam que comportamentos de adesão podem ser aprendidos ao longo do tempo, a partir do seguimento de regras e dos efeitos sobre os comportamentos de segui-las, em médio ou longo prazo (sentir-se bem, livrar-se da dor e do desconforto). Mais do que uma "obediência" do paciente em seguir as regras, os autores apontam que a análise dos comportamentos de adesão deve ser ampliada para as contingências atreladas à comunicação entre o profissional de saúde e o paciente, ao tempo e ao investimento que devem ser dispensados para o tratamento e os resultados obtidos, à rede de apoio social do paciente, bem como à estrutura e à disponibilidade dos serviços de saúde, em vez de apenas responsabilizar o paciente. A adesão pressupõe, no entanto, uma parceria entre quem cuida e quem é cuidado. Com base nisso, o analista do comportamento pode auxiliar os profissionais de saúde a compreenderem as variáveis ambientais relacionadas ao comportamento de adesão e auxiliá-los no desenvolvimento de habilidades para a interação com o paciente e a família.

Em relação ao hospital geral (enfermaria), a prioridade do psicólogo é atuar para minimizar o impacto da hospitalização e do adoecimento na vida do paciente (Romano, 1999). Em virtude das características do ambiente (rotatividade, atendimentos sobre o leito, condição física do paciente, ausência de privacidade, constantes interrupções de outros profissionais para a realização de procedimentos importantes), o trabalho deve ser pontual e centrado na questão que favorece ou desfavorece a saúde e o bem-estar do paciente naquele momento (Hübner et al., 2016). Faz-se necessário identificar sob quais circunstâncias o paciente responde e quais são as consequências que se seguem a essa resposta no ambiente hospitalar (Lalon, 2001).

Estar hospitalizado já é uma condição suficiente para as mudanças comportamentais que geram desconforto, pois o indivíduo está distante da sua família, dos amigos e das atividades que gosta de realizar, o que evidencia a privação de reforçadores positivos e o contato com sensações desagradáveis como medo, ansiedade e dor (Gorayeb & Guerrelhas, 2003). As respostas do organismo que incidem sobre o adoecer encontram relações com as variáveis do ambiente, o que justifica a importância do trabalho do analista do comportamento e a possibilidade de realização de intervenções eficazes, pautadas em sua ferramenta de base, a análise funcional. Realizar uma análise funcional consiste em avaliar a função do comportamento dentro de determinados contextos antecedentes e consequentes. Em outras palavras, busca-se entender a interação organismo-ambiente que explica a existência do comportamento ou padrão comportamental sob análise (Matos, 1999; Nery & Fonseca, 2018).

O paciente vai ao hospital para tratar sua condição física, e são os resultados dessa condição que nortearão a alta hospitalar. Para auxiliar nesse processo, o psicólogo implementa ações direcionadas ao processo de adaptação e recuperação ao paciente internado e à sua família, apoiando-os e orientando-os em suas dúvidas, angústias, fantasias e temores, e orienta os profissionais na interação com o paciente, sob enfoque da humanização. O psicólogo é, com frequência, solicitado pelos profissionais da equipe (p. ex., enfermeiros ou médicos que acompanham o caso) a realizar os atendimentos dos pacientes que eles avaliam como necessários (sistema de consultoria), ou, também, poderá integrar a equipe multidisciplinar de determinado setor do hospital (sistema de ligação), e tem acesso a todos os pacientes daquele setor, participando das reuniões clínicas, da interconsulta e da consulta psicológica (Amaral et al., 2012).

Dias e Radomile (2006) ressaltam a importância da realização das triagens no contexto hospitalar, que permitem ao profissional identificar topografias das respostas-alvo da intervenção e sua relação com o ambiente e fornecem a base para que tal intervenção seja iniciada e finalizada no mesmo dia. Para viabilizar o trabalho em tão pouco tempo, é necessário que o psicólogo tenha buscado informações prévias do caso (p. ex., motivo da solicitação, diagnóstico e comorbidades, tempo de internação e reinternações, profissionais que acompanham o paciente, sinais vitais do paciente, etc.) a partir da leitura do prontuário e do contato com os profissionais da equipe. Ao chegar para o atendimento, o psicólogo deverá priorizar a escuta empática e respeitar o paciente e a família diante das suas fragilidades, não se tornando mais um elemento invasivo diante de tantos outros do ambiente hospitalar (Romano, 1999). As técnicas de observação do comportamento são imprescindíveis para o profissional identificar as respostas emocionais e as regras (crenças, expectativas, pensamentos) do paciente, bem como a maneira como o ambiente produz impacto nessas respostas. Além disso, poderão ser utilizados escalas e inventários para investigação topográfica (p. ex., mensurar respostas de dor, ansiedade, enfrentamento ou estresse), se o profissional julgar necessário (Gorayeb & Guerrelhas, 2003; Guimarães, 2019a, 2019b).

Avaliam-se as características do estado mental do paciente (consciência, pensamento, linguagem, orientação, memória, humor), o suporte social (operacional, emocional, financeiro), a compreensão da doença e do tratamento, a resposta de dor (queixas, expressões faciais, pedidos de medicação e intensidade da dor por meio de escalas unidimensionais*) e as estratégias de enfrentamento do paciente em relação à sua condição de saúde e ao ambiente. De acordo com Turra et al. (2012), é possível indagar o paciente com as seguintes perguntas: "O que está mais fácil na internação? E o que está sendo mais difícil? O que já fez para se sentir melhor em relação a isso, e quais foram os resultados? Qual a principal necessidade atual para estar melhor?". Essas perguntas permitem que o profissional tenha acesso às consequências reforçadoras e aversivas para o paciente diante da internação, ou seja, aquelas que o auxiliam no enfrentamento dos problemas, e aquelas que dificultam a adesão e promovem a desesperança do paciente. Na sequência, cabe identificar se a intervenção deve estar direcionada às modificações de respostas do paciente (p. ex., repertório verbal para a comunicação com a equipe, preparo para procedimento invasivo, regras e autorregras acerca da hospitalização), ao ambiente social (p. ex., comportamentos de profissionais de saúde/familiares na interação com o paciente) ou ao ambiente físico (p. ex., ruídos e temperatura, horários de visita, atividades para lidar com o tempo ocioso). Em grande parte das vezes, os familiares e os profissionais de saúde são alvos da intervenção para a melhora dos resultados de saúde do paciente, o que leva o profissional a planejar as contingências para favorecer a comunicação entre a tríade paciente-família-equipe de saúde, seja por meio orientações pontuais sobre como lidar com o paciente, auxiliando na aplicação de regras consistentes nas rotinas da enfermaria, seja na modelagem dessa interação (Hübner et al., 2016; Soares et al., 2019).

A considerar as respostas do paciente diante da hospitalização como o resultado do trabalho do analista do comportamento, todo o trabalho deve ser finalizado com o paciente e a família sendo devidamente orientados quanto ao repertório para a manutenção dos cuidados após a alta hospitalar e aos encaminhamentos necessários.

Atenção terciária

O nível terciário de atenção caracteriza-se por um serviço que dispõe de procedimentos de alta tecnologia e alto custo, e o espaço que centraliza grande parte desses procedimentos é a UTI. A UTI é uma área do hospital que se diferencia de outras unidades por apresentar equipamentos e profissionais especializados para o tratamento específico e intensivo aos pacientes em estado crítico, como os pacientes clínicos, pós-cirúrgicos, terminais e em estado grave com possibilidade de recuperação (Condes et al., 2012).

O ambiente da UTI apresenta um conjunto de estímulos aversivos (p. ex., dor, isolamento, intimidade compartilhada, interrupção do ciclo sono-vigília, fuga inevitável da doença, medo da própria morte e de presenciar a morte do outro), os quais são funcionais à emissão de respostas de ansiedade, estresse, agitação psicomotora, delírios e alucinações, mesmo que essas respostas não tenham sido ainda vivenciadas pelo paciente em outros contextos fora da internação (Dias, et al., 2007; Menegatti, 2001). Somadas a inúmeros fatores, como a maior idade do paciente, presença de comorbidades e tempo de permanência na UTI, algumas dessas respostas podem ainda perdurar por meses ou anos e agravar os quadros de ansiedade, depressão,

* Para identificação de escalas unidimensionais de avaliação da dor, consultar a Circular Normativa nº 09/DGCG, de 14 de junho de 2003 (Circular normativa nº 9/DGCG, 2003).

transtorno de estresse pós-traumático, fraqueza neuromuscular, além de déficits neuropsiquiátricos e cognitivos, o que tem sido, em geral, investigado como síndrome de pós-cuidados intensivos (PICS, do inglês *post-intensive care syndrome*) (Dias et al., 2019; Teles et al., 2019).

A maior parte dos pacientes permanece sob sedação na UTI, mas alguns estão conscientes e orientados e, por isso, ficam expostos às inúmeras contingências aversivas desse ambiente (Menegatti, 2001). O paciente fica restrito ao leito (até mesmo para alimentação e higiene pessoal), e o contato com família, amigos e seus pertences é ainda menor em comparação ao que ocorre na enfermaria. A área física da UTI caracteriza-se por um grande salão, com os leitos separados por biombos ou cortinas, para facilitar o rápido deslocamento dos profissionais e dos equipamentos de um leito para outro, e a equipe e os pacientes compartilham o mesmo espaço em tempo integral. Portanto, é possível que os pacientes da UTI presenciem as emergências e os procedimentos (p. ex., reanimação cardíaca de outros pacientes) e sejam expostos a ruídos constantes que impedem seu descanso (barulho dos equipamentos ou conversas entre os profissionais). Além disso, há iluminação artificial, ausência de janelas e monotonia sensorial, o que pode dificultar a orientação espaço-temporal, bem como o ciclo sono-vigília dos pacientes (Condes et al., 2012). Tendo como base o impacto dessas variáveis na vida do paciente durante e após a permanência na UTI, a Portaria de Consolidação nº 3, de 2017, preconiza alguns cuidados, como controle de ruídos, presença de iluminação natural, garantia de visitas diárias e acompanhantes aos idosos, e garantias de informações diárias da evolução do paciente. Ainda a respeito do impacto desse ambiente na condição psicossocial do paciente, o Ministério da Saúde elaborou, em 1998, um ato normativo que inclui o serviço de psicologia na UTI (Portaria nº 3.432, 1998).

A busca de soluções para os problemas de saúde, ora considerados exclusivamente médicos no ambiente hospitalar, passa a ser investigada pelos analistas do comportamento a partir do comportamento de saúde como produtos de interações com o ambiente. De forma mais específica, esse profissional investigará as relações de contingências entre as respostas do paciente e a interação com a doença, os familiares, a equipe e as condições físicas do ambiente da UTI, sendo capaz de planejar estratégias para manejar essas contingências, visando à redução do sofrimento e ao aumento do repertório do paciente e dos familiares para enfrentarem a internação, o adoecimento ou até mesmo a morte (Dias et al., 2008). Entretanto, as avaliações comportamentais são úteis para predizer o impacto dessas contingências sobre o comportamento dos familiares e dos pacientes da UTI, sendo possível intervir antes que efeitos ainda mais danosos ocorram (Cataldo et al., 1979; Derrickson et al., 1993).

As topografias de respostas do paciente, frequentemente avaliadas no ambiente de UTI, são obtidas por meio da observação do comportamento e podem ser categorizadas em um protocolo denominado Exame do Estado Mental. Esse protocolo descreve um conjunto de respostas, classificadas como consciência, orientação, atenção, memória, senso-percepção, *delirium*, humor e comportamento psicomotor (Sanches et al., 2005), e sua aplicação norteará os procedimentos realizados na sequência, uma vez que é necessário identificar se o paciente está consciente, orientado, vocaliza e apresenta capacidade para direcionar a atenção a determinados estímulos para, então, conduzir as intervenções apropriadas, pautadas nas limitações do paciente. Com os pacientes contatuantes com a realidade e disponibilidade de comunicação verbal, realizam-se entrevistas com a finalidade de investigar compreensão e discriminação da doença e do tratamento, bem como as contingências reforçadoras e aversivas relacionadas ao ambiente de UTI, as regras e autorregras relacionadas ao adoecimento, à expectativa de melhora e à internação. Em relação aos pacientes impossibilitados de falar devido à presença do tubo endotraqueal, faz-se necessário criar condições para que a comunicação ocorra por meio de gestos, escrita ou sinais impressos (p. ex., caderno de comunicação alternativa*) (Haberkorn, 2010).

Aos pacientes não contatuantes com a realidade devido a um estado comatoso ou sedado, o atendimento é variável em virtude do seu grau de profundidade do coma ou da sedação. Prioritariamente aos pacientes com graus leves, deve-se promover o contato com os estímulos do ambiente, orientando-os quanto a tempo e espaço, dia e hora, aparelhos a eles conectados, membros da equipe e visitas recebidas (Haberkorn, 2010). A família poderá funcionar como intermediária dessa comunicação, uma vez que ela conhece aspectos do comportamento e a história de vida do paciente, de modo a compreender com mais facilidade suas falas e anseios (Romano, 1999), e também por atuar como potencial fonte de reforço, podendo auxiliar na redução da ansiedade e na melhora do quadro clínico do paciente (Vidal et al., 2013).

Alguns familiares poderão apresentar reações (distanciamento, ausência de contato visual e comunicação com o paciente, agressividade, não reconhecer o paciente em virtude de mudanças corporais decorrentes do quadro clínico ou de aparelhos conectados) como uma tentativa de esquivar-se dos sentimentos de medo e insegurança que emergem nesse contexto. Não obstante, a literatura tem apontado que a presença e a interação do familiar com o paciente, durante as visitas em UTI, podem levar à melhora clínica e à redução da ansiedade do paciente ou fazer a família se sentir mais próxima dele (Vidal *et al.*, 2013). Diante disso, uma das estratégias é preparar os familiares para a entrada na UTI, com ou sem a apresentação prévia de estímulos visuais (fotografias da UTI e do paciente), no sentido de orientá-los a respeito da estrutura desse ambiente e das respostas do paciente (se está vigil ou sonolento, se está impossibilitado de falar por conta do tubo traqueal, mas pode reconhecer a presença dos familiares e comunicar-se por gestos). A técnica de modelagem também pode ser utilizada para promover respostas facilitadoras dos familiares na interação com o paciente, que tragam conforto e orientação, ou mesmo possam desenvolver o repertório do familiar para sanar dúvidas e interagir com a equipe, expressar emoções e dificuldades. Sabe-se que as respostas comportamentais do paciente internado podem levar à alteração do repertório comportamental dos familiares (impacto na sua saúde mental), bem como a mudança de papéis no contexto familiar (Dias et al., 2008). Nesse sentido, a família é vista como um paciente secundário na UTI e também precisa ser ouvida e acolhida diante de seus sofrimentos e dificuldades (Haberkorn, 2010). O cuidado com a família é enfatizado também em outros níveis de atenção à saúde, como o domiciliar, o tratamento em ambulatórios e a internação em enfermarias (ver, p. ex., Soares et al., 2019, e o Capítulo 11 deste livro).

Um ambiente potencialmente aversivo e traumático como a UTI será capaz de promover contingências favoráveis à humanização se os membros da equipe multiprofissional reconhecerem que o adoecimento e a internação envolvem uma complexidade de fatores, difíceis de serem apreendidos e respondidos por uma única área de conhecimento. A Análise do Comportamento pode auxiliar a equipe na discriminação das diferentes reações do paciente e da família ante a condição de saúde do paciente e da internação (Dias et al., 2006). Desse modo, a comunicação entre a equipe, seja por meio de registros em prontuário, seja por meio de interações

* Para mais detalhes, acesse: http://www.portalassistiva.com.br/pranchas/atividades.php.

verbais informais, é fundamental para a avaliação e o planejamento da terapêutica mais acurada às necessidades dos pacientes e familiares. No que compete ao psicólogo, é necessário que esse profissional desenvolva uma série de habilidades, como as de relacionamento interpessoal e a disponibilidade para lidar com reações adversas à exposição direta a contingências aversivas decorrentes do ambiente da UTI.

Considerações finais

Nós, analistas do comportamento, costumamos afirmar que onde há comportamento, ou seja, onde há relações entre um organismo (humano ou não humano) e seu ambiente (físico, social, biológico ou histórico), há espaço para nossos conceitos e intervenções. Em outras palavras, a Análise do Comportamento pode contribuir com seus métodos de investigação e coleta de dados, assim como com suas estratégias de intervenção, em qualquer contexto de atuação de um psicólogo. Ainda assim, percebe-se um déficit na literatura brasileira em algumas áreas, como é o caso da Psicologia da Saúde e Hospitalar.

Este capítulo e os demais apresentados neste livro representam parte do que se vem pensando em termos de nossa contribuição para essa área tão relevante do conhecimento. No campo de saber da Análise do Comportamento, diferentes tipos de produção são articulados com vistas à formulação de uma compreensão ampla e sólida da problemática analisada. Dessa maneira, podemos contribuir para o entendimento do que pode ser prevenido, em termos de saúde individual e coletiva, nos diferentes territórios em que os usuários/pacientes se encontrem e do que pode ser feito para entender, tratar e diminuir o agravamento dos problemas de saúde de diferentes populações, nos diferentes níveis de atenção à saúde anteriormente mencionados. Dadas as características de nossa abordagem filosófica, essa contribuição pode ser realizada respeitando-se os preceitos do SUS (integralidade, humanização, ampliação do acesso dos usuários ao sistema, maior intervenção na atenção básica ou primária), tendo em vista a nossa visão do organismo como um todo, em constante interação com seu ambiente, transformando e sendo transformado nessa interação.

Nossa visão selecionista, monista, multideterminista, funcionalista e pragmatista (Marçal, 2010; Moreira & Medeiros, 2019; Skinner, 2003, 2007) nos proporciona um olhar amplo, eficiente e eficaz dos processos saúde-doença, das contingências responsáveis pelas mudanças de comportamento que ajudam ou limitam promoção de saúde, prevenção de riscos e adesão a cuidados, por exemplo (seja em termos de relações diretas com o ambiente, modelos, regras e/ou autorregras).

Análises funcionais idiográficas são úteis para elaborar estratégias, como estabelecimento, implementação e avaliação de políticas públicas de saúde e formulação de programas nos diferentes níveis de atenção, levando-se em consideração a formação de regras que descrevam de forma completa e acurada todos os elementos das contingências, envolvendo usuários, familiares, equipes de saúde e gestão (Bonagamba, et al., 2020; Pomerleau, 1979. Ver, também, os Capítulos 10 e 11 deste livro).

Entre as ações possíveis, deve-se ampliar o olhar, trabalhando as especificidades de cada território e a individualidade no cuidado à saúde, ultrapassando-se o modelo biomédico tradicional (Cintra & Bernardo, 2017), utilizando recursos da própria comunidade e do trabalho em equipe multiprofissional, promovendo a interdisciplinaridade, sempre que possível (Barreto, 2019; de-Farias, 2019; Gontijo, 2019).

Nessas condições, a Análise do Comportamento vislumbra um panorama de amplas possibilidades de atuação, assim como a identificação das competências necessárias dos profissionais para ampliar esse "fazer", pela integração de conhecimentos de várias áreas, pela capacidade de "retirar do conhecimento existente informações que permitam derivar alternativas de atuação profissional" (Botomé, 1988, p. 279) e pela reaprendizagem, a partir de suas práticas, "reintegrando seus conhecimentos por meio de uma postura de constante investigação sobre elas" (Silva, 1992, p. 36). Há, apesar dos esforços e de concretizações de muitas experiências inovadoras nesse campo com bons resultados, indicadores de que é preciso ainda percorrer um "longo caminho" até que, de fato, um novo "fazer" se torne frequente ou disseminado.

Referências

Aguilera, S. L. V. U., França, B. H. S., Moysés, S. T., & Moysés, S. J. (2013). Articulação entre os níveis de atenção dos serviços de saúde na Região Metropolitana de Curitiba: desafios para os gestores. *Revista de Administração Pública, 47*(4), 1021-1039.

Amaral, V. A., Uwagoya, K. S. H., Pinto, L. A., Kioroglo, P. S., Pozzani, A. F., Carvalho, D. C., ... Rosa, N. B. M. (2012). Atendimento psicológico em enfermarias. In W. L. Bruscato, A. A. Fregonese, A. P. S. M. Braga, A. C. Silva, F. F. Barbour, M. G. S. Lima, ... V. A. Amaral (Orgs.), *A psicologia na saúde: Da atenção primária a alta complexidade* (pp. 135-148). Casa do Psicólogo.

Amaral, V. L. A. R. (1999). Novos desafios na formação do psicólogo na área da saúde. In R. R. Kerbauy (Org.), *Comportamento e saúde: Explorando alternativas* (pp. 3-9). Arbytes.

Andery, M. A. P. A. (2010). Métodos de pesquisa em análise do comportamento. *Psicologia USP, 21*(2), 313-342.

Barreto, C. (2019). Programa de autocuidado e saúde preventiva: Uma abordagem na escola, família e comunidade. In A. K. C. R. de-Farias (Org.), *Ciências da Saúde: O trabalho de equipes multiprofissionais em diferentes contextos* (pp. 55-111). Juruá.

Beltrame, S. M., Oliveira, A. E., Santos, M. A. B., & Santos, E. T., Neto. (2019). Absenteísmo de usuários como fator de desperdício: Desafio para sustentabilidade em sistema universal de saúde. *Saúde em Debate, 43*(123), 1015-1030.

Biglan, A., & Glenn, S. S. (2013). Toward prosocial behavior and environments: Behavioral and cultural contingencies in a public health framework. In G. J. Madden, W. V. Dube, T. D. Hackenberg, G. P. Hanley, & K. A. Lattal (Eds.), *APA handbook of behavior analysis* (Vol. 2, pp. 255-275). APA.

Bonagamba, C., Figel, F. C., & Fonseca, J. (2020). A análise do comportamento na rede de atenção à saúde mental. In A. T. Bolsoni-Silva, D. Zilio, H. L. Gusso, J. H. Almeida, & P. C. M. Mayer (Orgs.), *Comportamento em foco* (Vol. 10, pp. 166-183). ABPMC.

Botomé, S. P. (1988). Em busca de perspectivas para a psicologia como área de conhecimento e como campo profissional. In Conselho Federal de Psicologia (CFP) (Org.), *Quem é o psicólogo brasileiro?* (pp. 273-297). Edicon.

Cataldo, M. F., Bessman, C. A., Parker, L. H., Pearson, J. E., & Rogers, M. C. (1979). Behavioral assessment for pediatric intensive care units. *Journal of Applied Behavior Analysis, 12*(1), 83-97.

Cintra, M. S., & Bernardo, M. H. (2017). Atuação do psicólogo na atenção básica do sus e a psicologia social. *Psicologia: Ciência e Profissão, 37*(4), 883-896.

Circular normativa nº 9/DGCG, 14/6/2003. (2003). *A dor como 5º sinal vital: Registo sistemático da intensidade da dor.* https://www.dgs.pt/directrizes-da-dgs/normas-e-circulares-normativas/circular-normativa-n-9dgcg-de-14062003-pdf.aspx

Condes, R. P., Uwagoya, K. S. H., Iavelberg, A. H., Pozzani, A. F., Carvalho, A. M., Sasso, L. G. C., ... Bruscato, W. L. (2012). Atendimento psicológico em Unidade de Terapia Intensiva. In W. L. Bruscato, A. A. Fregonese, A. P. S. M. Braga, A. C. Silva, F. F. Barbour, M. G. S. Lima, ... V. A. Amaral (Orgs.), *A psicologia na saúde: Da atenção primária a alta complexidade* (pp. 183-198). Casa do Psicólogo.

Conselho Federal de Psicologia (CFP). (2019). *Referências técnicas para atuação de psicólogas(os) na atenção básica à saúde* (2. ed.). CFP.

Conselho Nacional de Secretários de Saúde (CONASS). (2011). *Assistência de média e alta complexidade* (Vol. 4). https://www.conass.org.br/biblioteca v3/pdfs/colecao2011/livro_4.pdf

Cotta, R. M. M., Marques, E. S., Maia, T. M., Azeredo, C. M., Schott, M., Franceschini, S. C. C., & Priore, S. E. (2005). A satisfação dos usuários do Programa de Saúde da Família: avaliando o cuidado em saúde. *Scientia Medica, 15*(4), 227-234.

Coutinho, S. M. G., Carvalho, V. L. S., & Costa, A. L., Jr. (2019). Um elefante colorido: vivências de um ambulatório de cuidados paliativos. In A. K. C. R. de-Farias (Org.), *Ciências da Saúde: O trabalho de equipes multiprofissionais em diferentes contextos* (pp. 283-299). Juruá.

de-Farias, A. K. C. R. (2019). O trabalho em equipes multiprofissionais de saúde: Uma introdução ao livro. In A. K. C. R. de-Farias (Org.), *Ciências da Saúde: O trabalho de equipes multiprofissionais em diferentes contextos* (pp. 25-34). Juruá.

Derrickson, J. G., Neef, N. A., Cataldo, M. F. (1993). Effects of signaling invasive procedures on a hospitalized infant's affective behaviors. *Journal of Applied Behavior Analysis, 26*(1), 133-134.

Dias, A. R., Serra, L. S. M., & Leme, E. S. F. M. (2019). Ambulatório de egressos da UTI pediátrica Dra. Mercia Lira: Um exercício de interdisciplinariedade. In A. K. C. R. de-Farias (Org.), *Ciências da Saúde: O trabalho de equipes multiprofissionais em diferentes contextos* (pp. 138-153). Juruá.

Dias, N. M., & Radomile, M. E. S. (2006). A implantação do serviço de psicologia no hospital geral: uma proposta de desenvolvimento de instrumentos e procedimentos de atuação. *Revista da SBPH, 9*(2), 114-132.

Dias, R. R., Lalon, D. T., & Baptista, M. N. (2007). Urgência e emergência com crianças em UTI pediátrica: Contingências de avaliação e intervenção. In H. J. Guilhardi, & N. C. Aguirre (Orgs.), *Sobre comportamento e cognição: Expondo a variabilidade* (Vol. 18, pp. 401-408). ESETec.

Dias, R. R., Lalon, D. T., & Baptista, M. N. (2008). Suporte familiar em saúde: Identificação de contingências em unidade de terapia intensiva pediátrica. In E. S. N. Lange (Org.), *Contribuições à psicologia hospitalar: Desafios e paradigmas* (pp. 163-180). Vetor.

Dimenstein, M., & Macedo, J. P. (2007). Desafios para o fortalecimento da psicologia no SUS: a produção referente à formação e inserção profissional. In M. J. P. Spink (Org.), *A psicologia em diálogo com o SUS: Prática profissional e produção acadêmica* (pp. 207-234). Casa do Psicólogo.

Elder, J. P., Ayala, G. X., & Harris, S. (1999). Theories and intervention approaches to health-behavior change in primary care. *American Journal of Preventive Medicine, 17*(4), 275-284.

Figueiredo, M. D., & Campos, R. O. (2009). Saúde mental na atenção básica à saúde de Campinas, SP: Uma rede ou um emaranhado? *Ciência & Saúde Coletiva, 14*(1), 129-138.

Follette, W. C., Bach, P. A., & Follette, V. M. (1993). A behavior-analytic view of psychological health. *The Behavior Analyst, 16*(2), 303-316.

Giulianno, R. C., Carvalho, D. C., Horta, P. A. C., Jacobucci, A. N. P., Zardi, L. D., Silva, L. M. S., ... Amaral, V. A. (2014). A atuação da psicologia hospitalar em ambulatórios. In W. L. Bruscato, A. A. Fregonese, A. P. S. M. Braga, A. C. Silva, F. F. Barbour, M. G. S. Lima, ... V. A. Amaral (Orgs.), *A psicologia na saúde: Da atenção primária a alta complexidade* (pp. 149-181). Casa do Psicólogo.

Gon, M. C. C., Zakir, N. S., Andrade, L. V., Gavazzoni, A., & Brandenburg, O. J. (2015). Possíveis relações entre comportamento e condições de saúde. In V. B. Haydu, & S. R. Souza. *Análise do comportamento aplicada a diferentes contextos* (pp. 75-94). EDUEL.

Gontijo, I. B. R. (2019). Internação em UTI: E agora, como podem acontecer os cuidados paliativos? In A. K. C. R. de-Farias (Org.), *Ciências da Saúde: O trabalho de equipes multiprofissionais em diferentes contextos* (pp. 155-165). Juruá.

Gorayeb, R., & Guerrelhas, F. (2003). Sistematização da prática psicológica em ambientes médicos. *Revista Brasileira de Terapia Comportamental e Cognitiva, 5*(1), 11-19.

Gorayeb, R., & Possani, T. (2015). Atendimento ambulatorial e interconsultas no contexto hospitalar. In R. Gorayeb (Org.), *A prática da psicologia no ambiente hospitalar* (pp. 23-42). Sinopsys.

Guimarães, S. S. (2019a). Intervenção psicológica na dor crônica. In A. K. C. R. de-Farias (Org.), *Ciências da Saúde: O trabalho de equipes multiprofissionais em diferentes contextos* (pp. 416-454). Juruá.

Guimarães, S. S. (2019b). A dor no idoso. In A. K. C. R. de-Farias (Org.), *Ciências da Saúde: O trabalho de equipes multiprofissionais em diferentes contextos* (pp. 455-476). Juruá.

Haberkorn, A. (2010). Atuação psicológica na UTI. In W. L. Bruscato, C. Benedetti, & S. R. A. Lopes (Orgs.), *A prática da psicologia hospitalar na Santa Casa de São Paulo: Novas páginas em uma história antiga* (2. ed., pp. 17-31). Casa do Psicólogo.

Hübner, M. M. C., Abreu, P., Magalhães, A., Callonere, A., Reis, C., & Hübner, L. (2016). Psicologia da saúde, psicologia hospitalar e análise do comportamento. In E. C. Humes, M. E. B. Viera, R. Fráguas Júnior, M. M. C. Hübner, & R. D. Olmos. *Psiquiatria interdisciplinar* (pp. 13-18). Manole.

Lalon, D. T. (2001). Terapia comportamental na enfermaria. In H. J. Guilhardi, M. B. B. P. Madi,

P. P. Queiroz, & M. C. Scoz. (Orgs.), *Sobre comportamento e cognição: Expondo a variabilidade* (Vol. 8, pp. 61-64). ESETec.

Lei nº 8.080, de 19 de setembro de 1990. (1990). Dispõe sobre as condições para a promoção, proteção e recuperação da saúde, a organização e o funcionamento dos serviços correspondentes e dá outras providências. http://www.planalto.gov.br/ccivil_03/leis/l8080.htm

Marçal, J. V. S. (2010). Behaviorismo radical e prática clínica. In A. K. C. R. de-Farias (Org.), *Análise comportamental clínica: Aspectos teóricos e estudos de caso* (pp. 30-48). Artmed.

Martins, N. F., De-Farias, A. K. C. R., Lacerda, T. L., Ribeiro, I. A., Tinazi, M. A. P., Souza, F. D. Z. S., & Rodrigues, M. P. B. (2019). Cartilha do cuidador: Ajudando a cuidar em casa. In A. K. C. R. de-Farias (Org.), *Ciências da Saúde: O trabalho de equipes multiprofissionais em diferentes contextos* (pp. 227-251). Juruá.

Matarazzo, J. D. (1982). Behavioral health's challenge to academic, scientific, and professional psychology. *American Psychologist, 37*(1), 1-14.

Matos, M. A. (1999). Análise funcional do comportamento. *Revista Estudos de Psicologia, 16*(3), 8-18.

Mendes, E. V. (2011). *As redes de atenção à saúde* (2. ed.). OPAS. https://bvsms.saude.gov.br/bvs/publicacoes/redes_de_atencao_saude.pdf

Menegatti, C. L. (2001). Prática em UTI: Uma análise contextual. In H. J. Guilhardi, M. B. B. P. Madi, P. P. Queiroz, & M. C. Scoz (Orgs.), *Sobre comportamento e cognição: Expondo a variabilidade* (Vol. 7, pp. 141-145). ESETec.

Ministério da Saúde. (2012). *Política nacional de atenção básica.* http://189.28.128.100/dab/docs/publicacoes/geral/pnab.pdf

Ministério da Saúde. (2018). *Núcleo ampliado de saúde da família.* https://aps.saude.gov.br/ape/nasf

Moraes, A. B. A., & Rolim, G. S. (2012). Algumas reflexões analítico-comportamentais na área da psicologia da saúde. In N. B. Borges, & F. A. Cassas (Orgs.), *Clínica analítico-comportamental: Aspectos teóricos e práticos* (pp. 287-293). Artmed.

Moraes, A. B. A., Rolim, G. S., & Costa, A. L., Jr. (2009). O processo de adesão numa perspectiva analítico comportamental. *Revista Brasileira de Terapia Comportamental e Cognitiva, 11*(2), 329-345.

Moreira, M. B., & Medeiros, C. A. (2019). *Princípios básicos de análise do comportamento* (2. ed.). Artmed.

Nery, L. B., & Fonseca, F. N. (2018). Análises funcionais moleculares e molares: Um passo a passo. In A. K. C. R. de-Farias, F. N. Fonseca, & L. B. Nery (Orgs.), *Teoria e formulação de casos em análise comportamental clínica* (pp. 1-22). Artmed.

Pomerleau, O. F. (1979). Behavioral medicine: The contribution of the experimental analysis of behavior to medical care. *American Psychologist, 34*(8), 654-663.

Portaria de consolidação nº 3, de 28 de setembro de 2017. (2017). Consolidação das normas sobre as redes do Sistema Único de Saúde. https://bvsms.saude.gov.br/bvs/saudelegis/gm/2017/prc0003_03_10_2017.html

Portaria nº 95, de 26 de janeiro de 2001. (2001). Aprova a Norma Operacional da Assistência à Saúde – NOAS-SUS 01/2001 que amplia as responsabilidades dos municípios na Atenção Básica; define o processo de regionalização da assistência; cria mecanismos para o fortalecimento da capacidade de gestão do Sistema Único de Saúde e procede à atualização dos critérios de habilitação de estados e municípios. https://bvsms.saude.gov.br/bvs/saudelegis/gm/2001/prt0095_26_01_2001.html

Portaria nº 1.149, de 11 de novembro de 2015. (2015). Aprova o protocolo clínico e diretrizes terapêuticas da doença celíaca. https://bvsms.saude.gov.br/bvs/saudelegis/sas/2015/prt1149_11_11_2015.html

Portaria nº 2.776, de 18 de dezembro de 2014. (2014). Aprova diretrizes gerais, amplia e incorpora procedimentos para a atenção especializada às pessoas com deficiência auditiva no Sistema Único de Saúde (SUS). https://bvsms.saude.gov.br/bvs/saudelegis/gm/2014/prt2776_18_12_2014.html

Portaria nº 3.432, de 12 de agosto de 1998. (1998). Estabelece critérios de classificação para as Unidades de Tratamento Intensivo – UTI. https://bvsms.saude.gov.br/bvs/saudelegis/gm/1998/prt3432_12_08_1998.html

Romano, B. W. (1999). *Princípios para a prática da psicologia clínica em hospitais.* Casa do Psicólogo.

Sanches, M., Marques, A. P., Ortegosa, S., Freirias, A., Uchida, R., & Tamai, S. (2005). O exame do estado mental: É possível sistematizá-lo? *Arquivos Médicos dos Hospitais e da Faculdade de Ciências Médicas da Santa Casa de São Paulo, 50*(1), 18-23.

Santos, D. B. (2019). Educação dos familiares com relação aos cuidados respiratórios dos pacientes em cuidados domiciliares. In A. K. C. R. de-Farias (Org.), *Ciências da Saúde: O trabalho de equi-*

pes multiprofissionais em diferentes contextos (pp. 167-175). Juruá.

Schwartz, A., & Goldiamond, I. (1975). *Social casework: A behavioral approach.* Columbia University Press.

Serra, C. G., & Rodrigues, P. H. A. (2010). Avaliação da referência e contrarreferência no Programa Saúde da Família na Região Metropolitana do Rio de Janeiro (RJ, Brasil). *Ciência & Saúde Coletiva, 15*(suppl 3), 3579-3586.

Silva, R. C. (1992). A formação em psicologia para o trabalho na saúde pública. In F. C. B. Campos (Org.), Psicologia e saúde: Repensando práticas (pp. 25-40). Hucitec.

Skinner, B. F. (2003). *Ciência e comportamento humano* (11. ed.). Martins Fontes. (Obra original publicada em 1953).

Skinner, B. F. (2007). Seleção por consequências. *Revista Brasileira de Terapia Comportamental e Cognitiva, 9*(1), 129-137.

Soares, M. R. Z., Corrêa, B. A., Silva, E. L., & El Rafihi-Ferreira, R. (2019). Cuidadores de pacientes com câncer: Intervenção em grupo. In A. K. C. R. de-Farias (Org.), *Ciências da Saúde: O trabalho de equipes multiprofissionais em diferentes contextos* (pp. 330-340). Juruá.

Straub, R. O. (2014). *Psicologia da Saúde: Uma abordagem biopsicossocial* (3. ed.). Artmed.

Teles, J. M. M., Teixeira, C., & Rosa, R. G. (2019). *Síndrome pós-cuidados intensivos: como salvar mais do que vidas.* Editora dos Editores.

Turra, V., Almeida, F. F., Doca, F. N. P., & Costa, A. L., Junior. (2012). Protocolo de atendimento psicológico em saúde orientado para o problema. *Psico, 43*(4), 500-509.

Vidal, V. L. L , Araújo, S. T. C., Perreault, M., & Azevedo, A. L. (2013). O familiar acompanhante como estímulo comportamental de pacientes internados em terapia intensiva. *Escola Anna Nery, 17*(3), 409-415.

Yonaha, C., & de-Farias, A. K. C. R. (2019). Tratamento da obesidade: Terapia em grupo e individual. In A. K. C. R. de-Farias (Org.), *Ciências da Saúde: O trabalho de equipes multiprofissionais em diferentes contextos* (pp. 71-111). Juruá.

Leituras recomendadas

Carvalho, D. C., Horta, P. A. C., Jacobucci, A. N. P., Zardi, L. D., Silva, L. M. S., Oliveira, N. M., ... Amaral, V. A. (2012). A atuação da psicologia hospitalar em ambulatórios. In W. L. Bruscato, A. A. Fregonese, A. P. S. M. Braga, A. C. Silva, F. F. Barbour, M. G. S. Lima, ... V. A. Amaral (Orgs.), *A psicologia na saúde: Da atenção primária a alta complexidade* (pp. 149-181). Casa do Psicólogo.

Fonseca, F. N., & Nery, L. B. (2018). Formulação comportamental ou diagnóstico comportamental: Um passo a passo. In A. K. C. R. de-Farias, F. N. Fonseca, & L. B. Nery (Orgs.), *Teoria e formulação de casos em análise comportamental clínica* (pp. 23-48). Artmed.

Capítulo 2

Um protocolo de terapia de aceitação e compromisso para a área da saúde

Michaele Terena Saban-Bernauer

Terapia de aceitação e compromisso

A terapia de aceitação e compromisso, ou ACT (sigla do seu nome original em inglês, *acceptance and commitment therapy*), foi criada por Steven Hayes, em meados dos anos de 1980, e consolidada no manual *Acceptance and commitment therapy: An experiential approach to behavior change* (Hayes et al., 1999).

A ACT compartilha o construto filosófico do Contextualismo Funcional e da Teoria das Molduras Relacionais (Hayes et al., 2001). Expandindo a Equivalência de Estímulos de Sidman, Hayes et al. (2001) desenvolveram a Teoria das Molduras Relacionais como uma abordagem para a linguagem e a cognição humanas. Essa teoria explica a linguagem como um comportamento de relacionar, como o aprendemos e suas implicações no restante do repertório comportamental. A capacidade humana de relacionar eventos é algo marcante de nossa espécie e possibilitou nossa sobrevivência. Sendo uma espécie coletiva, precisamos uns dos outros para cuidar da prole, para a comunicação, para nos defendermos de predadores e, enfim, para modificar o mundo para nossa existência. Construímos abrigo, plantamos e estocamos comida, desenvolvemos ciências e nos diferenciamos muito de nossos primos mamíferos, justamente por termos a habilidade de conseguir relacionar eventos.

No entanto, a linguagem também trouxe consigo desvantagens em relação ao sofrimento humano. Nossa capacidade de relacionar possibilitou que nos comparássemos uns com os outros, emitíssemos julgamentos, lembrássemos de eventos difíceis e sofrêssemos como se os eventos estivessem acontecendo agora, de nos perder em pensamentos e esquecer de olhar ao redor. Ficamos cheios de preocupação ou lembrando do passado, trazemos conosco marcas. Todos esses sofrimentos são tipicamente humanos e ocorrem por causa da linguagem ou, em outras palavras, porque conseguimos relacionar eventos a sons e palavras.

A ACT é uma abordagem para esse sofrimento verbal, que constitui grande parte do sofrimento humano.

A ACT difere significativamente de outras terapias, pois sua proposta de intervenção não busca diminuir o sofrimento. Para a ACT, tentar controlar, fugir ou se esquivar do sofrimento costuma gerar prejuízos significativos na vida do indivíduo. Essa proposta tem como objetivo mudar a relação com o sofrimento, e não seu conteúdo. Isto é, não busca mudar o sentimento, a sensação, o pensamento ou a memória da pessoa, e sim a relação que se tem com esses eventos, de uma relação de evitação para uma relação de aceitação.

Saber evitar eventos aversivos é algo adaptativo, porém evitar eventos aversivos encobertos (de dentro da pele) não é possível. Eventos encobertos (pensamentos, sentimentos, sensações e memórias) não podem ser diretamente modificados. Eles só podem ser alterados a partir da modificação nas contingências ambientais que se relacionam a eles. Assim, para evitar esses eventos encobertos, a pessoa precisa evitar estímulos que se remetem a eles (evocam ou eliciam essas respostas encobertas). Esse padrão de evitar eventos encobertos é chamado de "esquiva experiencial" e costuma gerar restrições significativas na vida. Evitamos ouvir uma música que lembre alguém, evitamos mudar de trabalho para não sentirmos medo e insegurança, não tocamos em assuntos para não lembrar deles, evitamos nos relacionar para não nos sentirmos vulneráveis, não nos expomos por medo de julgamentos e podemos evitar muitas oportunidades para não sentir, pensar ou lembrar. A ACT trata dessa restrição que nos impomos.

Esta é uma abordagem terapêutica geral que concebe os sintomas dos transtornos psicológicos como formas de esquivas experienciais (esquiva de pensamentos, sentimentos, sensações e memórias). A esquiva experiencial é problemática quando gera restrição na vida do indivíduo, que perde oportunidades de agir como gostaria (segundo seus valores) para evitar os eventos encobertos.

O objetivo da ACT é a flexibilidade psicológica, que consiste em estar em contato com a experiência (encoberta e aberta) e mudar ou persistir em ações guiadas por valores. Para isso, o indivíduo precisa ser flexível em perceber e acolher seu sofrimento e escolher como quer agir em contraposição a reagir ao sofrimento (esquiva experiencial).

Proposta de intervenção

A ACT promove flexibilidade psicológica por meio de alguns processos que são mesclados nas intervenções descritas no protocolo apresentado neste capítulo. Segue a descrição desses processos e a referência aos exercícios descritos no protocolo.

Todas as intervenções têm como objetivo último que a pessoa aja de acordo com o que é importante para ela, porém, muitas vezes, isso não ocorre. Geralmente, prestamos atenção e nos esforçamos para evitar pensamentos, sentimentos, sensações ou memórias (p. ex., questões relacionadas à saúde, como dor crônica). Às vezes, a pessoa que sente dor busca evitar sentir mais dor, o que limita uma série de ações importantes, como o próprio autocuidado, que pode incluir atividade física, eventos sociais, trabalho e relações íntimas.

A dor como um comportamento (resposta de sensação e operantes relacionados a elas) pode ter também inúmeras funções, como esquiva de tarefas, punição para comportamento de outras pessoas, mandos, entre outras. Ao utilizar a ACT na área da saúde, é importante atentar para essas diversas funções das condições físicas de adoecimento ou limitação.

Ao percorrer o protocolo, encontra-se a palavra "sofrimento" nos enunciados dos exercícios ou do *Mindfulness*. Por exemplo, em um caso de dor crônica, ao pedir que a pessoa pense em seu sofrimento, muitas vezes, a sensação/o sentimento que surge não é a dor, e sim raiva, tristeza, insegurança, etc. Isso é muito comum, pois a dor ou o adoecimento podem ter a função de esquiva experiencial de outros sentimentos e pensamentos mais difíceis. Uma vez que aproximamos o indivíduo dessas experiências, a esquiva experiencial de dor perde a função, e o que se observa é a presença da sensação dolorosa, às vezes, até mais intensa, mas com menos utilização de medicação e maior engajamento em ações importantes para a pessoa. Este é o propósito das intervenções que seguem descritas no protocolo.

A flexibilidade psicológica, objetivo da ACT, pode ser desmembrada em outros processos terapêuticos. Esses processos são interligados e se complementam. Nas atividades do protocolo, muitas vezes, trabalhamos mais de um processo por exercício. A seguir, encontram-se os principais processos da ACT e uma breve descrição. Os exemplos de intervenções que utilizam esses processos são descritos no protocolo e estão identificados no Quadro 1, do Caderno do Cliente (ver Anexo).

- Desesperança criativa – a constatação de que as tentativas de esquiva experiencial funcionam apenas momentaneamente e geram restrição na vida da pessoa.
- Aceitação – observação e exposição aos eventos encobertos dolorosos (pensamentos, sentimentos, sensações e memórias). Essa exposição é feita com abertura e autocompaixão, para que a pessoa aprenda a sentir o que acontece dentro de si.
- Desfusão – observação dos pensamentos como um processo, como comportamentos de relacionar.
- *Mindfulness* – observação de comportamentos encobertos, abertos e do ambiente.
- *Self* como contexto – trabalhar a perspectiva de observador das ações, e não de executor das ações (encobertas ou abertas), a concepção de si como o local em que os eventos acontecem.
- Valores – esclarecimento do que é importante para a pessoa e como ela quer agir e ser.
- Ações com compromisso – traduzir os valores em ações concretas e treiná-las, abrindo espaço para as reações emocionais que surgirem no processo.

Exemplo de caso clínico

A paciente C. (abreviação fictícia, assim como algumas informações foram alteradas para preservar o anonimato da participante) procurou atendimento psicológico com queixa de dor crônica. O tratamento utilizado foi o protocolo (descrito a seguir) em grupo. C. tinha 50 anos, dor crônica há 15 anos e fazia uso de morfina. Durante os exercícios, ao perguntar dos incômodos e sofrimento, C. não relatou a dor crônica em nenhuma atividade. O sofrimento mencionado era a raiva da filha e tristeza. A manifestação da dor crônica, por meio de queixas e demandas, tinha a função de esquiva experiencial da tristeza que ela sentia pelo distanciamento da filha. O funcionamento era a queixa da dor como uma forma de pedir à filha que se aproximasse. A filha fazia as coisas para ela, o que momentaneamente aliviava a tristeza, e depois ia embora, gerando raiva, tensões e mais dor.

Ao identificar o que era importante para ela, surgiu a família e, em especial, os filhos. O trabalho de clarificar os valores foi permeado pelo modo como ela gostaria de se relacionar com os filhos, em especial a filha. A pessoa alegre e afetuosa com a qual ela se identificava há muito não aparecia em suas ações. Ao treinar esse repertório mais alegre e afetuoso na aproximação em direção à filha, surgiram as barreiras de raiva e tristeza, trabalhadas novamente com processos de aceitação e desfusão. Os resultados da intervenção quantitativos foram diminuição da frequência e da quantidade da medicação para dor, embora sua percepção da dor aumentara durante os períodos em que foi trabalhada a aceitação (assinalou intensidade de dor maior na escala de dor durante a intervenção do que na linha de base). Nos autorregistros, descreveu fazer mais atividades que eram importantes para ela, como participar de eventos familiares, sair mais e fazer atividades de trabalho manual. Qualitativamente, C., ao final do tratamento, estava mais disposta (no início e no meio do tratamento, estava fisicamente indisposta por causa da morfina), mais alegre e satisfeita com o desenvolvimento de suas mudanças familiares. Estava mais afetuosa e próxima da filha.

Protocolo de intervenção utilizando a ACT

Adaptado do protocolo *Vivendo com dor crônica: uma abordagem baseada em aceitação*, de Vowles e Sorrell (2007).

Este protocolo foi desenvolvido por Vowles e Sorrell, em 2007, após anos de trabalho com dor crônica no instituto deles. O arranjo dos exercícios propostos foi desenvolvido por eles com base no manual de Hayes et al. (1999). Em 2013, foi adaptado para a população brasileira por Saban. Depois, esse protocolo foi utilizado para pesquisas com pacientes com sintomas de epilepsia, sintomas depressivos e ansiosos também no Brasil, por Martins e Gordon, em 2013.

Observações importantes na condução dos atendimentos

O terapeuta faz perguntas sempre voltando para situações da vivência do cliente. Evita-se ficar falando sobre o discurso do cliente, o que ele pensa sobre o que viveu, e sim sobre o que viveu em si. Isso significa que as perguntas recorrentes são: “Mas como isso aconteceu? Onde você estava? O que fez? Qual foi a última vez que isso aconteceu? Você pode me dar um exemplo de quando você viveu isso?”. É costume em nossa cultura falar de forma mais abstrata, então isso ocorre nas sessões. O terapeuta ouve e, ao fazer as perguntas, volta a pessoa para a experiência. É importante ser delicado, pois, às vezes, descrever as situações gera emoções e pensamentos difíceis, e este é normalmente o motivo de as pessoas não falarem assim. Como na ACT um dos principais objetivos é a aceitação, trazer à tona esses sentimentos e pensamentos desafiadores é fundamental.

Outro ponto são as palavras que o terapeuta utiliza. Na medida do possível, deve-se respeitar e utilizar as palavras que o cliente fala ao descrever os eventos. Isso evoca as emoções de forma mais precisa. Durante o protocolo, a palavra “sofrimento” aparece em muitos exercícios (está em itálico para melhor identificação). Ao conduzir as sessões e os exercícios, utilize a palavra que o cliente disser ao descrever seu sofrimento no lugar de “sofrimento”. Em anexo, pode-se encontrar o Caderno do Cliente, que trará os exercícios propostos a seguir.

O Quadro 2.1 descreve os exercícios, os conteúdos, os processos terapêuticos e a sessão em que eles aparecem do protocolo.

O objetivo do tratamento é diminuir o impacto negativo do sofrimento na vida do indivíduo. Esse impacto são as limitações advindas das esquivas experienciais.

Quadro 2.1
Atividades durante as sessões

Exercício	Conteúdo	Processo	Sessão
Por que estou participando do grupo?	Objetivos do cliente	Apresentação	1ª
Revisão dos tratamentos anteriores	Histórico de tratamentos/tentativas de controlar o sofrimento	Desesperança criativa	1ª
Lição de casa - possibilidades na presença do sofrimento	Descrição de respostas em cada dia que o cliente pode emiti-las mesmo na presença do sofrimento	Valores	1ª
Sofrimento, emoções e seu impacto nas funções diárias	Relação sofrimento, emoções e atividades	Desesperança criativa	2ª
Lição de casa - Repare em algum momento do dia em si mesmo (*Mindfulness*)	O que aconteceu ao fazer o exercício de *Mindfulness*, onde estava, o que reparou, a percepção de alguma reação em especial e quais distrações ocorreram	*Mindfulness/self* como contexto	2ª
Aceitação do sofrimento	Significado de aceitar o sofrimento para o cliente	Aceitação/ desfusão	3ª
Exercício dos Valores	Lista dos valores do cliente	Valores	3ª
Exercício dos Valores - segunda parte	Ações em direção aos valores, prioridades e eventos aversivos ou outras respostas concorrentes que impedem as ações em direção aos valores	Ações com compromisso/ aceitação/ desfusão	3ª
Lição de casa - Valores	Valores segundo áreas (família, relações íntimas, amizade, trabalho, saúde, aprendizagem), sua importância e o sucesso em agir dessa forma	Valores	3ª
Barreiras para os valores	Descrição dos valores e das barreiras/dificuldades em agir de acordo com o valor	Ações com compromisso/ aceitação/ desfusão	4ª
Lição de casa - Valores, objetivos e ações	Descrição de três valores mais importantes, os objetivos em relação a eles e as ações específicas para alcançar os objetivos	Ações com compromisso	4ª

↳

Quadro 2.1
Atividades durante as sessões

Exercício	Conteúdo	Processo	Sessão
Lição de casa sobre ações em direção aos valores	Descrição das ações (o que especificamente fez? Que valores estão associados? Onde fez? O que estava acontecendo?) e observações (quais foram os resultados? O que faria diferente na próxima vez? Ficou surpreso? Essa atitude poderia contribuir significativamente para a sua vida caso continuasse? Em caso afirmativo, o que o impede de manter essa atitude?)	Ações com compromisso	5ª
Checagem do progresso	O que o cliente aprendeu, o que está fazendo diferente, o que ainda precisa mudar e quais questões importantes ainda não foram discutidas	*Feedback*	6ª
Lição de casa - Ações em direção aos valores	Descrição da execução e do resultado das ações em direção aos valores	Ações com compromisso	6ª
Identificando recaídas	Descrição de exemplos de recaída que possam ocorrer no futuro ou já ocorreram	Aceitação/ desfusão	8ª
Exemplos de situações de risco	Descrição de situações de risco	Aceitação/ desfusão	8ª

Descrição das sessões

Sessão 1

1a

Na primeira sessão, é feita a apresentação do cliente, o enquadre dos encontros, a apresentação do tratamento proposto e seu objetivo. Essa sessão envolve o processo de desesperança criativa – perder a esperança nas tentativas de controlar pensamentos, sentimentos, sensações e memórias por meio da observação de que geralmente as tentativas funcionam a curto prazo, mas esses eventos voltam, e as tentativas costumam gerar restrição na vida da pessoa.

A apresentação do cliente envolve preencher as seguintes questões: Por que estou aqui? e O que gostaria de aprender aqui? (Ver Caderno do Cliente, em anexo.)

Depois, é feita a apresentação propriamente dita, em que o cliente fala de si, de onde veio, as respostas às duas perguntas anteriores, há quanto tempo sofre, como passa o tempo livre, suas atividades de lazer e interesses e os objetivos pessoais que tem na vida. Nessa apresentação, já são discutidos os objetivos do tratamento, que são apresentados aos participantes da seguinte forma:

"Este programa considera que o sofrimento é real, mesmo que não se possa vê-lo ou medi-lo, o que você sente e pensa o impede de fazer coisas que gostaria ou precisa fazer, e você estar aqui quer dizer que está disposto a fazer mudanças para diminuir o impacto negativo do sofrimento em sua vida".

A questão do sofrimento pode ser descrita em forma de contingência, como exposto no Quadro 2.2.

Pedimos, então, que o cliente preencha o Quadro 2.3, para analisar suas tentativas de controlar os eventos privados.

O terapeuta vai preenchendo com o cliente, escrevendo tudo que ele for recordando. As perguntas do terapeuta guiam o cliente a descrever situações cada vez mais concretas, como "você pode me dar um exemplo disso?" e "quando foi a última vez que isso aconteceu?", "o que você fez exatamente?". Assim, o terapeuta traz situações mais vívidas do cliente, embora registre e aceite todas as respostas, mesmo que em princípio sejam vagas.

1b • Lição de casa

"Se seu sofrimento estiver presente pelo resto da sua vida, o que você poderia fazer então?"

Quadro 2.2
Possível análise de contingências

Situação antecedente	Resposta	Consequências em curto prazo	Consequências em longo prazo
Sav. Pensamento, sentimento, sensação e memória	Mudanças de vida	?	Melhora na condição de vida
	Resposta de esquiva da dor psicológica	Sr- alívio do sofrimento	Restrição na condição de vida

Sav: estímulo aversivo; Sr-: reforçamento negativo; ?: não foi possível conhecer/hipotetizar a consequência para essa situação.

Quadro 2.3
Tentativas do cliente de controlar seus eventos privados

O que já fez em relação ao sofrimento?	Benefícios a curto prazo	Benefícios a longo prazo	Custos a curto prazo	Custos a longo prazo	Qual é o resultado disso?

Quadro 2.4
Objetivo: Levantar possíveis ações guiadas por valores

Dia	Dia da semana	Quais são suas opções?
1		
2		
3		
4		
5		
6		
7		

Sessão 2

2a • Revisão da lição de casa

Rever com o cliente o que ele escreveu na lição de casa. Identificar junto a ele o que é importante, apesar do sofrimento, quais são seus valores. Observar também quais são as respostas de esquiva experiencial que permanecem mesmo na instrução de que o sofrimento não irá passar, isto é, não terá uma esquiva eficaz.

Observação: o terapeuta anota o que é importante para esse cliente para rever nos trabalhos sobre valores.

2b • Relação entre sofrimento, humor e funcionalidade

O terapeuta pede ao cliente que preencha o esquema a seguir sobre seu sofrimento, o impacto que tem em sua vida e o humor/estado emocional em geral (Esquema 1).

Depois de o cliente escrever o impacto do sofrimento em sua vida, o terapeuta pede para ele contar, exemplificando com situações concretas recentes.

O terapeuta também pergunta ao cliente sobre sua experiência em tentar controlar seus eventos privados, suas consequências em médio e longo prazos de restrição de repertório e impacto nos reforçadores, principalmente positivos (valores). Assim, é feita uma descrição da regra "não conseguimos mudar satisfatoriamente nossas emoções e nossos pensamentos", seguida de um exercício prático (bolo de chocolate) e um paralelo com a experiência do cliente.

2c • Bolo de chocolate

Suponha que eu te diga, agora, para não pensar em algo. Eu vou te dizer daqui a pouco, e quando o fizer, não pense nisso nem por um segundo. É agora. Lembre-se, não pense nisso. Não pense em... bolo de chocolate

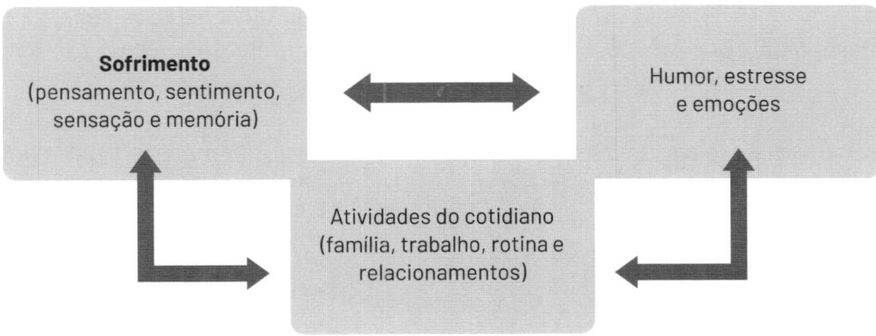

Esquema 1
Relação entre sofrimento, humor e atividades do cotidiano.

> quentinho! Sabe aquele cheiro quando ele sai do forno... Não pense nisso! O gosto da calda de chocolate quando você dá a primeira mordida... Não pense nisso! E aquela fatia fofinha, quente e levemente úmida colocada no prato... Não pense nisso! É muito importante que você não pense em nada disso! (Hayes et al., 1999, p. 124)

Em seguida, o terapeuta faz a analogia de tentar controlar pensamentos, sentimentos, sensações e memórias, descrevendo o que o cliente escreveu no exercício anterior.

Nesse momento, são sugeridas respostas alternativas com a colocação "Eu posso pensar e sentir de um jeito e agir da forma oposta?" e introduzida a possibilidade de observar o sofrimento em vez de tentar mudá-lo.

2d • *Mindfulness*

A sessão termina com um exercício prático para treinar as respostas de observação – *Mindfulness* ou "exercício de atenção dirigida".

Os exercícios de atenção dirigida são vivências de prestar atenção ao momento presente. Serão praticados semanalmente, e será incentivada sua prática entre as sessões.

A primeira sessão de atenção dirigida é composta de:

- Discussão sobre postura – alerta e não alerta.
- Pedir aos participantes que fechem os olhos.
- Exercício de atenção – reparar a sensação de estar sentado na cadeira, com os pés no chão, a sensação da roupa na pele, etc. O intuito é a percepção do momento presente. Depois de alguns minutos, há uma pausa para o *feedback* dos participantes.
- Exercício de respiração – reparar a sensação de respirar, o ar entrando e saindo, etc., seguido de pausa para *feedback*.
- Respiração formal – repetir o exercício anterior, escolhendo prestar atenção em alguma parte do corpo em que a respiração é sentida mais claramente e de forma vívida. Perceber essa sensação por alguns momentos e parar para *feedback*.

O *feedback* é o momento em que o cliente compartilha suas vivências do exercício. Geralmente, muitos sentem dificuldade de manter a atenção no exercício, e alguns pensamentos e sentimentos surgem no decorrer da vivência. É importante validar essa distração, normalizando a experiência e reforçando sua percepção. Quando isso ocorre, é orientado que repare que está tendo um pensamento ou sentimento e volte gentilmente para o exercício.

O objetivo dos exercícios de *Mindfulness* é a própria atenção, e não um relaxamento ou outro intuito de diminuir o sofrimento, embora possa vir a ocorrer.

2e • Lição de casa

Este exercício de *Mindfulness* é pedido como lição de casa para a continuidade do treino de dirigir a atenção, a observação e a descrição deste. O cliente é instruído a praticar o exercício de *Mindfulness* uma vez ao dia e anotar o que aconteceu em um registro, como no Quadro 2.5.

Sessão 3

O terapeuta começa com a pergunta: "O que significa para você aceitar o sofrimento?". Discute com o cliente suas respostas e apresenta a seguinte prece como exemplificação da diferença entre aceitar e resignar:

> "Dai-me a serenidade para aceitar as coisas que não posso mudar,
>
> A coragem para mudar as coisas que posso,
>
> E a sabedoria para saber a diferença."

A discussão continua com o questionamento da regra "tentativa de remover ou solucionar o problema (sofrimento) antes de focar em outros aspectos da vida ou antes que outros aspectos da vida possam ser apreciados". A conversa evidencia que aceitar pode significar observar e viver o sofrimento e agir em direção aos valores.

No exercício seguinte sobre valores, é proposto que, em vez de tentar controlar o sofrimento (respostas de esquiva experiencial), o foco do tratamento seja promover uma vida melhor apesar do sofrimento.

Quadro 2.5
Registros realizados ao longo da semana após o exercício de *Mindfulness*

Dia	Dia da semana	O que aconteceu? Onde estava? O que reparou? Você se percebeu reagindo de alguma forma em especial? Quais distrações ocorreram?
1		
2		
3		
4		
5		
6		
7		

3a • *Mindfulness* do funeral

- Fechar os olhos.
- Perceber o ambiente.
- Imaginar a notícia de que morrerá em um ano – "Imagine que você está na sala de espera do seu médico com seus exames. Depois de um tempo, ele o chama, olha os exames e parece mais sério do que de costume. Ele fala alguns termos técnicos dos exames e termina com a notícia de que você tem uma doença grave e terá cerca de um ano de vida. Você não ouve mais nada e, quando vê, saiu da sala e está na recepção novamente. Veja quais pensamentos vêm, quais sentimentos vêm, dê um nome a eles e perceba como está seu corpo. O que você faz? Vá visualizando quais seriam suas ações, se você falaria para as pessoas, o que aconteceria. E o que você decide fazer com esse tempo que lhe resta. (Pausa) Vá visualizando o que você faz, como faz, como são as situações em que você está, os momentos que você escolhe viver. (Pausa) E, de repente, este ano chega ao fim, e você se despede das pessoas. Visualize cada uma de quem você queira se despedir, o que você deseja dizer e diga. (Pausa) Por fim, chega o momento em que você se despede da vida."
- Perceber os pensamentos, os sentimentos e as sensações no corpo.
- Perceber o ambiente.
- Abrir os olhos.
- Inquérito: "Como foi? (Respostas livres) "Por alguns momentos, pense em como tem vivido em relação a esses valores. Você age de acordo com eles? Você tem feito as coisas que são importantes para você? Quais são realmente suas prioridades? Se sim, como tem feito isso? Se não, o que o impede de fazer as coisas que são importantes para você?"

Por fim, o terapeuta revê a lição de casa de treino de *Mindfulness* e dificuldades e segue novamente o treinamento semanal de *Mindfulness* de percepção do corpo e respiração.

3b • Exercício básico de respiração

> "Apenas reparar o que está acontecendo, não tem certo nem errado, somente permita-se perceber o que está acontecendo."

- Exercício de atenção – Reparar a sensação de estar sentado na cadeira, com os pés no chão, a sensação da roupa na pele, etc. O intuito é a percepção do momento presente.
- Exercício de respiração – Reparar a sensação de respirar, o ar entrando e saindo, etc.

3c • Lição de casa. Valores

Um valor é uma direção na vida que você gostaria de seguir (p. ex., ir para o leste), mas que não é possível atingir por completo (você pode sempre ir ainda mais ao leste). Diferentemente dos objetivos, que são destinos alcançáveis na direção dos valores (p. ex., ir de São Paulo a Rio de Janeiro), ser um parceiro amoroso ou um amigo leal são valores, porque você tem de se manter vivendo como tal, ou deixa de sê-lo. Valores são importantes porque viver de acordo com eles traz satisfação e sentido para nossas vidas.

A seguir, é apresentada uma lista de áreas em que as pessoas normalmente têm valores. Não é necessário escrever em todas elas; apenas escreva os valores que são importantes para você, com os quais você está disposto a agir de acordo.

Para cada valor, enumere o quanto ele é importante para você (de 1 – muito importante a 10 – pouco importante), o sucesso em viver de acordo com esse valor no último mês (de 1 – muito sucesso a 10 – não vive de acordo com o valor) e, por fim, no *ranking*, enumere os valo-

Quadro 2.6
Quadro de valores

Área	Direção dos valores	Importância	Sucesso	*Ranking*
Família				
1.				
2.				
Relações íntimas				
1.				
2.				
Amizade				
1.				
2.				
Trabalho				
1.				
2.				
Saúde				
1.				
2.				
Desenvolvimento pessoal/religião				
1.				
2.				

Fonte: Hayes et al. (1999, p. 226).

res em ordem de importância de acordo com o que você está disposto a se empenhar agora (de 1 para o mais importante até o menos importante).

Sessão 4

Inicia-se a sessão com a revisão da lição de casa, pedindo para o cliente identificar as diferenças e as semelhanças entre os valores, sua distinção dos objetivos e de valores de terceiros ou da sociedade.

Os valores são construções verbais que descrevem padrões de comportamento amplos. Por exemplo, um valor pode ser "cuidar de si mesmo". Um objetivo desse valor pode ser "perder 10 kg". As respostas específicas são, então, as ações guiadas por valores, como exercícios e dietas.

4a • Barreiras para os valores

Neste exercício, o cliente explora suas barreiras, o que o impede de seguir seus valores. As barreiras são eventos aversivos: sensações corpóreas de ansiedade, medo, insegurança, etc., eventos verbais relacionados ao sofrimento, assim como reações de terceiros, consequências práticas e concretas, dentre outras. Estes são, geralmente, os eventos aversivos que estreitam o repertório geral do indivíduo para respostas de esquiva experiencial. Segue a instrução:

> "Todo valor e seus objetivos apresentam barreiras. As barreiras são as que nos impedem de viver de acordo com os valores. Elas podem ser externas ou internas (como medos e preocupações)."
>
> Peça aos participantes para escreverem de 3 a 4 valores mais importantes e algumas barreiras que dificultam viver de acordo com eles.

Na discussão desse exercício, o terapeuta levanta a opção "desistir do valor ou aceitar a dificuldade e agir de acordo com o valor" e apresenta uma metáfora da água, que transpõe os obstáculos de forma flexível.

4b • Objetivos e ações

Uma vez que o cliente decida aceitar as barreiras em prol dos valores, o terapeuta conversa sobre o que seriam objetivos dentro dos valores do cliente e descreve as características dos objetivos: específicos (situações concretas da vida do cliente), observáveis (que outras pessoas consigam ver as mudanças), realísticos (dentro das habilidades do cliente; às vezes, é necessário algum treino de habilidade) e consistentes com os valores. Cliente e terapeuta fornecem exemplos possíveis para a vida do cliente.

A sessão finaliza com o exercício de *Mindfulness* de observação de partes do corpo.

4c • Lição de casa

A lição de casa é praticar o exercício de *Mindfulness* diariamente, pegar os três valores mais importantes e descrever objetivos e ações específicos.

Quadro 2.7
Valores e barreiras

Valor	Barreira/dificuldade

Quadro 2.8
Valores, objetivos e ações

Selecione três valores mais importantes para você e escreva os objetivos que têm em relação a eles. Depois, escreva ações específicas para alcançar seus objetivos.

1. Valor: ....

   Objetivo: ....

   ....

   a. Ação específica ....

   ....

   b. Ação específica ....

   ....

   c. Ação específica ....

   ....

2. Valor: ....

   Objetivo: ....

   ....

   a. Ação específica ....

   ....

   b. Ação específica ....

   ....

   c. Ação específica ....

   ....

3. Valor: ....

   Objetivo: ....

   ....

   a. Ação específica ....

   ....

   b. Ação específica ....

   ....

   c. Ação específica ....

   ....

Sessão 5

5a • Revisão da lição de casa

Quando o indivíduo começa a agir em direção aos seus valores, ele se depara com seus grandes medos e desafios emocionais. Os valores são o que há de importante para o cliente; se não fossem essas barreiras, ele já agiria em direção a eles. É um momento delicado na terapia. O terapeuta explica ao cliente que essa fase pode ser desafiadora e pergunta sobre sua vivência em agir na direção de seus valores (lição de casa).

O terapeuta atenta para as barreiras, quais foram, quais pensamentos, sentimentos, sensações e memórias surgiram. Observa também se o cliente se esquivou desses pensamentos e sentimentos desafiadores e, caso o tenha feito, pergunta como foi para o cliente se esquivar, quais foram as consequências na hora e depois, e se gostaria que a vida do cliente fosse assim. Pode ocorrer um ciclo de agir em direção aos valores, surgirem pensamentos e sentimentos difíceis, e o cliente se esquivar deles.

Essa observação do padrão de esquiva é importante nesse momento em que o cliente está definindo seus objetivos e ações específicos, para fazê-los não em virtude do sofrimento, mas dos valores, isto é, agir em direção ao valor mesmo na presença do sofrimento. Este é o maior desafio!

5b • Truques da mente

Na conversa sobre os "truques da mente", o terapeuta aponta a frequência com que descrevemos eventos enfatizando aspectos negativos. Retoma o exercício anterior, em que se analisou a dificuldade de alterar outras respostas alterando o pensamento.

As perguntas são sobre os eventos verbais que acompanham o padrão de esquiva e como eles se tornam eventos aversivos condicionados ou relacionados ao sofrimento, também evocando respostas de fuga e esquiva.

- Que pensamentos surgem quando está sofrendo ou quando está fazendo alguma atividade em que já houve sofrimento?
- Que pensamentos surgem ao identificar as ações com compromisso?
- O que você faz ao pensar nisso?

5c • "E" em vez de "mas"

No decorrer das respostas, o terapeuta sugere a possibilidade de ter pensamentos, sentimentos e sensações aversivas e as ações comprometidas com os valores por meio da substituição da conjunção "mas" pela conjunção "e" – por exemplo, "eu iria fazer tal atividade, mas estou mal" por "eu irei fazer tal atividade e estou mal". Essa mudança acarreta uma relação inclusiva entre esses eventos verbais ("mal" e "fazer tal atividade") e diminui a função de fuga e esquiva do evento privado, segundo a teoria dos quadros relacionais.

Para investigar como o cliente está agindo em função do sofrimento, o terapeuta pergunta como foi uma situação de sofrimento intenso e observa como geralmente sua atenção fica restrita à dor. Em seguida, é apresentada a metáfora do coelho que está observando a floresta até encontrar um leão, e, a partir de então, somente o leão (estímulo aversivo) e o buraco onde se protege (fuga) passam a existir para o coelho (Hayes et al., 1999).

5d • Passageiros no ônibus

Após essas conversas, é sugerido que o cliente apenas observe seus pensamentos sem reagir a eles, no exercício "os passageiros no ônibus".

O cliente é o motorista de um ônibus que recebe ordens de outros passageiros – que são seus pensamentos considerados ruins. É sugerido que o motorista apenas observe o que estão dizendo, mas continue na direção almejada, seu valor.

O terapeuta pergunta ao cliente algo importante que ele esteja com dificuldade de fazer, identificando o valor nesse objetivo. Simbolicamente, marca algum lugar na sala que corresponda a realizar isso que é importante para ele. Depois, pergunta quais são os pensamentos que vêm ao cogitar andar naquela direção, suas dificuldades. O terapeuta anota. Em seguida, o cliente é convidado a andar naquela direção enquanto o terapeuta repete os pensamentos difíceis (respeitando as palavras do cliente sobre seu sofrimento). É avisado que, se o cliente quiser parar de ouvir seus pensamentos, mude de direção ou pare, ou seja, ele se esquivou desses pensamentos (o terapeuta para de repetir os pensamentos), mas também deixa de ir na direção do que é importante para ele.

Após o exercício, o terapeuta pergunta como foi para o cliente, e se isso é o que acontece com ele quando tem dificuldade de ir em direção ao que é importante para si.

No final da sessão, é feito o exercício de *Mindfulness* de observação do corpo, da respiração, dos pensamentos e das situações. A ênfase é no observar, independentemente do que está sendo observado.

5e • Lição de casa: Ações com compromisso

Rever a lição passada e observar:

- Algum objetivo ou ação pode ser dividido ou remanejado para não sobrecarregar os dias melhores e para que possam ser executados nos momentos com mais sofrimento, de forma mais constante?
- Sua mente lhe diz que você deve fazer alguma ação em vez de seus valores?
- Algum objetivo ou ação pode ser modificado para estar mais consistente com seus valores?

Depois, selecione uma ou duas ações a serem executadas a partir de agora até a próxima sessão e registre no Quadro 2.9 os resultados da sua experiência. Tente manter suas ações mesmo se estiver se sentindo mal ou com dificuldade. As ações devem ser compatíveis com suas possibilidades.

A prática do exercício de *Mindfulness* diariamente continua fazendo parte da lição de casa.

Quadro 2.9
Prática diária das ações

Dia da semana e horário	Ação (o que especificamente fez? Que valores estão associados? Onde você fez isso? O que estava acontecendo?)	Observações (quais foram os resultados? O que faria diferente na próxima vez? Você ficou surpreso? Essa atitude poderia contribuir significativamente para a sua vida, caso continuasse? Em caso positivo, o que o impede de manter essa atitude?)

Fonte: Vowles e Sorrell (2007, p. 31).

Sessão 6

A sessão começa com perguntas do terapeuta sobre como foi praticar as ações em direção aos seus valores, como foi dividir as ações de forma mais regular e como tem sido dirigir a atenção para os eventos que estão ocorrendo no momento.

Depois, o cliente responde por escrito as seguintes perguntas:

- O que você aprendeu?
- O que você está fazendo diferente?
- O que você ainda precisa mudar?
- Quais questões importantes ainda não foram discutidas?

Sobre como é agir em direção ao valor, o terapeuta fornece uma metáfora para exemplificar algumas características que são como um pulo: pode-se ler a respeito, planejar, mas, na hora, a ação tem que ser simplesmente ir e pular. A metáfora do coelho (em que só existe a toca e o leão para o coelho que o avista) também é relembrada quando o cliente tende a focar nas barreiras e parar de perceber o que está acontecendo na situação.

O terapeuta, então, convida o cliente a considerar as dificuldades de praticar as ações guiadas por valores e aceitá-las por meio de perguntas como:

- Quais são as dificuldades?
- Elas são verdades absolutas (no sentido de não ter nada para fazer em relação a elas) ou são passíveis de aceitação?
- O que você faz quando as barreiras surgem?
- E o que acontece?

6a • Ok, você está certo!

Neste exercício, o terapeuta pede para o cliente escrever cada motivo para não praticar suas ações em pedacinhos de papel e contar suas dificuldades para o terapeuta, que diz: "Ok, você está certo!". Depois que o cliente descrever todos os eventos aversivos, o terapeuta pergunta: "E agora?". O cliente é convidado a carregar consigo essas descrições e a praticar suas ações guiadas por valores: mesmo na presença de eventos aversivos, ainda realizar ações que permitem atingir seus valores.

O terapeuta apresenta outra metáfora para exemplificar a situação das ações guiadas por valores – bússolas. Nessa metáfora, a pessoa é convidada a imaginar duas bússolas: uma é o valor, e a outra, suas ações. Quando o cliente pensa em agir de determinada maneira, veja para onde a bússola da ação o está levando e se é na mesma direção que seu valor.

Nessa sessão, o exercício de *Mindfulness* é apenas observar os pensamentos, os senti-

Quadro 2.10
Registro das ações

Dia	Resultado

Fonte: Vowles e Sorrell (2007, p. 36).

mentos e as sensações, que surgem como folhas que descem em um rio, que vêm e vão. É sugerido que o cliente realize esse tipo de observação nas situações em que coloque em prática as ações guiadas por valores.

6b • Lição de casa: Resultados das ações

O cliente é convidado a praticar as ações discutidas na atividade "Ok, você está certo", descrever os resultados no quadro a seguir e praticar o *Mindfulness* de observar pensamentos e sentimentos como folhas no rio.

Sessão 7

O terapeuta começa a sessão perguntando sobre as dificuldades e as barreiras encontradas ao colocar em prática as ações com compromisso com os valores. As dificuldades podem ser externas, como reações das pessoas ou outras consequências das ações, ou internas, como pensamentos, sentimentos, sensações e memórias.

O terapeuta escreve as dificuldades encontradas pelo cliente, diferenciando as externas e internas em dois círculos. O terapeuta indica que as internas mudam gradativamente quando agimos em direção ao valor, mesmo na presença do sofrimento.

Nesse momento, é retomado o objetivo do tratamento – ter uma vida melhor mesmo na presença do sofrimento, e o cliente é convidado a retomar seus valores e as ações com que se comprometeu, mesmo com as barreiras.

O *Mindfulness* dessa sessão é realizado andando. O cliente recebe instruções para prestar atenção nas respostas envolvidas no caminhar e nos estímulos que são produzidos no próprio corpo.

Sessão 8

A última sessão começa com o terapeuta pedindo para o cliente declarar seus valores sem justificativas e de forma clara. O terapeuta fornece *feedback*, indicando se percebe autenticidade e genuinidade ou alguma fraqueza ou dúvida.

8a • Recaídas

Na atividade seguinte, discute-se a possibilidade da ocorrência de recaídas e possíveis ações nessas situações. O terapeuta pergunta o que o cliente pensa quando ouve falar de recaídas.

Recaída significa diminuição das ações compromissadas com os valores e geralmente aumento de esquivas experienciais. Em outras palavras, "a recaída não significa um fracasso total, apenas um período em que experiências frustrantes impedem de progredir por um tempo" (Vowles & Sorrell, 2007, p. 40). O terapeuta explicita que é esperado ter recaídas como parte natural do processo.

Identificando recaídas

O terapeuta pede para o cliente escrever possíveis recaídas e exemplos de situações de risco, com a finalidade de alertar para essas situações.

> "Escreva alguns exemplos de recaída que possam ocorrer com você no futuro. Talvez você já tenha vivenciado recaídas durante este tratamento. Como foram? Normalmente, as recaídas ocorrem em situações de risco, como momentos de sofrimento intenso, dificuldades de estabelecer

objetivos, conflitos com pessoas queridas, dentre outras situações de estresse. Identifique quais são as situações de risco para você, tanto as que já ocorreram no passado quanto as que você imagina como possíveis no futuro".

Entrega-se uma folha para que o cliente escreva exemplos de situações de risco.

Com base nas situações de risco que o cliente levantar, o terapeuta apresenta quatro passos para identificar e melhor responder a essas situações:

1. Pare o que estiver fazendo e perceba que está em uma recaída.
2. Reserve um momento para observar seus pensamentos e como você está se sentindo na situação, apenas observando o que está acontecendo, como nas atividades de atenção dirigida.
3. Reveja a situação que o levou à recaída.
4. Escolha um plano para realinhar suas ações em direção aos seus valores e coloque-o em prática imediatamente.

Essas regras buscam criar condições para o cliente observar e descrever a recaída, assim como para possibilitar outras respostas. Outras perguntas que o terapeuta fornece como modelo de observação são:

- Onde estava quando começou a recaída?
- O que estava acontecendo naquele momento no lugar em que estava?
- Quem estava com você?
- Estava acontecendo alguma atividade específica?
- Quais foram seus pensamentos, sentimentos e suas sensações corporais durante a recaída?

O terapeuta também pede para o cliente descrever planos simples e fáceis de colocar em prática para redirecioná-lo às ações coerentes com seus valores. Esses planos podem ser ligar para um amigo ou familiar, praticar alguma atividade que o relembre de seu valor, caminhar, ouvir música, etc.

No caso de o cliente ainda estar receoso quanto às barreiras e às recaídas, deve-se fazer a atividade em que o terapeuta escreve a preocupação do participante em cartões e apresenta as opções: ou o participante opta por aceitar agir para atingir objetivos que são importantes para ele, ou os rejeita e abdica do valor. Se decidir agir, o cliente é convidado a levar consigo os cartões.

Por fim, o terapeuta retoma o processo e pergunta se o cliente alcançou seus objetivos e se está faltando alguma pendência. O terapeuta termina com a seguinte afirmação:

> A sua tarefa para o resto da vida é viver a vida. Lembre-se de que todas as experiências estão constantemente mudando. Todas as experiências irão passar: "bons" e "maus" momentos serão seguidos de algo novo. Saiba seus valores e os mantenha à sua frente. Vá em direção aos objetivos que o aproximem de seus valores. Não se esqueça de parar e cheirar as flores do caminho, mesmo quando se sentir preso a uma situação (Vowles & Sorrell, 2007, p. 44).

Considerações finais

A ACT é uma abordagem, uma forma de ver e conduzir o processo terapêutico. Também tem sua própria visão do desenvolvimento humano e os meios para alcançar uma vida com significado e qualidade. Esse protocolo é um exemplo de condução. Não se espera que o terapeuta de ACT siga estritamente o protocolo, mas que o considere como um exemplo do que o processo possa ser.

Como essa abordagem, muitas vezes, se diferencia de propostas que visam ao alívio do sofrimento ou do sintoma, é aconselhável ao terapeuta que se aventura pela ACT iniciar seguindo um protocolo para testar os exercícios, *Mindfulness* e formas de condução que possam parecer pouco habituais. Para a condução de grupos, o protocolo também ajuda, pois constitui um processo mais uniforme. Contudo, seja em grupo, seja individualmente, ao utilizar um protocolo, sempre abra espaço para as demandas do indivíduo e observe com atenção o efeito que os exercícios exercem no repertório, quais respostas novas aparecem e como o processo terapêutico atua naquela pessoa em especial. Para isso, observe, registre e pergunte ao cliente o que está acontecendo com ele, do que ele necessita e o que o ajuda.

A relação terapêutica na ACT é uma parceria, um trabalho em conjunto horizontal. Aconselha-se fortemente que o terapeuta, antes de aplicar um protocolo, receba o tratamento que deseja oferecer. Os processos tendem a ser emocionais, e a abertura para experienciar tais processos vem da prática. Caso o terapeuta não pratique a aceitação de seus sentimentos e pensamentos desafiadores, quando o cliente os apresentar, o terapeuta provavelmente se sentirá mal com a vulnerabilidade e se esquivará, dando esse modelo errôneo para o cliente.

O terapeuta de ACT carrega uma responsabilidade perante exercer aquilo que propõe, o que traz uma oportunidade de desenvolvimento constante, tanto para o cliente como para o terapeuta.

O processo encerra-se quando o cliente passa a identificar valores e ações guiados por ele, colocando-os em prática e se abrindo para viver o que estiver lá para ser vivenciado.

Referências

Hayes, S. C., Barnes-Holmes, D., & Roche, B. (2001). *Relational frame theory: A post-skinnerian account of human language and cognition*. Kluwer Academic.

Hayes, S. C., Strosahl, K. D., & Wilson, K. G. (1999). *Acceptance and commitment therapy: An experiential approach to behavior change*. The Guilford Press.

Martins, T. C., & Gordon, P. C. (2013). Tratamento psicoterápico baseado em ACT para pacientes com epilepsia e sintomas depressivos. *XXII Encontro da Associação Brasileira de Psicologia e Medicina Comportamental*.

Saban, M. T. (2013). *Análise dos efeitos da terapia de aceitação e compromisso em grupo de clientes com dor crônica* [Dissertação de mestrado]. Pontifícia Universidade Católica de São Paulo. https://www.pucsp.br/sites/default/files/michaele-terena-saban.pdf

Vowles, K. E., & Sorrell, J. T. (2007). *Life with chronic pain: An acceptance-based approach: Therapist guide and patient workbook*. Material não publicado.

Vowles, K. E., Wetherell, J. L., & Sorrel, J. T. (2009). Targeting acceptance, mindfulness, and values-based action in chronic pain: Findings of two preliminary trials of an outpatient group-based intervention. *Cognitive and Behavioral Practice, 16*(1), 49-58.

Leituras recomendadas

McCracken, L. M., Vowles, K. E., & Eccleston, C. (2005). Acceptance-based treatment for persons with complex, long standing chronic pain: A preliminary analysis of treatment outcome in comparison to a waiting phase. *Behaviour Research and Therapy, 43*(10), 1335-1346.

Saban, M. (2008). *Uma leitura behaviorista radical da terapia de aceitação e compromisso* [Trabalho de conclusão de curso]. Pontifícia Universidade Católica de São Paulo.

Sidman, M. (1995). *Coerção e suas implicações*. Editorial Psy. (Original publicado em 1989).

Skinner, B. F. (2003). *Ciência e comportamento humano* (11. ed.). Martins Fontes. (Obra original publicada em 1953).

Vowles, K. E., McCracken, L M.., & Eccleston, C. (2007). Processes of change in treatment for chronic pain: The contributions of pain, acceptance, and catastrophizing. *European Journal of Pain, 11*(7), 779-787.

Vowles, K. E., McNeil, D. W., Gross, R. T., McDaniel, M. L., Mouse, A., Bates, M., ... McCal, C. (2007). Effects of pain acceptance and pain control strategies on physical impairment in individuals with chronic low back pain. *Behavior Therapy, 38*(4), 412-425.

Anexo

Caderno do Cliente

Sessão 1: Introdução e Fundações Básicas do Tratamento

Por que estou aqui?	O que gostaria de aprender?
1..	1..
2..	2..
3..	3..
4..	4..
5..	5..
6..	6..
7..	7..
8..	8..
9..	9..
10..	10..

Revisão dos tratamentos anteriores

Preencha o quadro a seguir sobre o que você já fez em relação ao seu sofrimento:

O que já fez em relação ao sofrimento?	Benefícios a curto prazo	Benefícios a longo prazo	Custos a curto prazo	Custos a longo prazo	Qual é o resultado disso?

Lição de casa

"Se seu sofrimento estiver presente pelo resto da sua vida, o que você poderia fazer?"

Dia	Dia da semana	Quais são suas opções?
1		
2		
3		
4		
5		
6		
7		

Sessão 2: Opções e Acordos de Curso de Tratamento

Preencha o quadro a seguir sobre seu sofrimento, o impacto que tem em sua vida e seu humor/ estado emocional em geral:

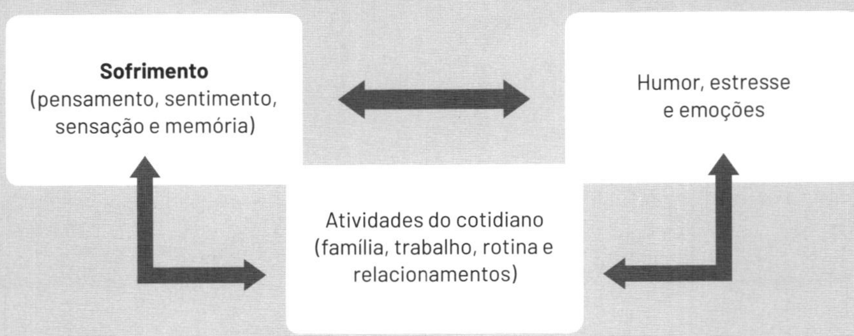

Esquema 1
Relação entre sofrimento, humor e atividades do cotidiano.

Lição de casa

Pratique o exercício de *Mindfulness* uma vez ao dia e anote o que aconteceu:

Dia	Dia da semana	O que aconteceu? Onde estava? O que reparou? Você se percebeu reagindo de alguma forma em especial? Quais distrações ocorreram?
1		
2		
3		
4		
5		
6		
7		

Sessão 3: "Aprendendo a Viver" com o sofrimento

Aceitação do que acontece dentro de nós

O que significa para você aceitar o sofrimento? ....

....

....

O que a palavra "aceitação" significa para você? Que pensamentos ou imagens surgem? ....

....

....

Exercício dos valores

Liste o que pensou durante a conversa sobre valores. Como é importante para você viver sua vida?

1 ....
2 ....
3 ....
4 ....
5 ....
6 ....
7 ....
8 ....
9 ....
10 ....

Pense sobre esses valores e veja qual é o mais importante para você.

Por alguns momentos, pense em como tem vivido em relação a esses valores. Você age de acordo com eles? Você tem feito as coisas que são importantes para você? Quais são realmente suas prioridades? Em caso positivo, como tem feito isso? Em caso negativo, o que o impede de fazer as coisas que são importantes para você?

....
....
....
....
....
....
....

Lição de casa

Valores

Um valor é uma direção na vida que você gostaria de seguir (p. ex., ir para o leste), mas que não é possível atingir por completo (você pode sempre ir ainda mais ao leste). Diferentemente dos objetivos, que são destinos alcançáveis na direção dos valores (p. ex., ir de São Paulo a Rio de Janeiro), ser um parceiro amoroso ou um amigo leal são valores, porque você tem de se manter vivendo como tal, ou deixa de sê-lo. Valores são importantes porque viver de acordo com eles traz satisfação e sentido para nossas vidas.

A seguir, é apresentada uma lista de áreas em que as pessoas normalmente têm valores. Não é necessário escrever em todas elas; apenas escreva os valores que são importantes para você, com os quais você está disposto a agir de acordo.

Para cada valor, enumere o quanto ele é importante para você (de 1 – muito importante a 10 – pouco importante), o sucesso em viver de acordo com esse valor no último mês (de 1 – muito sucesso a 10 – não vive de acordo com o valor) e, por fim, no *ranking*, enumere os valores em ordem de importância de acordo com o que você está disposto a se empenhar agora (de 1 para o mais importante até o menos importante).

Área	Direção dos valores	Importância	Sucesso	*Ranking*
Família				
1.				
2.				
Relações íntimas				
1.				
2.				
Amizade				
1.				
2.				
Trabalho				
1.				
2.				
Saúde				
1.				
2.				
Desenvolvimento pessoal/religião				
1.				
2.				

Fonte: Hayes et al. (1999, p. 226).

Sessão 4: Barreiras e ações

Barreiras para os valores

Todo valor e seus objetivos apresentam barreiras. As barreiras são as que nos impedem de viver de acordo com os valores. Elas podem ser internas (como medos e preocupações), e algumas podem ser externas.

Escreva de três a quatro valores mais importantes e algumas barreiras que dificultam viver de acordo com o valor.

Valor	Barreira/dificuldade

Lição de casa

Valores, objetivos e ações

Selecione os três valores mais importantes para você e escreva os objetivos que tem em relação a eles. Depois, escreva ações específicas para alcançar seus objetivos.

1. Valor: ....

   Objetivo: ....

   ....

   a. Ação específica ....

   ....

   b. Ação específica ....

   ....

   c. Ação específica ....

   ....

2. Valor: ....

   Objetivo: ....

   ....

a. Ação específica

b. Ação específica

c. Ação específica

3. Valor:

Objetivo:

a. Ação específica

b. Ação específica

c. Ação específica

Sessão 5: Truques da mente

Que pensamentos surgem quando você está sofrendo ou quando está fazendo alguma atividade em que já houve sofrimento?

Que pensamentos surgem ao identificar as ações com compromisso?

O que você faz ao pensar nisso?

Passageiros no ônibus

Escreva algo importante que você esteja com dificuldade de fazer:

O que é importante nisso?

Quais são os pensamentos que vêm ao cogitar andar naquela direção, suas dificuldades?

Lição de casa: Ações com compromisso

Rever a lição passada e observar:

- Algum objetivo ou ação pode ser dividido ou remanejado para não sobrecarregar os dias melhores e para que possam ser executados nos momentos com mais sofrimento, de forma mais constante?
- Sua mente lhe diz que você deve fazer alguma ação em vez de seus valores?
- Algum objetivo ou ação pode ser modificado para estar mais consistente com seus valores?

Depois, selecione uma ou duas ações a serem executadas a partir de agora até a próxima sessão e registre no quadro a seguir os resultados da sua experiência. Tente manter suas ações mesmo se estiver se sentindo mal ou com dificuldade. As ações devem ser compatíveis com suas possibilidades.

Dia da semana e horário	Ação (o que especificamente fez? Que valores estão associados? Onde você fez isso? O que estava acontecendo?)	Observações (quais foram os resultados? O que faria diferente na próxima vez? Você ficou surpreso? Essa atitude poderia contribuir significativamente para a sua vida, caso continuasse? Em caso positivo, o que o impede de manter essa atitude?)

Fonte: Vowles e Sorrell (2007, p. 31).

A prática do exercício de *Mindfulness* diariamente continua fazendo parte da lição de casa.

Sessão 6: Trabalhando com as barreiras

- O que você aprendeu?
- O que você está fazendo diferente?
- O que você ainda precisa mudar?
- Quais questões importantes ainda não foram discutidas?

Barreiras

- Quais são as dificuldades?
- Elas são verdades absolutas (no sentido de não ter nada para fazer em relação a elas) ou elas são passíveis de aceitação?
- O que você faz quando as barreiras surgem?
- E o que acontece?

Ok, você está certo!

Motivos para não praticar suas ações

Lição de casa: Resultados das ações

Praticar as ações discutidas na atividade "Ok, você está certo", descrever os resultados no quadro a seguir e praticar o *Mindfulness* de observar pensamentos e sentimentos como folhas no rio.

Dia	Resultado

Fonte: Vowles e Sorrell (2007, p. 36).

Sessão 7: Uma vida melhor mesmo na presença do sofrimento

Dificuldades ao agir em direção aos valores

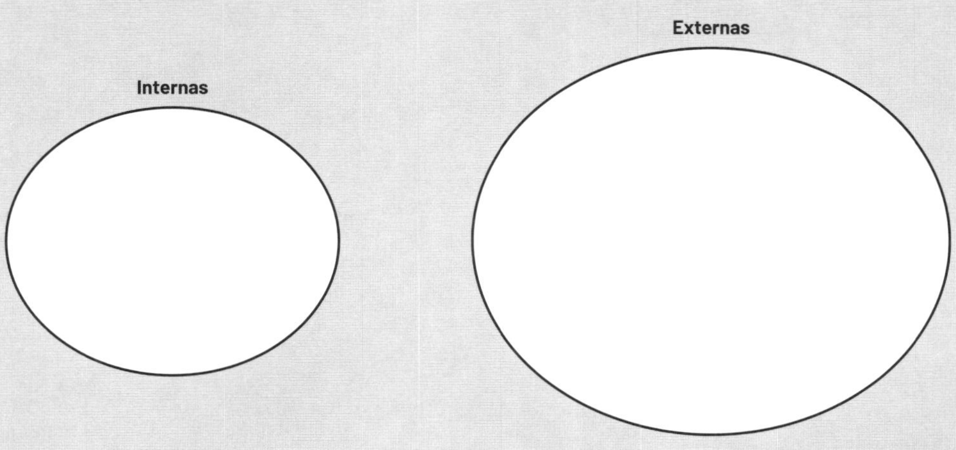

Sessão 8: Recaídas

Identificando recaídas

Escreva alguns exemplos de recaída que possam ocorrer com você no futuro. Talvez você já tenha vivenciado recaídas durante este tratamento. Como foram? Normalmente, as recaídas ocorrem em situações de risco, como momentos de sofrimento intenso, dificuldades de estabelecer objetivos, conflitos com pessoas queridas, dentre outras situações de estresse. Identifique quais são as situações de risco para você, tanto as que já ocorreram no passado como as que você imagina como possíveis no futuro.

Exemplos de situações de risco

Quatro passos para identificar e melhor responder a essas situações:

1. Pare o que estiver fazendo e perceba que está em uma recaída.
2. Reserve um momento para observar seus pensamentos e como você está se sentindo na situação, apenas observando o que está acontecendo, como nas atividades de atenção dirigida.
3. Reveja a situação que o levou à recaída.
4. Escolha um plano para realinhar suas ações em direção aos seus valores e coloque-o em prática imediatamente.

Investigando a situação

- Onde estava quando começou a recaída?
- O que estava acontecendo naquele momento no lugar em que estava?
- Quem estava com você?
- Estava acontecendo alguma atividade específica?
- Quais foram seus pensamentos, sentimentos e suas sensações corporais durante a recaída?

Planos: Descreva planos para retomar suas ações em direção aos seus valores

A sua tarefa para o resto da vida é viver a vida. Lembre-se de que todas as experiências estão constantemente mudando. Todas as experiências irão passar: "bons" e "maus" momentos serão seguidos de algo novo. Saiba seus valores e os mantenha à sua frente. Vá em direção aos objetivos que o aproximem de seus valores. Não se esqueça de parar e cheirar as flores do caminho, mesmo quando se sentir preso a uma situação (Vowles & Sorrell, 2007, p. 44).

Capítulo 3

Prática humanizada: comportamentos a constituírem a atuação de profissionais nos serviços de saúde

João Victor Pedrosa Marcolini
Fernanda Torres Sahão
Nádia Kienen

O termo "humanização" vem sendo cada vez mais disseminado e utilizado em diversos contextos, notadamente, na área da saúde, e pressupõe a base de um grande conjunto de iniciativas que define uma assistência que valoriza a qualidade do atendimento e a subjetividade do usuário do serviço, com enfoque para além do tecnicismo (Deslandes, 2004). Trata-se de um termo vinculado ao Humanismo, corrente filosófica que "reconhece o valor e a dignidade do homem, este a medida de todas as coisas, considerando sua natureza, limites, interesses e potenciais" (Rios, 2009, p. 255). Apesar de o termo "humanização" remeter a princípios éticos e ao resgate de valores mais humanistas, ele tem sido utilizado indiscriminadamente, sem que se tenha uma definição mais clara e acurada sobre seu significado no âmbito da saúde, normalmente, limitando-se à dimensão do cuidado com o usuário e necessitando de uma ressignificação, ao se pensar na produção de saúde como um processo instituinte e de construção coletiva (Deslandes, 2004; Queiroz & Grisotti, 2018).

A saúde pública é um dos contextos em que o termo "humanização" se mostra muito presente e em que são requeridas, por parte dos profissionais que nele atuam, "práticas humanizadas" (Deslandes, 2004). Em um levantamento realizado em 2001 pela Secretaria da Saúde de São Paulo, foi constatado que

* Esta pesquisa foi realizada no Programa de Iniciação Científica (PROIC) da UEL.
** Este capítulo foi desenvolvido com apoio da Coordenação de Aperfeiçoamento de Pessoal de Nível Superior – Brasil (CAPES), Código de Financiamento 001.

grande parte dos hospitais públicos do Estado desenvolvia ações "humanizadoras" de alguma forma (Rios, 2009). Além disso, pelo resto do País, havia consonância com projetos parecidos na mesma época, e 94 hospitais de referência no Brasil empregavam práticas a fim de "humanizar" seus serviços – muitas vezes, por iniciativa dos próprios funcionários, que percebiam a necessidade dessas intervenções no ambiente de trabalho (Rios, 2009).

A "humanização" no sistema de saúde promove benefícios e maior qualidade de vida, garantindo reconhecimento do usuário como sujeito de direito: incentiva sua autonomia quanto à tomada de decisão; garante o acesso à informação; educa os profissionais a observarem a totalidade e a subjetividade do sujeito, ofertando tratamento em consonância com suas necessidades (Fortes & Martins, 2000). Além disso, estudos desenvolvidos no contexto hospitalar indicam vantagens relacionadas a diminuição do tempo de internação, aumento do bem-estar geral dos pacientes e funcionários e diminuição das faltas de trabalho entre a equipe de saúde (Mota et al., 2006). Apesar dos possíveis benefícios do processo de humanização no atendimento em saúde, parece relevante investigar melhor no que exatamente consistem os atendimentos humanizados. O que profissionais da saúde necessitam ser capazes de fazer para que possam realizar atendimentos humanizados? Que tipos de atuações são considerados "humanizados"? Respostas a essas questões podem ajudar a estimular e promover melhorias na realidade do sistema público de saúde.

Está em vigor no Brasil, desde 2003, a Política Nacional de Humanização (PNH). Essa política pública é vinculada à Secretaria de Atenção à Saúde do Ministério da Saúde, contando com um núcleo técnico sediado em Brasília e equipes regionais de apoiadores que se articulam às secretarias estaduais e municipais de saúde. Especialmente por se fazer da "humanização" uma dimensão essencial no cuidado em saúde e em políticas públicas que a respaldam, cabe delimitar a definição do conceito e, principalmente, operacionalizá-lo de modo a produzir maior clareza sobre o que alguém deve ser capaz de fazer para que sua prática seja considerada "humanizada". Além disso, essa necessidade se justifica também pelo uso indiscriminado e, consequentemente, confuso do termo quando se trata dessa temática (Benevides & Passos, 2005).

Existem documentos de domínio público disponibilizados pelo Estado que objetivam padronizar uma definição para o termo "humanização" nas políticas públicas de saúde e, assim, nortear e efetivar práticas em suas redes no que abrange o Sistema Único de Saúde (SUS). Com base nesses documentos, "humanizar é, então, ofertar atendimento de qualidade articulando os avanços tecnológicos com acolhimento, com melhoria dos ambientes de cuidado e das condições de trabalho dos profissionais" (Ministério da Saúde, 2004, p. 6). Essa definição revela também a importância da participação conjunta dos profissionais de saúde, dos gestores e dos usuários dos serviços de saúde nesse processo, em concordância com o que se espera da humanização como uma política transversal nas práticas e instâncias do SUS, de construção coletiva, e não apenas mais um programa a ser cumprido de forma descontextualizada e pontual (Ministério da Saúde, 2004).

A fim de assegurar a consolidação dessa política na prática cotidiana dos serviços de saúde, foi elaborado um conjunto de princípios e diretrizes a serem implantados e seguidos. Essas informações estão dispostas em diferentes documentos, como em uma cartilha da PNH publicada em 2013, tratando do tema de forma didática e acessível. Pode-se dizer, porém, que grande parte dessas informações não se mostra operacionalizada a ponto de deixar claros os comportamentos que necessitam ser apresentados pelos profissionais da saúde para que se possa garantir o cumprimento dos princípios e diretrizes apresentados (p. ex., "sustentar as relações entre equipes/serviços e usuários/populações"; "escuta qualificada"; "percepção dos afetos produzidos nas relações clínicas"). Diante disso, este capítulo tem como objetivo identificar os comportamentos a serem apresentados por profissionais da área saúde em seu contexto de trabalho para que sejam considerados "humanizados", com base na cartilha da PNH, de 2013, do Ministério da Saúde.

Para isso, foi utilizado um procedimento derivado da Programação de Condições para o Desenvolvimento de Comportamentos (PCDC), uma subárea de pesquisa da Análise do Comportamento que objetiva produzir conhecimento acerca dos processos de ensino e aprendizagem de comportamentos em quaisquer contextos nos quais seja necessário desenvolvê-los (Cianca et al., 2020; Kienen et al., 2013). Trata-se de uma área que parte do pressuposto de que o que se ensina são, mais do que "conteúdos ou informações", maneiras de lidar/atuar sobre o mundo a partir do conhecimento existente. Ensinar implicaria, então, fazer as pessoas transformarem conhecimento em capacidade de atuar em seu cotidiano, de modo que consigam lidar com as demandas e as necessidades sociais com que se deparam em seu ambiente (Kubo & Botomé, 2001). A produção de conhecimento na PCDC envolve, então, desde a identificação "do que ensinar" (comportamentos a desenvolver) até a especificação do "como ensinar" e é composta pelas etapas: (a) descoberta dos comportamentos que serão escolhidos como objetivos de ensino, (b) construção do programa de ensino, (c) aplicação do programa de ensino, (d) avaliação do programa de ensino, (e) aperfeiçoamento do programa de ensino, e (f) comunicação das descobertas feitas (Kienen et al., 2013).

Para construir e aplicar um programa de ensino, é necessário antes ter clareza de quais comportamentos deverão ser ensinados com base nas situações-problema enfrentadas pelos aprendizes no seu cotidiano, aumentando a probabilidade de ensinar repertórios relevantes para sua atuação (Nale, 1998). Isso se justifica porque, com base em uma noção analítico-comportamental sobre "comportamento", entende-se que não é apenas a ação do indivíduo que deve ser analisada ou ensinada, mas toda a complexa interação que ocorre entre o que acontece antes ou junto à ação do indivíduo, o que o indivíduo faz e o que ocorre após essa ação (Botomé, 2001). Isso implica analisar a complexa interação dos profissionais de saúde com seu contexto de trabalho e descobrir que tipos de interações caracterizam o que é chamado de "práticas humanizadas": quais são as situações-problema com que lidam os profissionais da saúde e que requerem deles uma prática humanizada? Quais ações eles devem apresentar diante dessas situações e que se qualificariam como humanizadas? Por fim, quais resultados eles devem produzir, como consequência dessas ações, nos usuários, nos serviços de saúde e até neles mesmos, diante dessas situações-problema? Estas são questões que possibilitam melhor operacionalização dos comportamentos (Cortegoso & Coser, 2021) esperados dos profissionais de saúde, quando se fala em prática humanizada.

Esse trabalho faz parte da primeira etapa da PCDC, que tem como objetivo identificar comportamentos relevantes a serem apresentados por um público-alvo específico, com base em fontes de informação sobre o fenômeno de interesse. Com relação às "práticas humanizadas", isso implica identificar e derivar componentes comportamentais (condições antecedentes, resposta, condições subsequentes) dos trechos selecionados da cartilha da PNH (Ministério da Saúde, 2013), que indicam comportamentos a serem apresentados pelos profissionais de saúde, a fim de realizarem uma "prática humanizada" nos seus contextos de trabalho. Diversos estudos já foram realizados com base na PCDC e contribuíram para maior clareza sobre quais comportamentos constituem (ou deveriam constituir) a atuação de profissionais na sociedade – por exemplo, as classes de comportamentos profissionais que constituem a atuação de pais sociais (Nascimento & Gusso, 2017), de terapeutas comportamentais (Mattana, 2004), comportamentos constituintes da atuação do arquiteto (Santiago, 2002), do enfermeiro (Stedile, 1996), do psicólogo (Silva, 2010) e de administradores de unidades de abrigo (Benevenuti, 2012).

Pode-se ressaltar que estudos acerca da "humanização" em saúde ainda são incipientes em muitas áreas, como na atenção primária (Dos-Santos & Freitas, 2017), e que muitos profissionais de saúde encontram dificuldades em visualizar, no seu próprio trabalho, possibilidades e estratégias de ofertar um atendimento "humanizado", por uma série de motivos: polissemia do termo "humanização", deficiência no entendimento do SUS e de suas políticas na formação profissional, complexidade de aderir a um novo paradigma no cuidado em saúde, tensões institucionais, dentre outros (Barbosa et al., 2013; Dos-Santos & Freitas, 2017; Queiroz & Grisotti, 2018). Logo, existe uma lacuna a ser preenchida em relação ao estudo da "humanização" em saúde e em estratégias de como promover as práticas "humanizadas" no cotidiano dos serviços de saúde, de acordo com a PNH.

Produzir conhecimento sobre a "humanização" em saúde sob a perspectiva da Análise do Comportamento e, mais especificamente, a partir da PCDC pode trazer contribuições significativas para essas problemáticas – ambiguidades do conceito de "humanização" e escassez de estratégias de implementação de práticas "humanizadas" nos serviços de saúde –, uma vez que possibilita operacionalizar os comportamentos a serem desenvolvidos e que caracterizam tal prática. Isso pode ser feito a partir, por exemplo, do exame da literatura ou de documentos oficiais que se referem ao fenômeno em exame (Kienen et al., 2013). Assim, é possível determinar, mais precisamente, quais comportamentos devem ser desenvolvidos por profissionais de saúde para que sua atuação se caracterize como uma prática "humanizada" no serviço de saúde, além de suas possíveis consequências para seu próprio trabalho, para os usuários dos serviços de saúde e também para todos os envolvidos nos contextos de saúde. Essas contribuições podem servir de base para planejar e aplicar treinamentos aos profissionais de saúde já atuantes (Cortegoso & Coser, 2021), auxiliar na formação de futuros profissionais de saúde mais "humanizados", com uma educação com base na PNH, assim como auxiliar pesquisadores e profissionais da área que desejam se aprofundar nessa realidade dos sistemas públicos de saúde do Brasil e contribuir para a implementação da PNH em todos os serviços do SUS, como é previsto pelo Governo Federal.

Objetivos

Objetivo geral

Identificar as classes de comportamentos que constituem "prática humanizada" de profissionais da área de saúde, no sistema público de saúde, com base na cartilha da PNH.

Objetivos específicos

- Identificar componentes comportamentais (classes de estímulos antecedentes, classes de respostas e classes de estímulos consequentes) em trechos da fonte de informação selecionada.
- Derivar componentes de comportamento a partir de trechos da fonte de informação selecionada.
- Derivar classes de comportamentos relevantes ao profissional de saúde, da fonte de informação selecionada, que caracterizem uma prática "humanizada".

- Sistematizar as classes de comportamentos em categorias, de acordo com suas funções.

Método

Este capítulo foi desenvolvido com base nos pressupostos teórico-metodológicos e procedimentos utilizados na PCDC (Cortegoso & Coser, 2021; Kienen et al., 2013), por meio da identificação e derivação de classes de comportamentos a partir de fontes de informação sobre o fenômeno de interesse.

Instrumento utilizado

Foi utilizado um protocolo (Quadro 3.1) para registrar os trechos da cartilha da PNH (Ministério da Saúde, 2013) que continham ao menos um componente comportamental (classes de estímulos antecedentes, classes de respostas ou classes de estímulos consequentes), para identificar e derivar os componentes comportamentais dos respectivos trechos, para redigir os nomes das classes de comportamentos e para avaliar e adequar a linguagem das derivações feitas.

Procedimento

O procedimento foi composto por oito etapas, relativas a: (a) seleção de trechos da fonte de informação, (b) identificação de componentes comportamentais nos trechos selecionados, e (c) derivação de possíveis componentes que não estavam explícitos nos trechos, com base na PCDC. O procedimento de "identificação" consiste em destacar, nos trechos selecionados, informações sobre as situações-problema com as quais os profissionais de saúde lidam, as ações que devem apresentar diante dessas situações e os resultados que devem obter. Já a "derivação" consiste em deduzir possíveis componentes de comportamentos (situações-problema, ações e consequências), que não estão explícitos no trecho, a partir dos outros componentes que foram identificados.

Etapa 1 – Seleção de fontes de informação

O documento selecionado para identificação e derivação dos comportamentos foi a "Cartilha da Política Nacional de Humanização" (Ministério da Saúde, 2013). Trata-se de um

Quadro 3.1
Protocolo utilizado para registro, identificação e derivação de possíveis componentes comportamentais

Trecho selecionado da obra utilizada como fonte de informação	Classe de estímulos antecedentes	Classe de respostas	Classe de estímulos consequentes	Classes de comportamentos

Fonte: De Luca (2008).

documento didático, sucinto e com elementos operacionais, de referência, para orientar a atuação dos profissionais, gestores e usuários do sistema de saúde e para implementar a PNH nos serviços do SUS. Justifica-se essa seleção com base em sua leitura preliminar, em que foi possível identificar descrições de componentes comportamentais relativos à prática "humanizada" do profissional de saúde.

Etapa 2 – Identificação de trechos contendo componentes comportamentais

Foi realizada a leitura da cartilha na íntegra, com o objetivo de selecionar todos os trechos que continham ao menos um componente comportamental, relacionado às práticas dos profissionais de saúde, identificável em sua redação: classes de estímulos antecedentes (p. ex., situações com as quais o profissional de saúde lida no contexto de trabalho), classes de respostas (p. ex., ações que o profissional de saúde deve apresentar no contexto de trabalho) e/ou classes de estímulos consequentes (p. ex., resultados que os profissionais de saúde devem obter com suas ações). Nessa etapa, foram selecionados 21 trechos contendo componentes comportamentais.

Etapa 3 – Transcrição dos trechos selecionados e registro dos componentes comportamentais

Os trechos selecionados na etapa anterior (n = 21) foram transcritos integralmente na primeira coluna do protocolo apresentado no Quadro 3.1, todos identificados com a página e o parágrafo em que se encontravam.

Em seguida, os componentes comportamentais (classe de estímulos antecedentes, classe de respostas, classe de estímulos consequentes) identificados foram destacados em negrito nos trechos transcritos. Após isso, eles foram transcritos para as colunas de acordo com o tipo de componente a que se referiam, sem destaque, com a linguagem original do texto.

Etapa 4 – Derivação dos componentes comportamentais não especificados

A partir dos componentes comportamentais identificados nos trechos e registrados na etapa anterior, foram derivados os componentes restantes, que não estavam explicitamente apresentados nos trechos, em cada linha transcrita. Para essa etapa, o pesquisador usou perguntas norteadoras para possibilitar a identificação dos componentes nos trechos, como: "em qual situação esta ação descrita deve ocorrer?" (para classe de estímulos antecedentes); "diante desta situação descrita, o que deve ser feito?" (para classe de respostas); "qual ação deve ser realizada para se obter essas consequências descritas?" (para classe de respostas); "quais são as consequências desta ação descrita?" (para classe estímulos consequentes). Todos os componentes derivados foram registrados em itálico no protocolo.

Etapa 5 – Redação dos nomes das classes de comportamentos

A partir da derivação dos componentes não especificados nos trechos, foi possível descrever uma contingência comportamental com os três componentes requeridos: classe de estímulos antecedentes, classe de respostas e classe de estímulos consequentes. Isso permitiu a redação dos nomes das classes de comportamentos, especificadas na última coluna do protocolo (Quadro 3.1), em itálico.

Os nomes das classes de comportamentos foram descritos em um verbo no infinitivo e um complemento, sendo o verbo relativo ao que o profissional da saúde deverá ser capaz de fazer, e o complemento, ao ambiente (antecedente e/ou consequente) desse fazer. Dessa forma, foi possível especificar uma interação do profissional de saúde com seu meio e as consequências provindas dessa interação, possibilitando maior clareza acerca não somente do que é esperado que o profissional faça, mas também das situações específicas que exigem determinadas intervenções e dos resultados esperados dessas ações.

Nessa etapa, também foi possível excluir cinco dos trechos selecionados, pois identificou-se que eles não diziam respeito a ações devidas aos profissionais da saúde, sendo previstas exclusivamente para ação dos usuários ou gestores do serviço (p. ex.,

> Ao mesmo tempo, o cuidado e a assistência em saúde não se restringem às responsabilidades da equipe de saúde. O usuário e sua rede sociofamiliar devem também se corresponsabilizar pelo cuidado de si nos tratamentos, assumindo posição protagonista com relação a sua saúde e a daqueles que lhes são caros (Ministério da Saúde, 2013, p. 6).

Após essa etapa, a quantidade total de trechos selecionados foi 16.

Etapa 6 – Avaliação da linguagem utilizada

O protocolo com os dados registrados nas etapas anteriores foi submetido para avaliação de uma juíza, familiarizada com o método e com o processo de identificação e derivação de comportamentos a partir de fontes de informação. A avaliação implicou verificar a linguagem utilizada na derivação dos componentes comportamentais e a redação dos nomes das classes de comportamentos. Para avaliar a linguagem utilizada, foram utilizados os critérios de (a) objetividade: quando há referência a variáveis observáveis; (b) concisão: redação utilizando apenas palavras necessárias para o entendimento; (c) clareza: uso de palavras e linguagem de fácil entendimento, diminuindo a chance de interpretações ambíguas; e (d) precisão: relacionada às medidas das variáveis de determinado comportamento, amplitude de seus valores (De Luca, 2008).

Etapa 7 – Adequação de linguagem

De acordo com a avaliação da linguagem realizada pela juíza na Etapa 6, os pesquisadores adequaram a linguagem dos componentes e das classes de comportamentos que não estavam de acordo com os critérios de linguagem estabelecidos. Foram modificados, ao total, 21 componentes comportamentais e 13 classes de comportamentos. As alterações foram tachadas e substituídas por novas terminologias, mais objetivas, concisas, claras e precisas (como exemplificado no Quadro 3.2). Após essa etapa, os dados foram novamente submetidos à avaliação, sendo aprovados pela juíza. As classes de comportamentos descritas até então somavam uma quantidade de 88 classes distintas.

O Quadro 3.2 mostra um exemplo do procedimento realizado com o protocolo utilizado (Quadro 3.1). Na primeira coluna, foi transcrito, na íntegra, um dos trechos retirados da Cartilha, constando o número da página e o parágrafo em que se encontra (Etapa 3 do método). Os componentes comportamentais identificados foram destacados em negrito na primeira coluna e, em seguida, transcritos, sem destaque, em suas devidas colunas (p. ex., "Participar ativamente dos processos de tomada de decisão nas ações de

Quadro 3.2
Exemplo de procedimento realizado com um dos trechos no quadro de protocolo

Trecho selecionado da obra	Classe de estímulos antecedentes	Classe de respostas	Classe de estímulos consequentes	Classes comportamentais
As decisões da gestão interferem diretamente na atenção à saúde. Por isso, trabalhadores e usuários devem buscar conhecer como funciona a gestão dos serviços e da rede de saúde, assim como participar ativamente do processo de tomada de decisão nas organizações de saúde e nas ações de saúde coletiva. (p. 6, § 2º)	Processo de tomadas de decisão da gestão	Avaliar como funciona a gestão dos serviços de saúde Avaliar como funciona a gestão da rede de saúde Participar ativamente do processo de tomada de decisão nas organizações de saúde Participar ativamente dos processos de tomada de decisão nas ações de saúde coletiva	Atenção à saúde mais eficaz de acordo com as condições da prática dos profissionais de saúde Maior valorização dos trabalhadores nos processos gerenciais do serviço de saúde Maior envolvimento dos trabalhadores nos processos de tomada de decisão da gestão dos serviços de saúde de forma a aumentar a eficácia da atenção à saúde	Avaliar o funcionamento da gestão dos serviços de saúde Participar ativamente nos processos de tomada de decisão dos serviços de saúde de forma a aumentar a eficácia da atenção à saúde

Fonte: Ministério da Saúde (2013).

saúde coletiva", na coluna de Classe de Respostas), também na Etapa 3 do método. Os componentes comportamentais não explícitos no trecho selecionado foram derivados e registrados em itálico em suas devidas colunas (p. ex., "*Maior envolvimento dos trabalhadores nos processos gerenciais do serviço de saúde*", na coluna de Classe de Estímulos Consequentes), na Etapa 4 do método. Em seguida, com todos os componentes comportamentais identificados, foi possível redigir as classes de comportamento (em itálico na última coluna, p. ex., "*Participar ativamente nos processos de tomada de decisão da gestão dos serviços de saúde de forma a aumentar a eficácia da atenção à saúde*"), na Etapa 5 do método. As Etapas 6 e 7, Avaliação da linguagem utilizada e Adequação de linguagem, respectivamente, dizem respeito às últimas adequações na redação das classes de comportamentos, de acordo com os critérios e crivo de uma juíza especializada. No Quadro 3.2, a Etapa 7 pode ser exemplificada na troca do verbo "conhecer" (tachado) por "avaliar", na coluna de Classes de Respostas.

Etapa 8 – Listagem e categorização das classes de comportamentos

Nessa etapa, o pesquisador elaborou uma lista com todas as classes de comportamentos obtidas como resultado das etapas anteriores, a fim de identificar se havia classes semelhantes entre si e decidir pela exclusão ou nova redação de classes que se complementavam. A lista foi elaborada com base na ordem de disposição dos trechos transcritos no protocolo, a fim de facilitar a identificação de classes semelhantes por proximidade. Ao fim desse procedimento, obteve-se um total de 79 classes de comportamentos, descritas de modo a produzir maior clareza sobre a relação a ser estabelecida pelo profissional de saúde com as situações-problema enfrentadas no seu cotidiano de trabalho.

Em sequência, essas classes de comportamentos foram arranjadas em diferentes categorias, de acordo com suas funções (p. ex., avaliação dos casos; coleta de informações; intervenção nos processos de trabalho). Foram definidas 10 categorias no total, as quais foram nomeadas de forma a descrever um conjunto de ações, levando em consideração, em suas descrições, sua relevância para a "humanização" nas práticas em saúde.

Por fim, as 10 categorias definidas foram agrupadas em três conjuntos maiores, de acordo com as principais dimensões da prática humanizada por profissionais de saúde identificadas: (a) cuidado com o usuário; (b) processos gerenciais e de trabalho; e (c) exercício profissional para além do cuidado ao usuário. Os resultados foram analisados de acordo com as principais características das situações-problema com as quais os profissionais precisam lidar, as ações que são esperadas que eles apresentem para resolver essas situações e os principais resultados que devem obter, a fim de garantirem uma atuação humanizada no seu cotidiano de trabalho.

Resultados

A partir do procedimento de identificação e derivação de classes de comportamentos da Cartilha da PNH (Ministério da Saúde, 2013), foi possível derivar 79 classes de comportamentos que caracterizam o "atendimento humanizado", a ser prestado pelos profissionais de saúde. Essas classes de comportamentos foram agrupadas, de acordo com sua função, em 10 diferentes categorias (Figura 3.1).

Conforme os dados representados na Figura 3.1, é possível observar que as categorias com maior quantidade de classes de comportamentos foram, respectivamente: "Intervenções sobre os processos de trabalho no serviço de saúde (n = 13)", "Participação ativa nas tomadas de decisão junto à gestão do serviço de saúde (n = 12)" e "Cuidado qualificado com o usuário de saúde (n = 11)". Já as categorias que contemplaram as menores quantidades de classes de comportamentos foram, respectivamente: "Aprimoramento da própria capacitação profissional (n = 3)", "Avaliação e intervenção sobre características do espaço físico do estabelecimento para melhor acolher as demandas das práticas em saúde (n = 4)", "Avaliação das condições dos casos dos usuários de saúde como critérios para prioridade nas tomadas de decisão acerca do atendimento (n = 6)" e "Atuação interdisciplinar com os demais profissionais de saúde da equipe no cuidado com o usuário (n = 6)".

Essas 10 diferentes categorias foram agrupadas em conjuntos, relativos a três principais dimensões da atuação "humanizada" do profissional de saúde: (a) cuidado com o usuário; (b) processos gerenciais e de trabalho; e (c) exercício profissional para além do cuidado ao usuário. As categorias estão destacadas em negrito nos quadros, e, ao lado de

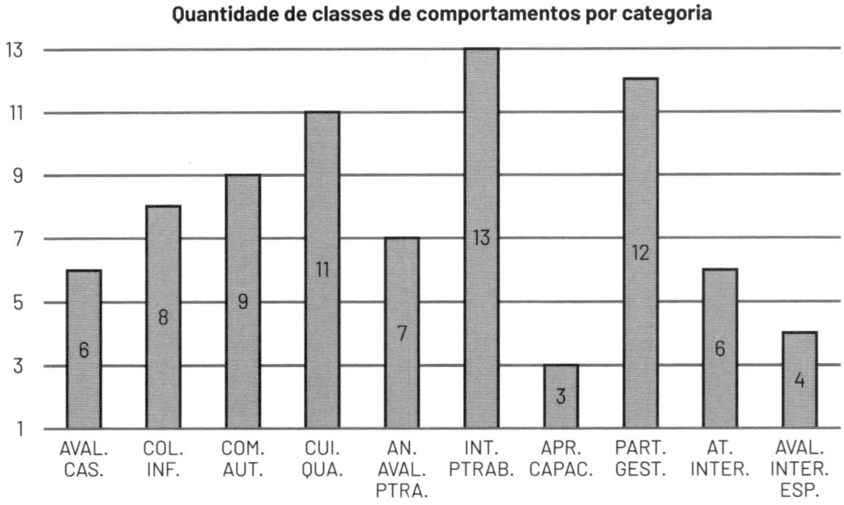

Abreviações dos nomes das categorias	**Nomes das categorias por extenso**
AVAL. CAS.	Avaliação das condições dos casos dos usuários de saúde como critérios para prioridade nas tomadas de decisão acerca do atendimento
COL. INF.	Coleta de informações de diferentes dimensões da vida, com o usuário de saúde
COM. AUT.	Comunicação acessível com o usuário para promoção de autonomia sobre seu processo de cuidado
CUI. QUA.	Cuidado qualificado com o usuário de saúde
AN. AVAL. PTRA.	Análise e avaliação dos processos de trabalho no serviço de saúde
INT. PTRAB.	Intervenções sobre os processos de trabalho no serviço de saúde
APR. CAPAC.	Aprimoramento da própria capacitação profissional
PART. GEST.	Participação ativa nas tomas de decisão junto à gestão do serviço de saúde
AT. INTER.	Atuação interdisciplinar com os demais profissionais de saúde da equipe no cuidado com o usuário
AVAL. INTER. ESP.	Avaliação e intervenção sobre características do espaço físico do estabelecimento para melhor acolher as demandas das práticas em saúde

Figura 3.1
Quantidade de classes de comportamentos por categoria.

cada uma, foi indicada a quantidade de classes de comportamentos agrupadas. Abaixo do título das categorias, encontram-se as diferentes classes de comportamentos identificadas.

No Quadro 3.3, estão descritas as classes de comportamentos referentes ao "Cuidado com o usuário", dispostas em quatro diferentes categorias.

Conforme apresentado no Quadro 3.3, diante das categorias de: (a) Avaliação das condições dos casos dos usuários de saúde como critérios para prioridade nas tomadas de decisão acerca do atendimento; (b) Coleta de informações de diferentes dimensões da vida, com o usuário de saúde; (c) Comunicação acessível com o usuário para promoção de autonomia sobre seu processo de cuidado; (d) Cuidado qualificado com o usuário de saúde, na dimensão de cuidado com o usuário, é demandado que o profissional apresente comportamentos relacionados a avaliar as condições do caso do usuário, atender o caso do usuário com prioridade na avaliação feita, escutar atentamente as demandas trazidas pelo usuário a fim de oferecer melhor cuidado, coletar informações a respeito de diferentes dimensões da vida do usuário, identificar variáveis relevantes acerca da condição do usuário, promover a participação ativa de usuários no cotidiano das unidades de saúde e comunicar-se com o usuário, produzindo maior autonomia.

No Quadro 3.4, estão apresentadas as classes de comportamentos relativas aos "Processos gerenciais e de trabalho". Isso implica o

Quadro 3.3
Classes de comportamentos referentes ao "Cuidado com o usuário"

Avaliação das condições dos casos dos usuários de saúde como critérios para prioridade nas tomadas de decisão acerca do atendimento (n = 6)	
• Avaliar a vulnerabilidade do caso do usuário atendido no serviço de saúde. • Avaliar a gravidade do caso do usuário atendido no serviço de saúde. • Avaliar os riscos do caso do usuário atendido no serviço de saúde.	• Atender com prioridade o usuário a partir da avaliação dos riscos do caso realizada. • Atender com prioridade o usuário a partir da avaliação de gravidade do caso realizada. • Atender com prioridade o usuário a partir da avaliação de vulnerabilidade do caso realizada.
Coleta de informações de diferentes dimensões da vida com o usuário de saúde (n = 8)	
• Identificar variáveis acerca da condição do usuário relativas a aspectos sociais dele. • Identificar variáveis acerca da condição do usuário relativas a aspectos fisiológicos dele. • Identificar variáveis acerca da condição do usuário relativas a aspectos emocionais dele. • Identificar variáveis acerca da condição do usuário relativas a aspectos ontogenéticos dele.	• Identificar variáveis acerca da condição do usuário relativas a aspectos culturais da sociedade em que este se encontra inserido. • Identificar variáveis relevantes sobre o usuário durante seu atendimento por meio da comunicação e escuta qualificada. • Escutar atentamente às demandas trazidas pelo usuário a fim de oferecer melhor cuidado. • Coletar informações a respeito de diferentes dimensões da vida do usuário por meio da comunicação com este e demais fontes.

Quadro 3.3
Classes de comportamentos referentes ao "Cuidado com o usuário"

Comunicação acessível com o usuário para promoção de autonomia sobre seu processo de cuidado (n = 9)

- Esclarecer os processos de cuidado realizados no atendimento ao usuário de modo a promover o cuidado em saúde.
- Informar ao usuário do serviço de saúde seus direitos durante o atendimento de modo a aumentar seu engajamento no tratamento.
- Informar ao usuário do serviço de saúde suas condições de saúde durante o tratamento de modo a aumentar seu engajamento no tratamento.
- Garantir ao usuário do serviço de saúde seu direito à autonomia sobre aspectos do seu tratamento de modo a aumentar seu engajamento no tratamento.
- Assegurar os direitos do usuário do serviço de saúde durante seu processo de cuidado por meio de comunicação efetiva.
- Comunicar-se de forma acessível com o usuário a fim de garantir compreensão da linguagem utilizada.
- Apresentar informações ao usuário do serviço de saúde sobre seu processo de cuidado de forma acessível.
- Produzir maior autonomia dos usuários de saúde em seu processo de cuidado por meio da comunicação com estes.
- Participar ativamente da produção e gestão dos processos de trabalho junto aos usuários do serviço de saúde de forma a promover práticas mais acolhedoras às demandas destes no processo de cuidado.

Cuidado qualificado com o usuário de saúde (n = 11)

- Promover a participação ativa de usuários no cotidiano das unidades de saúde.
- Realizar práticas acolhedoras ao usuário do serviço de saúde com base na análise dos processos de trabalho.
- Tratar o usuário com os recursos tecnológicos disponíveis a partir das demandas dele.
- Escutar de forma qualificada às necessidades do usuário de modo a garantir maior efetividade das práticas de saúde.
- Escutar de forma qualificada às demandas do usuário de modo a promover práticas acolhedoras individualizadas no cuidado em saúde.
- Garantir atendimento específico e integral ao usuário do serviço de saúde por meio da atuação de acordo com os regulamentos da PNH.
- Participar ativamente da produção e gestão do cuidado junto aos usuários do serviço de saúde de forma a promover práticas mais acolhedoras às demandas destes no processo de cuidado.
- Promover um ambiente de trabalho que acate as demandas dos usuários do serviço de saúde por meio de definição de ações coletivas junto a estes.
- Promover a participação ativa de familiares dos usuários no cotidiano das unidades de saúde.
- Identificar possibilidades de atuação alternativas às tradicionais de modo a gerar mudanças no cuidado ao usuário.
- Oferecer ao usuário as tecnologias disponíveis no serviço de saúde adequadas às suas necessidades.

processo de gestão do serviço de saúde tanto em nível administrativo – em contato direto com os gestores, na participação em tomadas de decisão sobre diferentes perspectivas das práticas de trabalho – como em nível de avaliação e intervenção sobre os processos de trabalho e características do espaço físico do estabelecimento.

De acordo com os dados contidos no Quadro 3.4, diante das categorias de: (a) Análise e avaliação dos processos de trabalho no serviço de saúde; (b) Intervenções sobre os processos de trabalho no serviço de saúde; (c) Participação ativa nas tomadas de decisão junto à gestão do serviço de saúde; (d) Avaliação e intervenção sobre características do espaço físico do estabelecimento para melhor acolher as demandas das práticas em saúde, na dimensão de processos gerenciais e do trabalho, é demandado que o profissional de saúde apresente comportamentos relacionados a analisar e qualificar os processos de trabalho; identificar as variáveis que afetam esses processos; intervir sobre eles, em comunicação com gestores, usuários e demais profissionais de saúde; participar ativamente nos processos de tomada de decisão da gestão dos serviços de saúde; gerir os processos de trabalho junto aos gestores do serviço de saúde e avaliar e intervir sobre a utilização dos espaços físicos disponíveis no serviço de saúde, a fim de melhorar o fluxo de trabalho.

Quadro 3.4
Classes de comportamentos referentes aos "Processos gerenciais e de trabalho"

Análise e avaliação dos processos de trabalho no serviço de saúde (n = 7)	
• Analisar os processos de trabalho, de modo a garantir acolhimento ao usuário de forma coletiva. • Analisar os processos de trabalho, de modo a promover práticas acolhedoras no contato com o usuário do serviço de saúde. • Qualificar os processos de trabalho do serviço de saúde com base na experiência profissional. • Identificar as variáveis político--administrativas internas e externas que afetam os processos de trabalho.	• Identificar possibilidades de alteração dos processos de trabalho com base na experiência profissional. • Informar-se sobre as diferentes variáveis envolvidas nos processos de trabalho do serviço de saúde por meio da comunicação com a gestão e o restante da equipe de trabalho. • Avaliar criticamente as atividades que ocorrem no sistema de saúde.
Intervenções sobre os processos de trabalho no serviço de saúde (n = 13)	
• Estabelecer mudanças nos processos de trabalho a fim de garantir o cumprimento dos princípios e diretrizes da PNH no serviço de saúde. • Decidir sobre aspectos dos processos de trabalho do serviço de saúde em conjunto com gestores e usuários. • Definir os processos de trabalho do serviço de saúde com base na experiência profissional.	• Fornecer suporte para a relação entre equipes/serviços e usuários/populações, de forma a estabelecer relações benéficas aos agentes envolvidos no acolhimento ao usuário. • Assegurar os princípios da PNH na prática dos serviços de saúde ao ofertar procedimentos técnicos modernizados e eficazes por meio de discussão técnica dos processos de trabalho.

➥

Quadro 3.4
Classes de comportamentos referentes aos "Processos gerenciais e de trabalho"

<table>
<tr><td>• Comunicar-se com os usuários e gestores do serviço de saúde, de forma a produzir mudanças relevantes no paradigma do sistema de saúde vigente.
• Participar das tomadas de decisão sobre os processos de trabalho no serviço de saúde, levando em consideração as competências desenvolvidas nos cursos/oficinas de que participou.
• Promover inovações nos modelos de fazer saúde por meio de definição de planos de ação junto às secretarias municipais e estaduais de saúde.
• Oferecer recursos para a produção de práticas mais adequadas à saúde a partir da avaliação crítica das atividades que ocorrem no sistema de saúde.</td><td>• Viabilizar práticas profissionais benéficas para os usuários, trabalhadores e gestores do serviço de saúde ao garantir o cumprimento da PNH nesse contexto.
• Assegurar os princípios da PNH na prática dos serviços de saúde por meio de discussão crítica e política acerca das variáveis estruturais relevantes para se intervir.
• Disseminar a PNH nos serviços de saúde locais a fim de aumentar o conhecimento e a rede de apoiadores dessa política pública.
• Adequar os processos de trabalho junto aos demais profissionais de saúde, de forma a promover melhores condições de trabalho à categoria.</td></tr>
<tr><td colspan="2">Participação ativa nas tomadas de decisão junto à gestão do serviço de saúde (n = 12)</td></tr>
<tr><td>• Produzir mudanças benéficas para os profissionais de saúde nos processos de trabalho por meio da comunicação com a gestão do serviço.
• Participar ativamente da produção e gestão do cuidado junto aos gestores do serviço de saúde, de forma a promover melhorias nas condições dos processos de trabalho.
• Participar ativamente da produção e gestão dos processos de trabalho junto aos gestores do serviço de saúde, de forma a promover melhorias nas condições dos processos de trabalho.
• Participar ativamente nos processos de tomada de decisão da gestão dos serviços de saúde, de forma a aumentar a eficácia da atenção à saúde.</td><td>• Promover um ambiente de trabalho mais saudável para os profissionais de saúde, por meio de definição de ações coletivas junto à gestão do serviço de saúde.
• Avaliar o funcionamento da gestão dos serviços de saúde.
• Gerir os processos de trabalho junto aos gestores do serviço de saúde, a fim de garantir processos de trabalho mais efetivos e saudáveis na prática.
• Assegurar os interesses da classe de trabalhadores do serviço de saúde por meio de participação nos espaços coletivos de gestão.</td></tr>
<tr><td>• Adequar os processos de trabalho junto à gestão dos serviços de saúde, de forma a promover melhores condições de trabalho à categoria dos profissionais de saúde.
• Produzir maior autonomia dos profissionais de saúde sobre seu trabalho, por meio de comunicação com a gestão do serviço de saúde.</td><td>• Conciliar as necessidades de usuários, trabalhadores e gestores do serviço de saúde por meio da organização de um espaço coletivo de gestão.
• Disseminar inovações nos modos de fazer saúde por meio de definição de planos de ação junto às Secretarias Municipais e Estaduais de saúde.</td></tr>
</table>

Quadro 3.4
Classes de comportamentos referentes aos "Processos gerenciais e de trabalho"

Avaliação e intervenção sobre características do espaço físico do estabelecimento para melhor acolher as demandas das práticas em saúde (n = 4)	
• Avaliar a utilização dos espaços físicos disponíveis ao serviço de saúde, a fim de melhorar o fluxo de trabalho. • Intervir sobre a utilização dos espaços físicos disponíveis ao serviço de saúde, por meio de participação nas decisões referentes aos aspectos estruturais do ambiente de trabalho.	• Produzir melhor utilização dos espaços físicos disponíveis ao sistema de saúde, por meio de participação nas discussões referentes a reformas no ambiente de trabalho. • Auxiliar na elaboração do projeto arquitetônico dos estabelecimentos que ofertam os serviços de saúde, de modo a melhorar a experiência do usuário e dos profissionais.

No Quadro 3.5, estão dispostas as classes de comportamentos relativas ao "Exercício profissional para além do cuidado ao usuário": a capacitação profissional e a atuação cotidiana junto a uma equipe inter e multidisciplinar, aspectos do trabalho promovidos pelo SUS.

As categorias apresentadas no Quadro 3.5 relativas a: (a) Aprimoramento da própria capacitação profissional e (b) Atuação interdisciplinar com os demais profissionais de saúde da equipe no cuidado com o usuário, respectivas à dimensão de exercício profissional para além do cuidado ao usuário, indicam que o profissional de saúde necessita ser capaz de apresentar comportamentos relacionados a aprimorar as competências específicas da área de atuação por meio da participação em cursos/oficinas de formação/intervenção técnica e comunicação com os demais profissionais da equipe multidisciplinar, para promover cuidado integral ao usuário e garantir responsabilidade compartilhada sobre as tomadas de decisão no trabalho.

Conforme os resultados obtidos, ao menos 79 diferentes classes de comportamentos caracterizam uma prática "humanizada" do profissional no serviço de saúde, a partir do que está descrito na cartilha da PNH (Ministério da Saúde, 2013). Essas classes de comportamentos foram arranjadas em 10 diferentes categorias de acordo com suas funções. As categorias, por sua vez, foram agrupadas em três grandes dimensões do trabalho no serviço de saúde: cuidado com o usuário, processos gerenciais e de trabalho e exercício profissional para além do cuidado com o usuário. Pode-se destacar que a maior quantidade de classes de comportamentos relevantes se concentrou na dimensão de processos gerenciais e do trabalho (n = 36). Além disso, as categorias com maior concentração de classes de comportamentos foram, respectivamente: Intervenções sobre os processos de trabalho no serviço de saúde (n = 13), Participação ativa nas tomadas de decisão junto à gestão do serviço de saúde (n = 12) e Cuidado qualificado com o usuário de saúde (n = 11).

Discussão

Quando se trata de "humanização" de "práticas humanizadas" na saúde, é possível en-

Quadro 3.5
Classes de comportamentos referentes ao "Exercício profissional para além do cuidado ao usuário"

Aprimoramento da própria capacitação profissional (n = 3)
• Aprimorar as competências práticas específicas da área de atuação, por meio da participação em cursos/oficinas de formação/intervenção técnica ofertadas para os profissionais de saúde do SUS. • Aprimorar o conhecimento sobre variáveis político-administrativas internas e externas que afetam os processos de trabalho, por meio de participação em cursos/oficinas de formação/intervenção política ofertados aos profissionais de saúde do SUS. • Informar-se sobre as tecnologias de atendimento ao usuário disponibilizadas pelos serviços de saúde.
Atuação interdisciplinar com os demais profissionais de saúde da equipe no cuidado com o usuário (n = 6)
• Garantir responsabilidade compartilhada sobre as tomadas de decisão relativas ao trabalho exercido por meio de comunicação com os outros profissionais de saúde da equipe. • Promover cuidado integral e adequado às necessidades específicas de cada usuário por meio de definição de ações coletivas junto a outros profissionais do serviço de saúde. • Ofertar cuidado interdisciplinar integral ao usuário por meio da comunicação com os demais profissionais do serviço de saúde. • Realizar um tratamento adequado às necessidades específicas do usuário por meio da comunicação com os outros profissionais de saúde que compõem a equipe multidisciplinar no serviço de saúde. • Dialogar com os profissionais de saúde de diferentes áreas e especialidades a fim de enriquecer o diagnóstico e o cuidado com o usuário. • Identificar as contribuições das diferentes especialidades de saúde para as necessidades do usuário, de modo a promover um tratamento adequado às necessidades do usuário.

contrar uma grande quantidade de estudos e discussões acerca do tema (Deslandes, 2004; Morschel & Barros, 2014; Mota et al., 2006; Rios, 2009). Entretanto, é possível notar também que essas discussões estão voltadas, em grande parte, a abordagens etimológicas, a fim de refinar a definição do termo, ou para tratar das mudanças esperadas na saúde pública de maneira ampla, a partir dos princípios gerais da política pública, muitas vezes, com linguagem ampla ou genérica, não sendo possível traduzi-la para a prática com clareza.

A partir do procedimento de identificação e derivação de classes de comportamentos com base na "Cartilha da Política Nacional de Humanização" (Ministério da Saúde, 2013), foi possível aumentar a clareza sobre quais comportamentos são esperados do profissional de saúde para que sua prática seja humanizada. A partir da análise desse documento, foi possível observar que a prática "humanizada" implica a apresentação de comportamentos em diferentes instâncias, que extrapolam a ideia de que esse tipo de prática se limita ao estabelecimento de relações amistosas ou afetivas com o usuário do serviço. De acordo com os próprios escritos oficiais da cartilha da PNH (Ministério da Saúde, 2013), então, é possível afirmar que o repertório comportamental requerido de um profissional de saúde no sistema público é muito mais complexo do que pode parecer de antemão.

Trata-se também de um repertório comportamental que abrange todas as profissões de saúde envolvidas nos diversos serviços oferecidos pelo SUS.

Exercer uma prática desejável requer do profissional de saúde a atuação diante de uma gama extensa de situações, a fim de produzir as consequências desejadas em cada uma e exercer seu ofício de uma forma passível de ser qualificada como "humanizada". Os resultados mostram que a maior quantidade de classes de comportamentos a serem apresentadas está concentrada na categoria relativa a processos gerenciais e de trabalho (n = 36), os quais dizem respeito ao cuidado direto com o usuário (Quadro 3.4). Contidas nessa dimensão da atuação profissional estão as duas categorias com a maior quantidade de classes de comportamentos identificadas entre as 10: "Intervenções sobre os processos de trabalho no serviço de saúde" e "Participação ativa nas tomadas de decisão junto à gestão do serviço de saúde" – contendo, respectivamente, 13 e 12 classes de comportamentos. Esses dados indicam a importância da participação dos profissionais de saúde nas decisões junto à gestão do serviço de saúde, fazendo parte de avaliações e intervenções institucionais e dos processos de trabalho, tão fundamentais quanto o cuidado direto com o usuário, o que corrobora a afirmação de Morschel e Barros (2014, p. 938): "os documentos orientadores dessa política têm grande importância no fomento de discussões que coloquem em xeque modos naturalizados de trabalhar e ser trabalhador: desde a perspectiva que constitui a PNH, humanizar é analisar processos de trabalho". Além de ser uma política inclusiva, valoriza a experiência do trabalhador, que lida com o cuidado em saúde no cotidiano, e indica a transformação da perspectiva dos processos no sistema de saúde quando se trata de "humanização", já que abrange diferentes dimensões de atuação para promoção e manutenção das melhorias e práticas desejadas (Morschel & Barros, 2014).

Outra categoria relevante de classes de comportamentos a serem desenvolvidas pelos profissionais de saúde diz respeito ao cuidado com o usuário, contendo 34 classes de comportamentos (Quadro 3.3). Pode-se dizer, a partir desse dado, que mesmo que a "humanização" em saúde não se limite a comportamentos relacionados ao cuidado direto com o usuário, essa dimensão da atuação profissional ainda é primordial, conforme documento oficial, para assegurar os princípios da PNH na prática, promovendo a autonomia e garantindo direitos do usuário. Em muitas dessas classes de comportamentos, a "humanização" trata de uma qualidade do comportamento que o profissional de saúde deve apresentar nessas situações, sendo sinônimo de "atentamente", "qualificadamente", "de forma acolhedora" ou "acessível", qualificando um atendimento para além do simplesmente técnico e protocolar. Isso pode ser ilustrado a partir das seguintes classes de comportamentos: "Apresentar informações ao usuário do serviço de saúde sobre seu processo de cuidado de forma acessível"; "Realizar práticas acolhedoras ao usuário do serviço de saúde com base na análise dos processos de trabalho"; "Escutar de forma qualificada as demandas do usuário de modo a promover práticas acolhedoras individualizadas no cuidado em saúde".

O cuidado com o usuário implica, então, uma relação que oferece mais do que o atendimento protocolar. Isso envolve levar em consideração a cultura e os saberes do próprio usuário, os quais embasam a forma como ele percebe seu próprio processo de adoecimento (Barbosa et al., 2013), a fim de que se tenha uma abordagem, segundo os autores, "integral e humana". Isso indica a importância de realizar ações como promover a autonomia do usuário, considerar as diferentes variáveis relativas ao usuário e a modos de acolhê-lo. Entretanto, o que caracterizaria "uma abordagem integral e humana"? O que o profissional de saúde deve ser capaz de fazer para "respeitar os saberes do usuário, ligados à sua cultura"? A identificação e a derivação de classes de comportamentos a partir da cartilha da PNH possibilitaram operacionalizar mais essas informações. Classes de comportamentos como "promover a participação ativa de usuários no cotidiano das unidades de saúde; "informar ao usuário do serviço de saúde seus direitos durante o atendimento de modo a aumentar seu engajamento no tratamento; "assegurar os direitos do usuário do serviço de saúde durante seu processo de cuidado por meio de comunicação efetiva; "produzir maior autonomia dos usuários de saúde em seu processo de cuidado por meio da comunicação com estes"; "esclarecer os processos de cuidado realizados no atendimento ao usuário de modo a promover o cuidado em saúde" explicitam mais claramente o que profissionais da saúde necessitam ser capazes de fazer no que diz respeito ao cuidado com o usuário.

Outro aspecto importante a ser considerado para garantir uma prática humanizada é o exercício profissional para além do cuidado ao usuário (Quadro 3.5), que inclui a capacitação profissional para atuação de forma interdisciplinar com os demais profissionais da equipe, de modo a garantir maior qualidade no cuidado com o usuário. O trabalho em equipe interdisciplinar caracteriza-se como um dos conceitos essenciais para consolidar as políticas públicas na área da saúde (Saupe et al., 2005) e apresenta uma perspectiva de cuidado plural e completo com o usuário, contribuindo para um atendimento de melhor qualidade, favorecendo o vínculo entre profissionais de saúde e usuário, melhorando as relações de trabalho entre os próprios profissionais de saúde que integram a equipe (Matos et al., 2009; Saupe et al., 2005). Além disso, a atuação em equipe interdisciplinar possibilita o melhor atendimento às necessidades dos usuários, assim como uma atenção mais humanizada (Matos et al., 2009).

Esses dados descritos em linguagem comportamental, embasados nos critérios de objetividade, concisão, clareza e precisão (De Luca, 2008), sinalizam mais distintamente a ampla e intrincada expressão que envolve o que comumente se denomina "prática humanizada" no serviço de saúde, à medida que descentralizam o cuidado direto com o usuário como seu único sustentáculo. A atuação do profissional de saúde deve também ser crítica e política, perpassando por articulações junto à gestão e a outros profissionais e usuários em conjunto (Barbosa et al., 2013; Deslandes, 2004; Mota et al., 2006; Saupe et al., 2005). Como foi constatado, a partir dos dados sobre as classes de comportamentos identificadas nesse estudo, esse processo aplica-se, inclusive, às decisões referentes ao espaço físico do serviço.

Os resultados obtidos oferecem maior compreensão e acessibilidade ao que necessita ser feito na prática, pelos profissionais, para alcançar a "humanização". Porém, entende-se que caracterizar e até mesmo definir práticas "humanizadas" no trabalho em saúde é uma tarefa complexa. Como consta na definição da PNH de humanização e no seu próprio método de implementação no cotidiano dos serviços de saúde, "humanizar se traduz, então, como inclusão das diferenças nos processos de gestão e de cuidado" (Ministério da Saúde, 2013, p. 4), isto é, na atuação conjunta e ativa dos três agentes fundamentais desse processo: os profissionais de saúde, os usuários e os gestores do serviço. A complexidade desse conceito encontra-se no grande espectro de comportamentos que ele parece abranger (vide Quadros 3.3, 3.4 e 3.5), desde participação em processos de gestão a avaliação sobre o espaço físico e escuta qualificada com o usuário. Promover e gerenciar o sistema público de saúde por meio da ação conjunta de usuários, gestores e profissionais de saúde implicará o uso de estratégias que visem, inclusive, a uma reorientação do modelo de atenção à saúde, concebido como um modelo integral, em consonância com os princípios e as diretrizes do SUS (Batista

& Gonçalves, 2011). Tal reorientação implica novas práticas a serem apresentadas nos contextos de saúde, no que se refere às responsabilidades de cada um, seja de gestores, de trabalhadores ou da própria população (Batista & Gonçalves, 2011). Os resultados obtidos com esse trabalho podem ser úteis para orientar essas novas práticas, visto que produzem maior clareza sobre o contexto com o qual lidam os profissionais de saúde para que apresentem comportamentos relativos à humanização, as ações que precisam apresentar diante desse contexto e os resultados que são esperados a partir dessas ações.

A transformação das informações contidas na cartilha da PNH para uma "linguagem comportamental", a partir da identificação e derivação de componentes constituintes dos comportamentos relativos à atuação humanizada do profissional de saúde, possibilitou adaptar termos como "humanização", "humanizar" e "humanizado". Por vezes, nos trechos examinados, o termo "humanização" foi observado como qualidade de uma ação, funcionando como dimensão de determinado comportamento em determinada contingência, como na classe de comportamento "escutar atentamente às demandas trazidas pelo usuário a fim de oferecer melhor cuidado", em que esse termo adjetiva o tipo de escuta a ser oferecido. Em outras ocasiões, a "humanização" fazia referência à consequência de determinada ação do profissional, como na classe de comportamento "identificar possibilidades de atuação alternativas às tradicionais de modo a gerar mudanças no cuidado ao usuário".

De modo geral, é possível constatar que as definições de "humanização", no contexto de políticas públicas em saúde, tratam, como nuclear, uma mudança de paradigma dos processos de cuidado em saúde, uma renovação das dinâmicas entre profissionais, usuários e gestores do serviço, o que parece estar em consonância com os construtos da própria PNH (Ministério da Saúde, 2004). Em uma perspectiva analítico-comportamental, essas definições ainda parecem insuficientes porque não descrevem as relações que o profissional de saúde necessita estabelecer com o ambiente, a fim de que suas ações possam ser denominadas "humanizadas". Os resultados obtidos a partir desse estudo são um ponto de partida para explicitar tais relações, visto que possibilitaram a identificação de classes de comportamentos a serem apresentadas pelos profissionais de saúde, destacando as ações a serem apresentadas por eles e, também, as consequências a serem obtidas com essas ações.

Conclui-se que, diante dos resultados obtidos com esse trabalho e da literatura consultada (p. ex., Barbosa et al., 2013; Deslandes, 2004; Morschel & Barros, 2014; Mota et al., 2006; Saupe et al., 2005), com base no que é previsto pela PNH (Ministério da Saúde, 2004, 2013), o profissional de saúde deve ser capaz de realizar um conjunto de ações a fim de promover um sistema de saúde acolhedor, que inclua e forneça suporte às demandas sociais, profissionais e políticas junto de seus demais agentes articuladores (usuários e gestores), em três grandes dimensões do trabalho no serviço público de saúde: (a) o cuidado com o usuário, (b) os processos de gerenciamento e de trabalho, e (c) o exercício profissional para além do cuidado com o usuário (capacitação e aprimoramento profissional e trabalho interdisciplinar com a equipe).

Considerações finais

Este capítulo representa um avanço na literatura sobre humanização, tanto na própria Análise do Comportamento quanto na literatura em geral, pois permitiu clarificar quais comportamentos os profissionais de saúde devem ser capazes de emitir para atuarem de forma "humanizada" em seus contextos de trabalho. Essas informações ajudam a substanciar e traduzir de forma concreta como se poderia definir as práticas "humanizadas" na saúde. Assim, funciona como guia para a atuação profissional e permite maior clareza para identificar a ocorrência das práticas "humanizadas" no sistema de saúde, possibilitando futuros estudos mais precisos.

Logo, os resultados obtidos neste capítulo contribuem para maior compreensão sobre as situações vivenciadas pelos profissionais de saúde, as ações que eles necessitam apresentar para que atuem de forma humanizada e, também, os resultados que essas ações devem produzir, indicando os primeiros passos na direção do que necessita ser feito na prática pelo profissional de saúde para atuar de forma "humanizada" e para promover a "humanização" no sistema de saúde. Trata-se de um primeiro passo na direção de conhecer mais esse fenômeno. Entretanto, são necessários mais estudos que analisem outros documentos e materiais sobre "humanização", de modo a operacionalizar esse termo, e que objetivem avaliar empiricamente esses dados a fim de verificar se, de fato, os comportamentos aqui descritos são relevantes para se ter práticas humanizadas nos contextos de saúde. Foi possível identificar que tanto quanto o cuidado direto com o usuário, em termos de comportamentos a apresentar, a dimensão de atuar participando dos processos de gestão e intervindo sobre os processos de trabalho é fundamental para promover e garantir a "humanização" no sistema de saúde. O profissional de saúde do SUS, independentemente de sua área de especialização, necessita ser participativo e integrado às políticas organizacionais do serviço.

Esses resultados trazem implicações para a forma como se concebe o trabalho e as atribuições do profissional inserido no sistema público de saúde. Também pode contribuir para identificar possibilidades de funcionamento do serviço com a participação ativa de gestores, usuários e profissionais nos processos gerenciais e de trabalho, no cuidado e nas demais dimensões do serviço de saúde. Um exemplo é a classe de comportamento: "Decidir sobre aspectos dos processos de trabalho do serviço de saúde em conjunto com gestores e usuários". A partir desse entendimento, o próprio serviço de saúde público pode se beneficiar, com a implantação de condições que favoreçam essa atuação do profissional de saúde para além do cuidado com o usuário e com a participação dos três agentes citados em processos decisórios.

É possível identificar algumas limitações desse estudo. A caracterização de comportamentos é um processo complexo, e observou-se a necessidade de operacionalizar melhor algumas das classes de comportamentos derivadas. É importante relevar, também, que existem possíveis desafios para alcançar e implantar essas medidas no cotidiano dos sistemas de saúde, como o alto custo de implantação e manutenção, rotinas já atribuladas dos profissionais e escassez de recursos em muitas unidades. Porém, as informações aqui descritas podem orientar os profissionais que desejam aprimorar as suas práticas e compreender com maior clareza quais direções podem ser seguidas para isso.

Por fim, espera-se que os dados apresentados fomentem a discussão sobre o tema e influenciem novas pesquisas na área, que podem trazer contribuições significativas, futuramente, tanto para a produção de conhecimento científico sobre humanização nos contextos de saúde quanto para servirem como fonte de informação a ser utilizada por profissionais de saúde, gestores e até usuários desses serviços no seu cotidiano. Dentre possíveis contribuições, podem-se citar planejamento e aplicação de treinamentos para capacitar profissionais, estabelecimento de definição mais acurada e operacionalizada do termo "humanização", identificação de situações precisas em que as ações precisam ser tomadas, identificação de possíveis consequências para a realização das classes de comportamentos caracterizadas como "humanizadas", especificações de comportamentos para cada especialidade dos profissionais de saúde e, consequentemente, que essas medidas estimulem melhorias no sistema público de saúde e colaborem para o endossamento de suas políticas.

Referências

Barbosa, G. C., Meneguim, S., Lima, S. A. M., & Moreno, V. (2013). Política nacional de humanização e formação dos profissionais de saúde: Revisão integrativa. *Revista Brasileira de Enfermagem, 66*(1), 123-127.

Batista, K. B. C., & Gonçalves, O. S. J. (2011). Formação dos profissionais de saúde para o SUS: significado e cuidado. *Saúde e Sociedade, 20*(4), 884-899.

Benevenuti, J. (2012). *Classes comportamentais para administrar condições que afetam a vida de crianças e jovens que vivem em unidades de abrigo* [Tese de doutorado]. Universidade Federal de Santa Catarina.

Benevides, R., & Passos, E. (2005). A humanização como dimensão pública das políticas de saúde. *Ciência & Saúde Coletiva, 10*(3), 561-571.

Botomé, S. P. (2001). Sobre a noção de comportamento. In H. P. M. Feltes, & U. Ziles (Orgs.), *Filosofia: Diálogo de horizontes* (pp. 685-708). EDIPUCRS.

Cianca, B. C., Panosso, M. G., & Kienen, N. (2020). Programação de condições para desenvolvimento de comportamentos: Caracterização da produção científica brasileira de 1998-2017. *Perspectivas em Análise do Comportamento, 11*(2), 114-136.

Cortegoso, A. L., & Coser, D. S. (2021). *Elaboração de programas de ensino: Material autoinstrutivo*. EduFScar.

De Luca, G. G. (2008). *Características de componentes de comportamentos básicos constituintes da classe geral de comportamentos denominada "avaliar a confiabilidade de informações"* [Dissertação de mestrado]. Universidade Federal de Santa Catarina.

Deslandes, S. F. (2004). Análise do discurso oficial sobre a humanização da assistência hospitalar. *Ciência & Saúde Coletiva, 9*(1), 7-14.

Dos-Santos, E. M., & Freitas, P. G. S. (2017). Humanização nos serviços de atenção primária à saúde: Significados para profissionais da equipe de saúde da família. *UNIFUNEC Ciências da Saúde e Biológicas, 1*(1), 51-64.

Fortes, P. A. C., & Martins, C. L. (2000). A ética, a humanização e a saúde da família. *Revista Brasileira de Enfermagem, 53*(spe), 31-33.

Kienen, N., Kubo, O., & Botomé, S. P. (2013). Ensino programado e programação de condições para o desenvolvimento de comportamentos: Alguns aspectos no desenvolvimento de um campo de atuação do psicólogo. *Acta Comportamentalia, 21*(4), 481-494.

Kubo, O. M., & Botomé, S. P. (2001). Ensino--aprendizagem: Uma interação entre dois processos comportamentais. *Interação em Psicologia, 5*, 1-19.

Matos, E., Pires, D. E. P., & Campos, G. W. S. (2009). Relações de trabalho em equipes interdisciplinares: Contribuições para a constituição de novas formas de organização do trabalho em saúde. *Revista Brasileira de Enfermagem, 62*(6), 863-869.

Mattana, P. E. (2004). *Comportamentos profissionais do terapeuta comportamental como objetivos para sua formação* [Dissertação de mestrado]. Universidade Federal de Santa Catarina.

Ministério da Saúde. (2004). *Humaniza SUS: Política nacional de humanização: A humanização como eixo norteador das práticas de atenção e gestão em todas as instâncias do SUS*. http://bvsms.saude.gov.br/bvs/publicacoes/humanizasus_2004.pdf

Ministério da Saúde. (2013). *Humaniza SUS: Política nacional de humanização: PNH*. http://bvsms.saude.gov.br/bvs/publicacoes/politica_nacional_humanizacao_pnh_folheto.pdf.

Morschel, A., & Barros, M. E. B. (2014). Processos de trabalho na saúde pública: Humanização e efetivação do Sistema Único de Saúde. *Saúde e Sociedade, 23*(3), 928-941.

Mota, R. A., Martins, C. G. M., & Véras, R. M. (2006). Papel dos profissionais de saúde na política de humanização hospitalar. *Psicologia em Estudo, 11*(2), 323-330.

Nale, N. (1998). Programação de ensino no Brasil: O papel de Carolina Bori. *Psicologia USP, 9*(1), 275-301.Nascimento, A. R., & Gusso, H. L. (2017). Classes de comportamentos profissionais de pais sociais identificadas em literatura por meio de análise comportamental. *Interação em Psicologia, 21*(1), 39-54.

Queiroz, P. S. F., & Grisotti, M. (2018). Os desafios para a implementação da humanização como política pública. *Educação, Escola & Sociedade, 11*(13), 40-54.

Rios, I. C. (2009). Humanização: A essência da ação técnica e ética nas práticas de saúde. *Revista Brasileira de Educação Médica, 33*(2), 253-261.

Santiago, A. J. (2002). *Comportamentos profissionais básicos constituintes do processo de produção de uma obra arquitetônica* [Tese de doutorado]. Universidade Federal de Santa Catarina.

Saupe, R., Cutolo, L. R. A., Wendhausen, A. L. P., & Benito, G. A. V. (2005). Competência dos profissionais da saúde para o trabalho interdisciplinar. *Interface: Comunicação, Saúde, Educação, 9*(18), 521-536.

Silva, A. L. G. (2010). *Classes de comportamentos profissionais de psicólogos ao intervir diretamente sobre fenômenos psicológicos* [Tese de doutorado]. Universidade Federal de Santa Catarina.

Stedile, N. L. R. (1996). *Prevenção em saúde: Comportamentos profissionais a desenvolver na formação do enfermeiro* [Dissertação de mestrado]. Universidade Federal de São Carlos.

Capítulo 4

Intervenção breve para o medo noturno e comportamento de esquiva de dormir na infância

Renatha El Rafihi-Ferreira

Problemas de sono na infância

O sono é essencial para a saúde e o bem-estar do organismo, e fundamental para o desenvolvimento da criança. O comprometimento do sono na infância está associado a irritabilidade, agressividade, impulsividade, baixa tolerância à frustração, ansiedade, depressão, hiperatividade, labilidade emocional, desatenção e estresse familiar (Moore, 2010). Dessa forma, problemas de sono estão associados tanto a problemas de comportamento externalizante quanto a problemas de comportamento internalizante. Comportamentos externalizantes podem ser definidos como atividades voltadas para o ambiente e para outros indivíduos. Tais ações envolvem comportamentos de agressão, impulso e agitação, que são facilmente reconhecidos por outras pessoas. No contexto infantil, são comumente reportados por pais, familiares, professores, etc. Por sua vez, comportamentos internalizantes são mais difíceis de serem detectados por observadores externos. Isso ocorre porque as ações internalizantes se referem ao próprio sujeito. Comportamentos internalizantes envolvem respostas de ansiedade, medos, depressão, tristeza, insegurança, comportamento de timidez e isolamento (Achenbach & Rescorla, 2000).

Felizmente, a literatura (Meltzer & Mindell, 2014; Mindell et al., 2006) vem demonstrando a eficácia da intervenção comportamental para problemas de sono em crianças típicas. A pesquisa de Rafihi-Ferreira et al. (2019) consistiu em um estudo randomizado controlado para avaliar a intervenção comportamental, por meio de um programa dirigido aos pais, para insônia em crianças pré-escolares. A intervenção envolveu educação parental sobre o sono infantil, orientação sobre a extinção de comportamentos incompatíveis com o processo de adormecer e reforço positivo para os comportamentos compatíveis com o processo de adormecer. Os resultados apontaram melhora nos padrões de sono avaliados tanto por medidas subjetivas (instrumentos de relato parental) como por medida objetiva (actigrafia), bem como melhora nos comportamentos externalizantes e internalizantes, indicando que, com a melhora do sono, houve também a melhora dos comportamentos diurnos.

Tais resultados apontam a importância do tratamento para problemas comportamentais relacionados ao sono infantil. Contudo, esses benefícios são apontados em crianças com insônia comportamental infantil, ou seja, decorrente de associação inadequada para início do sono e/ou por falta de estabelecimento de limites. No entanto, existem outros fatores que podem estar relacionados com a dificuldade de iniciar o sono ou mesmo com comportamentos de esquiva de dormir, como o medo noturno intenso.

Medos noturnos

Medos noturnos podem prejudicar uma boa noite de sono em crianças. No entanto, os temores noturnos constituem um fenômeno natural e comum no desenvolvimento infantil (Kushnir & Sadeh, 2011). São caracterizados por comportamentos como ter que dormir acompanhado, despertar frequentemente e chamar os pais ou ficar acordado sozinho durante a noite (Gordon et al., 2007a). Quando se apresentam de forma branda e transitória, podem ser superados pela maioria das crianças (Gordon et al., 2007b). Entretanto, para algumas crianças, o momento de ir para a cama representa uma grande dificuldade, associada ao medo noturno severo e recorrente, ansiedade e sofrimento para a criança e sua família (Kushnir & Sadeh, 2012).

De acordo com Gordon et al. (2007b), um número considerável de crianças (20%) tem medo noturno severo e problemas de sono. A relação entre medo noturno e pobre qualidade de sono foi apontada por estudiosos (Kushnir & Sadeh, 2012; Sadeh, 2005), que salientam que a dificuldade de iniciar e manter o sono faz parte do quadro de medo durante a noite.

Os problemas de sono em crianças com medo noturno podem decorrer do comportamento dos pais, como ficarem próximos à cama da criança devido aos medos dela durante a noite, e tal condição pode funcionar como um estímulo reforçador na manutenção e perpetuação dessa queixa. Pesquisadores (p. ex., Sadeh et al., 2010) têm mostrado que a presença parental no momento de dormir da criança pode favorecer os despertares, dificultar a independência para adormecer e aumentar os medos durante a noite. Stewart e Gordon (2014) pontuam a importância de comportamentos como a superproteção e o não incentivo à independência na etiologia e na manutenção de medos e ansiedade das crianças.

O medo recorrente pode causar um impacto negativo no desenvolvimento infantil e afetar de forma significativa a qualidade do sono, o comportamento diurno, além de levar ao cansaço, a problemas sociais, a problemas de relacionamento, preocupações e ansiedade no decorrer da infância, assim como persistir também na adolescência (Muris et al., 2000). De acordo com Muris et al. (2001), além de afetar a qualidade de vida da criança, o medo noturno também prejudica o sono dos pais e, consequentemente, a qualidade de vida da família. Esses fatores justificam uma cautelosa avaliação e intervenção clínica. A avaliação é necessária porque, apesar de não existir um diagnóstico próprio para o medo noturno, este pode fazer parte ou estar associado a outra comorbidade.

Sono e ansiedade na infância

Crianças em idade pré-escolar podem relutar ou se recusar a dormir na ausência de uma figura importante de apego devido ao medo de separação dos cuidadores. Este é um dos critérios para o diagnóstico de ansiedade de separação (American Psychiatric Association [APA], 2013). Além disso, o medo acentuado da situação de dormir sozinho devido ao escuro satisfaz o critério para o diagnóstico de fobia específica (APA, 2013).

A prevalência de fobia específica é de, aproximadamente, 5% em crianças, caracterizada por comportamento de evitar a situação ou o objeto fóbico com intensa ansiedade e sofrimento. Esse medo pode ser expresso por meio de choro, ataques de raiva, imobilidade ou comportamento de agarrar-se (APA, 2013). No caso de transtorno de ansiedade de separação, a prevalência em crianças é em torno de 4%. Crianças com esse diagnóstico apresentam dificuldade frequente na hora de dormir e requisitam a presença do cuidador no meio da noite, podendo ir para a cama dos pais ou para a cama de alguma pessoa significativa, como um irmão ou um familiar (APA, 2013). De acordo com Lewis et al. (2015), os temores noturnos podem levar a uma experiência de ansiedade antes do momento de dormir, elevando o medo tanto durante a noite quanto durante o dia.

Steinsbekk et al. (2013) realizaram um estudo sobre a relação entre sono e ansiedade em crianças. Os autores tiveram como objetivo avaliar a prevalência de problemas de sono em crianças em idade pré-escolar e examinar a relação entre distúrbios de sono e sintomas psiquiátricos. Os resultados apontaram que a insônia é comum em crianças nessa faixa etária e que as dificuldades de iniciar e manter o sono, bem como os pesadelos, estão especificamente associados aos sintomas de ansiedade.

Há poucos estudos que se referem à relação entre sono, ansiedade e medo noturno em crianças. Contudo, uma revisão realizada por Alfano et al. (2007) aponta que em torno de 85% das crianças com ansiedade têm problemas relacionados ao sono, como a dificuldade de adormecer e o medo noturno.

Considerações teóricas acerca da intervenção

De acordo com uma revisão que investigou os tratamentos para problemas internalizantes em crianças, realizada por Compton et al. (2002), o tratamento para o medo noturno segue a vertente das intervenções para medos e ansiedade em crianças e baseia-se na terapia comportamental, que inclui técnicas como dessensibilização sistemática, exposição *in vivo*, modelagem e reforçamento. Ao se tratar de crianças, a participação ativa dos pais na intervenção é fundamental, uma vez que o comportamento parental tem papel importante na etiologia da queixa e pode manter tais comportamentos. Assim, a modelagem e o reforçamento também são fornecidos pelos pais em casa, principalmente quando se referem a comportamentos que ocorrem à noite, quando os cuidadores são os únicos presentes. Dessa forma, o processo de intervenção envolve orientação parental para que os cuidadores se tornem agentes ativos na mudança de comportamento de suas crianças.

A eficácia da Terapia Comportamental e da Terapia Cognitivo-comportamental (TCC) no manejo do medo noturno severo foi demonstrada em estudos (Gordon et al., 2007a; Sadeh, 2005; Stewart & Gordon, 2014). Contudo, apesar de se verificar 60 a 70% de eficácia da TCC, há indivíduos que não respondem a essa modalidade de tratamento (Seligman & Ollendick, 2011). As taxas de 30 a 40% de remissão abrem espaço para melhorias nos tratamentos já existentes e para o desenvolvimento de novas metodologias de tratamento (Lewis et al., 2015).

Evidências indicam que cerca de metade dos participantes adere a intervenções com orientação parental para problemas de comportamento e que aproximadamente um terço dos sujeitos não participa da primeira sessão (Breitenstein & Gross, 2013). Tratamentos longos e custos financeiros e de tempo com o deslocamento para receber as orientações presenciais, seja individualmente ou em grupo, são alguns dos fatores que, muitas vezes, fazem os pais deixarem de estar presentes às sessões de orientação parental. Para resolver tais dificuldades, os profissionais de saúde mental elaboraram novas alternativas para envolver os pais, como programas autodirigidos por meio de manuais, livros, telefone e internet.

No que tange às intervenções autodirigidas, os resultados têm sido semelhantes às orientações presenciais para problemas de comportamento (O'Brien & Daley, 2011). Dentre as vantagens dessas modalidades destacam-se: flexibilidade, conveniência, facilidade de uso, consistência dos resultados (alta fidelidade), diminuição da carga de tempo dos profissionais com a execução de intervenções, redução de custos e do tempo associados ao transporte para participar de encontros presenciais (Breitenstein & Gross, 2013). Dentre os programas autodirigidos, a biblioterapia é uma técnica que utiliza livros como intervenção para problemas de comportamento e psicopatologias em crianças e adolescentes (Lewis et al., 2015; Rickwood & Bradford, 2012).

Biblioterapia

O método postula que é possível, a partir da contação de histórias, acessar estratégias comuns na redução da ansiedade, como a exposição a situações que eliciam respostas de ansiedade, estratégias de enfrentamento, modelação, modelagem e reforço de comportamentos desejados (Rapee et al., 2000).

A eficácia da biblioterapia para transtorno de ansiedade em crianças e adolescentes já foi relatada pela literatura (Cobham, 2012; Parslow et al., 2008; Rapee et al., 2006). Por exemplo, em um estudo randomizado controlado, desenvolvido por Rapee et al. (2006), com uma amostra de 267 crianças com idades entre 6 e 12 anos, os resultados demonstraram que o grupo que recebeu biblioterapia apresentou melhores resultados após o tratamento e no período de seguimento de seis meses comparado ao grupo que recebeu o tratamento cognitivo-comportamental tradicional.

A biblioterapia para medos noturnos, especificamente medo de escuro e de dormir sozinho, foi eficaz no estudo de Lewis et al. (2015) com uma amostra de nove crianças com idades entre 5 e 7 anos com diagnóstico de fobia específica. O procedimento do tratamento envolvia que os pais lessem para a criança o livro *Uncle Lightfoot, Flip that Switch: Overcoming Fear of the Dark* (Coffman, 2014) e que as crianças realizassem as atividades propostas no livro em um período de quatro semanas. Os resultados demonstraram redução do medo noturno e do nível de ansiedade, avaliados por instrumentos de autorrelato, bem como aumento do número de noites em que as crianças dormiam em suas próprias camas.

Coffman et al. (2013) apontam vantagens da biblioterapia para crianças em idade pré-escolar, dentre elas facilidade de administração, motivação para a mudança e capacidade de incorporar componentes terapêuticos em um formato que é atraente para a população infantil. Para crianças pequenas, Lewis et al. (2015) apontam ser imprescindível que a história infantil e as instruções aos pais sejam claras, acessíveis e compreensíveis, já que os livros são projetados para os pais aplicarem como uma ferramenta terapêutica para seus filhos.

Outras intervenções

Com vantagens similares às da biblioterapia, simplicidade e baixo custo, uma nova intervenção em formato breve para queixas de medos foi desenvolvida e testada por Kushnir e Sadeh (2012), intitulada *Huggy-Puppy Intervention* (HPI) na versão original e na versão revisada. Na pesquisa de Kushnir e Sadeh (2012), as duas versões da HPI foram avaliadas em crianças em idade pré-escolar que apresentavam medos noturnos intensos. Em ambas as versões da HPI, a intervenção consistia em ofertar à criança uma pelúcia para auxiliar no enfrentamento do medo. Na versão original, um cachorro de pelúcia é oferecido para a criança em conjunto com uma descrição do filhote, de modo a encorajar a criança a assumir o papel de cuidador do boneco que se encontra carente. Na versão revisada, o filhote de cachorro apresenta-se como um amigo e acompanhante durante a noite e ajuda a criança a superar os medos noturnos. Os resultados demonstraram redução dos medos noturnos e melhora na qualidade do sono das crianças que participaram de ambas as versões da HPI. Os autores pontuam que o apego e a preocupação com o boneco foram associados à redução do medo, e que o papel de cuidador (os cuidados assumidos pela criança na intervenção) contribuiu para a esquiva dos estímulos estressores.

Em território nacional, um estudo randomizado controlado avaliou a eficácia de uma intervenção comportamental em 68 crianças com idades entre 4 e 6 anos que dormiam com seus pais devido a intensos medos noturnos (Rafihi-Ferreira et al., 2018). O programa de intervenção foi composto por um livro infantil chamado *Dormindo com Rafi: boa noite, filhote* (Rafihi-Ferreira et al., 2016), acompanhado de uma pelúcia. Esse programa utilizou a biblioterapia, baseada nos princípios da Análise do Comportamento, como ferramenta para a dessensibilização sistemática, a modelação, a modelagem e o reforçamento diferencial. Somada aos componentes comportamentais, a oferta de uma pelúcia representando o personagem do livro foi utilizada para o enfrentamento do medo noturno e da dificuldade da criança de dormir sozinha. Os resultados do grupo que recebeu a intervenção foram superiores aos do grupo em condição de lista de espera (controle), apresentando melhoras significativas nos medos noturnos, nos problemas de sono e nos níveis de ansiedade das crianças. Os efeitos do tratamento foram mantidos em três meses de acompanhamento.

Os princípios da Análise do Comportamento podem ser aplicados de forma lúdica no tratamento do medo noturno e da esquiva de dormir sozinho. Uma intervenção multicomponente utilizando biblioterapia, quadro de pontos e oferta de pelúcia apresenta-se como uma modalidade viável, uma vez que disponibiliza de maneira atrativa para crianças diferentes elementos terapêuticos, como a dessensibilização sistemática, a modelação, a modelagem e o reforçamento diferencial. A fim de demonstrar uma intervenção breve e lúdica para o tratamento do medo noturno e do comportamento de esquiva de dormir, será apresentado um caso clínico a seguir.

O caso refere-se a uma criança cuja queixa envolvia comportamentos de esquiva de dormir sozinha e medo noturno intenso. A intervenção teve como objetivo ensinar comportamentos de independência no momento de dormir e enfrentamento dos medos.

Caso clínico

Participante

Fábio (nome fictício), sexo masculino, 5 anos de idade e filho primogênito. A criança residia com os pais e com um irmão mais novo. Na época da intervenção, o pai tinha 40 anos, ensino médio completo e era empresário/autônomo. A mãe tinha 34 anos, ensino superior completo e atuava na área da saúde. O estrato social da família, segundo o Critério de Classificação Econômica do Brasil, era de classe média (B2).

O pai da criança trabalhava de segunda a sexta-feira, em horário comercial; contudo, retornava para casa no horário do almoço. A mãe da criança trabalhava em regime de meio período, permanecendo com a criança grande parte do tempo, uma vez que o momento que a mãe estava no trabalho era aquele em que a criança estava na pré-escola. Nos fins de semana, a família permanecia unida o tempo todo.

Descrição da queixa

De acordo com o relato da mãe, a criança apresentava medo noturno intenso, segundo ela, classificado como grave, acompanhado de comportamento de recusa em adormecer sozinho. A mãe reportou que a criança resistia à cama todas as noites devido ao medo noturno e que era incapaz de dormir sozinha. Quando dormia em seu quarto, despertava cerca de quatro vezes durante a noite, procurando pelos cuidadores. Os pais mencionaram que o filho não se sentia seguro para dormir no quarto com seu irmão mais novo e que reportava medo no início da noite e também ao despertar durante a noite, caso não estivesse na companhia dos pais. Tais comportamentos ocorriam todos os dias havia pelo menos dois anos.

Segundo os pais, o irmão caçula de Fábio adormecia de forma mais independente e não apresentava medos notunos; já o medo noturno de Fábio só era sanado na presença de adultos. Dessa forma, a criança dormia na cama dos pais constantemente e, em todas as tentativas dos pais de a levarem para o quarto, ela despertava e os procurava novamente. Os pais relataram que a prática de compartilhar a cama ocorria todas as noites. Em algumas delas, ocorria já no início da noite, e, em outras, quando a criança despertava e os procurava, eles permitiam adormecer junto à criança.

Os pais procuraram a intervenção e a profissional devido ao anúncio de recrutamento exposto na TV. O recrutamento era para uma pesquisa que visava a testar uma modalidade de intervenção para medos noturnos e comportamentos de esquiva de dormir em crianças de 4 a 6 anos de idade. Fábio fez parte dos 68 participantes da pesquisa (Rafihi-Ferreira et al., 2018), que demonstrou resultados positivos no declínio do medo noturno e no aumento de noites em que as crianças dormiam em suas próprias camas, bem como no declínio dos níveis de ansiedade e de problemas de comportamentos diurnos. O estudo foi eficaz e publicado no *Journal of Anxiety Disorders*. No entanto, na publicação do artigo, o foco foi na eficácia da intervenção considerando análises estatísticas de todos os participantes, sem priorizar os detalhes e as histórias individuais dos participantes, que só são possíveis ao se analisar caso a caso. Portanto, para fins didáticos, a intervenção por meio do relato de caso faz-se necessária para entendimento clínico do processo terapêutico, bem como da elaboração do passo a passo da intervenção com riqueza de detalhes.

A descrição do primeiro ao último contato com o participante está disponível a seguir.

Descrição do passo a passo da intervenção

Este protocolo de intervenção para medos noturnos e comportamento de esquiva de dormir para crianças pré-escolares envolve orientação parental, intervenções baseadas na Análise do Comportamento e lições de casa. O conjunto de elementos terapêuticos está concentrado e acessado por uma intervenção multicomponente envolvendo biblioterapia, quadro de pontos e uso de boneco. Essa intervenção envolve sessões de avaliação pré e pós-tratamento e uma sessão terapêutica com os pais e a criança para orientação da aplicação da intervenção que ocorre em casa, na interação dos pais e da criança. Resumidamente, nessa única sessão terapêutica, os pais são instruídos a aplicarem a intervenção em casa com suas crianças por um período de quatro semanas.

O protocolo de intervenção está apresentado a seguir, sessão por sessão.

Sessão pré-intervenção

O foco da sessão pré-intervenção é levantar o relato da queixa, a frequência do medo noturno da criança, do comportamento de esquiva de dormir sozinho, bem como conhecer todas as variáveis e informações que possam estar envolvidas na manutenção da queixa. A avaliação para medos noturnos e problemas de sono em crianças apresenta os mesmos objetivos da avaliação comportamental para outros problemas de comportamento infantil. Portanto, deve-se identificar a queixa da criança, a partir de comportamentos-problema, averiguando seus antecedentes e consequentes e as condições que contribuem para sua manutenção; estabelecer uma intervenção apropriada para o manejo e a modificação dos comportamentos identificados como comportamentos-problema; e reavaliar os mesmos comportamentos após a intervenção (Silvares, 2000). Algumas questões-chave podem auxiliar o clínico no processo de avaliação, como questionar a natureza e a frequência da queixa para, então, buscar os determinantes dos comportamentos identificando seus antecedentes e consequentes. A análise funcional deve preceder toda intervenção baseada na Análise do Comportamento; portanto, o clínico deve averiguar no ambiente os antecedentes e consequentes dos quais o comportamento é função (Silvares, 2000).

Para acessar essas informações, é de grande valia a utilização de Diário de Sono e Comportamento, sobretudo para observar as mudanças posteriores à conclusão da intervenção.

O Diário de Sono e Comportamento é um relatório diário preenchido pelos pais em que se verifica se a criança dormia sozinha, em sua própria cama, e se ela mostrou algum medo noturno. Junto a essas informações, havia um espaço para os pais preencherem as situações antecedentes e consequentes em relação à presença de medo no momento de dormir. Essa medida foi utilizada durante todo o processo de intervenção.

Com base nas informações fornecidas pelo Diário de Sono, as avaliações foram realizadas individualmente com a autora e os pais da criança em três momentos específicos: no período pré-tratamento (uma semana antes da intervenção), no período pós-tratamento (uma semana após a intervenção) e no período de seguimento (três meses após a intervenção).

A partir da primeira sessão, foi possível levantar os antecedentes e consequentes envolvidos na queixa de Fábio, que estão demonstrados no Quadro 4.1, a seguir.

A partir da análise funcional, é possível determinar o objetivo da intervenção. Assim, o alvo da intervenção para Fábio foi a redução da resposta de medo noturno e do comportamento de esquiva de dormir sozinho.

Sessão de intervenção

A sessão foi individual, com os pais de Fábio e a autora, e teve duração de 1h20 min. Desde a sessão de avaliação pré-tratamento, sabia-se que o objetivo da intervenção seria a redução das respostas de medo noturno e a redução da esquiva de dormir sozinho de Fábio. No final da sessão, a terapeuta conversou com Fábio junto aos seus pais, explicou a intervenção, e eles estabeleceram um acordo verbal de cooperação.

O programa foi projetado para os pais aplicarem o material de biblioterapia em casa com a criança durante quatro semanas, com apenas uma sessão presencial e quatro contatos telefônicos semanais com duração de 10 a 20 minutos com a terapeuta para verificar o progresso semanal da intervenção.

Quadro 4.1
Análise funcional – medo noturno pré-intervenção

Antecedente →	Resposta →	Consequência
Ausência de adultos no local de dormir	Permanecer acordado na ausência dos pais, "vigiando" o quarto Resposta encoberta e aberta de medo noturno Evitar dormir sozinho Classe de respostas: • Resistência em ir ou permanecer na cama sozinho • Choro • Ir para a cama dos pais • Procurar os pais	Aproximação dos pais/ dormir com os pais (fuga de dormir sozinho) Efeitos: aumento de respostas de ansiedade (contrações, tensões)

A sessão de intervenção visa a orientar os pais no manejo dos medos noturnos e das dificuldades com o sono infantil; para tanto, utiliza-se material lúdico para acessar importantes elementos terapêuticos. O Quadro 4.2 apresenta a descrição da intervenção, bem como seus objetivos.

1 Apresentação do terapeuta e dos pais: o terapeuta inicia sua apresentação e solicita que os pais se apresentem e reportem a queixa da criança. O terapeuta segue com a explicação sobre o programa de intervenção *Dormindo com Rafi: boa noite, filhote* (Rafihi-Ferreira et al., 2016).
2 Orientação parental: o terapeuta apresenta uma aula para os pais sobre o sono da criança durante o desenvolvimento; (i) medos e ansiedade infantil; (ii) condicionamento operante e relação parental; e (iii) explicação sobre biblioterapia como recurso terapêutico.
3 Biblioterapia: o profissional fornece informações sobre a biblioterapia para problemas de comportamento em crianças e apresenta o material *Dormindo com Rafi: boa noite, filhote* (Rafihi-Ferreira et al., 2016). O programa de intervenção *Dormindo com Rafi: boa noite, filhote* inclui um livro infantil, uma pelúcia de mãe e filhote de canguru e um quadro de pontos com adesivos de estrelas. O terapeuta instrui os pais a lerem o livro infantil todas as noites durante quatro semanas e a encorajar a criança a dormir com o filhote de canguru de pelúcia. Além disso, o terapeuta orienta os cuidadores a reforçarem o comportamento da criança de dormir na própria cama, elogiando-a sempre que ela dormir sozinha e enfrentar seus medos. Todas as instruções transmitidas verbalmente pelo profissional também devem ser apresentadas de forma impressa para que os pais possam levar as instruções para casa. O livro infantil reporta a história de Rafi, um filhote de canguru que teme dormir à noite sozinho. No enredo da história, a personagem da mamãe canguru convida

Quadro 4.2
Descrição da intervenção

Intervenções	Objetivos	Método
Apresentação	Apresentar o terapeuta e os pais da criança. Apresentar a proposta da intervenção.	Encontro com os pais e explicação sobre a proposta.
Orientação parental	Informar os pais sobre a queixa da criança e sobre os possíveis fatores de desenvolvimento e manutenção da queixa.	Explanação sobre: (i) o sono da criança durante o desenvolvimento; (ii) medos e ansiedade infantil; (iii) condicionamento operante e relação parental; e (iv) explicação sobre biblioterapia como recurso terapêutico.
Biblioterapia	Identificar-se com o personagem para facilitar o engajamento na intervenção a partir da história infantil de um personagem que sofre da mesma queixa que a criança. Acessar os elementos terapêuticos: (i) comportamento de imitação; (ii) dessensibilização do medo de dormir só; e (iii) rotina pré-sono.	Ler a história infantil para a criança e incentivá-la a realizar os comportamentos propostos na história.
Pelúcia do personagem	Facilitar a identificação com o personagem; facilitar o enfrentamento da ausência dos pais no momento de dormir.	Oferecer a pelúcia para a criança e incentivá-la a realizar atividades pré-sono com a pelúcia e adormecer junto com ela.
Reforçamento	Aumentar a probabilidade de ocorrência de comportamentos de dormir sozinho e de enfrentar o medo noturno.	Quadro/calendário de pontos semanal. A criança ganha um adesivo de estrela quando adormece sozinha em sua própria cama. O acúmulo de adesivos pode ser trocado por outros prêmios. O critério para troca de prêmios é alterado gradualmente, semana a semana, a fim de aumentar o custo da resposta para obter a recompensa.
Acordo com a criança	Explicar para a criança a importância da intervenção e estabelecer um acordo de cooperação.	Explicação sobre a intervenção, apresentando o material composto por livro infantil, pelúcia da mãe e filhote de canguru e calendário de pontos.

a criança a participar da rotina pré-sono com o filhote de canguru, apresentando um modelo de rotina pré-sono que facilita o processo de autoacomodação e de cair no sono. A história demonstra situações em que o filhote enfrenta o medo de dormir sozinho, e os personagens incentivam o leitor a dormir com a pelúcia de canguru e enfrentar o medo da ausência parental. O programa visa à identificação da criança com o personagem, que apresenta a mesma queixa; assim, espera-se que, a partir do comportamento de imitação, a criança enfrente a situação evitada, ocorrendo a modelação da resposta de dormir de forma independente e o enfrentamento do medo de dormir na ausência parental. A rotina pré-sono visa a facilitar a autoacomodação necessária para o processo de adormecer. Isso ocorre porque atividades pré-sono indicam que chegou o momento de dormir. Essas atividades realizadas pelo personagem na história infantil incluem escovar os dentes, vestir o pijama, ir ao quarto, deitar-se, ouvir uma história e relaxar. A criança é incentivada a realizar as mesmas atividades do personagem. Depois de completar a rotina pré-sono, a criança é encorajada a dormir sem a presença dos pais, enfrentando o medo de dormir sozinha.

4 A pelúcia do personagem é utilizada para reforçar o comportamento de modelação, uma vez que a criança pode manusear a pelúcia e realizar a rotina pré-sono junto ao boneco. Além disso, o filhote de pelúcia pode facilitar o processo de enfrentamento do medo da ausência parental no momento de dormir. Ao enfrentar a situação evitada, isto é, estar sozinha na própria cama no momento de dormir, a criança pode adquirir habilidade de autoacomodação para adormecer de forma independente.

5 Reforçamento: o reforçamento por meio do quadro de pontos é utilizado para aumentar a probabilidade de ocorrência de classe de respostas de dormir sozinha da criança. Em um primeiro momento, o comportamento da criança deve ser reforçado com um adesivo de estrela em cada noite que adormece em sua própria cama. Em um segundo momento, esses adesivos podem ser trocados por uma recompensa maior, isto é, por atividades atrativas ou outros prêmios que podem ocorrer nos fins de semana. A recompensa é determinada pela família de acordo com o que é reforçador positivo para a criança. Toda semana, há um critério para aumentar o custo da resposta para obter a recompensa. Na semana 1, por exemplo, se a criança dorme três noites sozinha, representada por três estrelas no quadro de pontos, ela recebe a recompensa semanal. Na semana 2, a criança deve dormir quatro noites sozinha para receber a recompensa; dessa forma, gradualmente, o número de noites em que a criança deve adormecer sozinha aumenta para ela receber a recompensa semanal.

6 Acordo com a criança: após a conclusão da psicoeducação realizada com os pais e a explicação sobre os alvos terapêuticos, o profissional convida a criança, apresenta o material de intervenção e estabelece um acordo de cooperação com a criança na presença dos seus pais.

Sessão de avaliação pós-intervenção

O objetivo da sessão de avaliação pós-tratamento é averiguar se houve mudanças após a conclusão da intervenção. Para tanto, os mesmos instrumentos aplicados antes do início da intervenção são aplicados após a intervenção. Nesse caso, os instrumentos foram aplicados em dois momentos após a conclusão da intervenção: uma semana e três meses após a finalização da intervenção. É importante destacar que, na intervenção comportamental, avaliação e intervenção caminham juntas, sendo as avaliações pós-tratamento essenciais para verificar o sucesso do tratamento e finalizar a intervenção. Caso contrário, deve-se verificar o insucesso do tratamento, levantar outras hipóteses e modificar os planos de intervenção, uma vez que o plano anterior não alcançou os resultados esperados. A avaliação deve ser constante para o clínico que trabalha na abordagem comportamental, servindo como guia para a tomada de novas decisões.

Considerações importantes acerca da intervenção

Relato da experiência

O programa envolveu sessões de avaliação pré e pós-tratamento, uma sessão de orientação com a profissional e os pais de Fábio e aplicação da intervenção em casa por parte dos pais.

O objetivo da intervenção foi a redução da resposta de medo noturno e do comportamento de esquiva de dormir sozinho. O número de noites por semana em que Fábio apresentou medo noturno e que compartilhou a cama com seus pais foi reportado por relato diário antes, durante e depois do processo de intervenção. A Figura 4.1 apresenta a evolução da resposta de medo noturno de Fábio, bem como o comportamento de compartilhar a cama durante todo o processo de intervenção.

Observa-se que, uma semana antes da intervenção, os pais reportaram alta frequência de resposta de medo noturno e de comportamento de compartilhar a cama. Após a sessão de intervenção, o compartilhar a cama foi reduzido de forma gradual, e, paralelamente, a criança passou a enfrentar o medo de dormir sozinha. O medo noturno aumentou nas primeiras semanas de intervenção para posteriormente reduzir de forma significativa. O ligeiro aumento da resposta de medo no início da intervenção está associado ao contato/à exposição ao estímulo aversivo (permanecer na ausência parental no momento de dormir). Em um primeiro momento, esse contato aumenta a frequência da resposta devido à mudança da contingência para posterior redução, conforme observado na Figura 4.1.

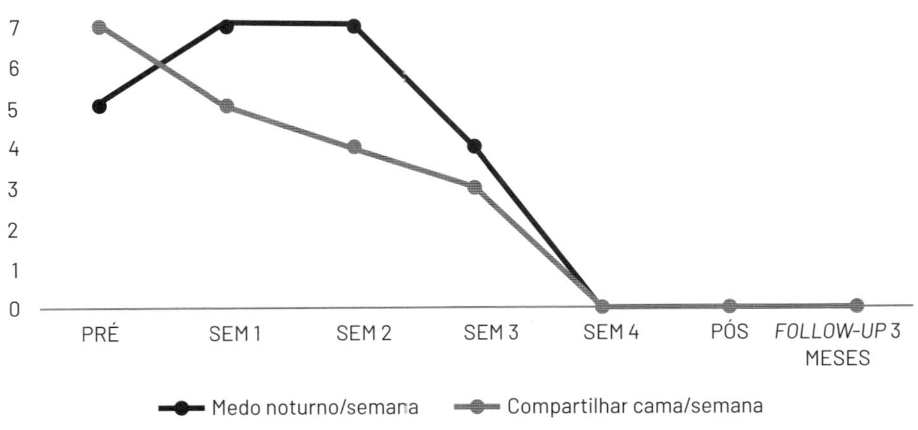

Figura 4.1
Medo noturno e comportamento de compartilhar a cama de Fábio.

De acordo com o relato dos pais, o comportamento de resistir em ir para a cama no horário estabelecido, que era frequente antes da intervenção, reduziu na fase pós-tratamento, e houve redução no tempo para adormecer. Segundo os pais, a resistência em ir para a cama era devida ao medo noturno; dessa forma, com o enfrentamento do medo, o processo de adormecer também foi facilitado.

O Quadro 4.3 apresenta a análise funcional do comportamento de Fábio durante a intervenção.

Observa-se que, durante a intervenção, o comportamento de Fábio, de permanecer na própria cama e se expor ao estímulo fóbico (ausência parental), foi seguido primeiramente seguido por um ligeiro aumento de respostas de medo para, depois, no dia seguinte, ser reforçado por adesivos de estrela. A persistência do enfrentamento do medo, isto é, o comportamento de exposição ao estímulo fóbico por uma semana, foi consequência de diferentes atividades reforçadoras para Fábio, como ir ao cinema ou ao parque de diversões com a família.

O objetivo da intervenção foi Fábio dormir sem compartilhar a cama com os pais, por meio da exposição ao estímulo fóbico, que era estar em sua cama sem a presença dos pais ou de outro adulto. A partir do momento em que o alvo da intervenção era alcançado, os comportamentos de enfrentamento de Fábio, isto é, permanecer na cama junto à pelúcia e não procurar os pais, eram recompensados, primeiramente com um adesivo de estrela no calendário de recompensas. Em um segundo momento, quando a frequência do comportamento de enfrentamento aumentava, ele podia trocar os adesivos acumulados durante a semana por uma atividade reforçadora no fim de semana.

Essa intervenção multicomponente utilizando recursos lúdicos, como a biblioterapia, o calendário de pontos e o filhote de pelúcia, conseguiu, de forma eficaz, associar procedimentos comportamentais de modelagem, modelação e dessensibilização sistemática. Ao expor-se à situação temida, Fábio teve a oportunidade de experimentar a contingência de dormir sozinho e avaliar suas consequências em curto, médio e longo prazos. Então, aprendeu de forma gradativa a lidar com seus medos enfrentando a situação de adormecer na ausência dos pais e, consequentemente, ganhou autonomia e melhora do sono e do medo noturno. Vale notar que os resultados alcançados com a intervenção foram mantidos no seguimento de três meses.

A manutenção dos resultados três meses após a intervenção demonstra que, mesmo

Quadro 4.3
Análise funcional do medo noturno durante a intervenção

Antecedente →	Resposta →	Consequência
Ausência de adultos no local de dormir.	Permanecer na própria cama junto à pelúcia do canguru (enfrentamento do medo).	Curto prazo: efeitos de aumento de respostas de ansiedade (contrações, tensões). Médio prazo: ganhar adesivo de estrela. Longo prazo: ganhar prêmio no fim de semana.

na ausência do programa de reforços por adesivos e troca por atividades reforçadoras, o comportamento de dormir em sua própria cama se manteve, uma vez que o programa de reforços foi utilizado somente durante o período de intervenção. O Quadro 4.4 apresenta a análise funcional da fase posterior à conclusão do tratamento.

No Quadro 4.4, é possível perceber que o comportamento de dormir sozinho sem se esquivar se manteve mesmo na ausência do programa de reforços presente durante a intervenção. Acredita-se que as consequências naturais por si só foram suficientes para manter o comportamento independente de Fábio no momento de dormir. De acordo com os pais, a autonomia, a independência e a melhora do sono alcançada após a intervenção e, principalmente, a ausência do medo noturno foram responsáveis pela manutenção da alta ocorrência do comportamento de dormir sozinho da criança.

A intervenção multicomponente composta por biblioterapia, reforçamento e uso de boneco de pelúcia teve um efeito positivo no comportamento de independência no momento de dormir e na resposta de medo noturno de Fábio. O conjunto de recursos terapêuticos no formato apresentado tornou a intervenção atrativa para a criança.

A partir da biblioterapia, foi possível trabalhar de forma lúdica elementos terapêuticos como a modelação do comportamento de enfrentamento e a exposição à situação temida por meio do comportamento de imitação do personagem, uma vez que, no enredo da história infantil, os personagens apresentaram um modelo de rotina pré-sono com paralela redução da presença parental no momento de dormir, de modo que o personagem principal ia adquirindo independência e confiança ao se expor à situação temida de adormecer sozinho (Rafihi-Ferreira et al., 2018). De acordo com Skinner (1968), o comportamento de imitação, por meio de um modelo, pode contribuir para rápida aprendizagem de comportamentos novos. No entanto, o efeito da imitação combinada ao reforçamento diferencial torna a modelagem do comportamento mais efetiva. Esse aspecto ressalta a importância da combinação da biblioterapia em conjunto com o calendário de pontos.

O calendário de pontos com adesivos de estrelas foi baseado em uma programação de reforços, em que a criança ganhava um adesivo cada noite que dormia em sua própria cama, e os adesivos de estrelas acumulados poderiam ser trocados por atividades reforçadoras, configurando o sistema de economia de fichas. A programação de reforços por meio do sistema de economia de fichas foi efetiva na modelagem do comportamento de dormir sozinho de Fábio. Ressalta-se o papel da consistência dos cuidadores ao reforçarem o comportamento apropriado por meio do calendário de recompensas, favorecendo o aprendizado e a modelagem do comportamento de Fábio.

Quadro 4.4
Análise funcional do medo noturno após três meses de conclusão da intervenção

Antecedente →	Resposta →	Consequência
Ausência de adultos no local de dormir.	Permanecer na própria cama. Adormecer de forma independente.	Sono de boa qualidade. Autonomia e independência no momento de dormir.

A oferta da pelúcia foi utilizada para fortalecer o modelo de identificação com o personagem da história infantil e contribuir para a adesão à proposta da intervenção. O uso de pelúcias e bonecos na redução de medos em crianças em idade pré-escolar já foi demonstrado em estudos anteriores (Kushnir & Sadeh, 2012; Sadeh et al., 2008), inclusive, em estudo recente (Rafihi-Ferreira et al., 2018) com o mesmo modelo de pelúcia utilizado no presente relato. Sobre esse aspecto, estudiosos (Kushnir & Sadeh, 2012; Passman & Weisberg, 1975) apontam que ofertar um boneco ou pelúcia está associado a consequências positivas como redução de medos e ansiedade.

Esse relato de caso demonstra o efeito positivo que uma intervenção breve, lúdica e baseada na aprendizagem operante teve sobre o comportamento de esquiva de dormir sozinho, indicando que é possível trabalhar importantes elementos terapêuticos a partir da biblioterapia, quadro de pontos e outros recursos atrativos para crianças, o que representa um fator importante na adesão ao tratamento infantil.

Recomendações aos futuros aplicadores

Este capítulo demonstrou resultados positivos do programa de intervenção em uma criança em idade pré-escolar. Entretanto, o medo noturno também é frequente em crianças mais velhas, ou seja, em idade escolar. Portanto, recomenda-se o desenvolvimento de materiais e intervenções lúdicas destinados a crianças em idade escolar ou mesmo testar se o material apresentado neste capítulo seria igualmente benéfico para crianças mais velhas.

Concluindo, esse programa de intervenção ressalta a importância do comportamento parental na modificação e na manutenção do comportamento da criança e ilustra que a modificação comportamental é possível a partir de intervenções curtas e lúdicas e com ativa participação parental, mesmo em casos que demandam maior atenção e paciência, como no medo noturno infantil.

Referências

Achenbach, T. M., Rescorla, L. A. (2000). Manual for the ASEBA preschool forms & profiles: An integrated system of multi-informant assessment. ASEBA.

Alfano, C. A., Ginsburg, G. S., & Kingery, J. N. (2007). Sleep-related problems among children and adolescents with anxiety disorders. *Journal of the American Academy of Child and Adolescent Psychiatry*, *46*(2), 224-232.

American Psychiatric Association (APA). (2013). *Diagnostic and statistical manual of mental disorders: DSM-5* (5th ed.). APA.

Breitenstein, S. M., & Gross, D. (2013). Web-based delivery of a preventive parent-training intervention: A feasibility study. *Journal of Child and Adolescent Psychiatric Nursing*, *26*(2), 149-157.

Cobham, V. E. (2012). Do anxiety disordered children need to come into the clinic for efficacious treatment? *Journal of Consulting and Clinical Psychology*, *80*(3), 465-476.

Coffman, M. F. (2014). *Uncle lightfoot, flip that switch: Overcoming fear of the dark.* New York: Footpath Press LLC.

Coffman, M., Andrasik, F., & Ollendick, T. H. (2013). Bibliotherapy for anxious and phobic youth. In C. A. Essau, & T. H. Ollendick (Eds.), *The Wiley-Blackwell handbook of the treatment of childhood and adolescent anxiety* (pp. 275-300). *Wiley-Blackwell*.

Compton, S. N., Burns, B. J., Helen, L. E., & Robertson, E. (2002). Review of the evidence base for treatment of childhood psychopathology: Internalizing disorders. *Journal of Consulting and Clinical Psychology*, *70*(6), 1240-1266.

Gordon, J., King, N. J., Gullone, E., Muris, P., & Ollendick, T. H. (2007a). Treatment of children's nighttime fears: The need for a modern randomised control trial. *Clinical Psychology Review*, *27*(1), 98-113.

Gordon, J., King, N. J., Gullone, E., Muris, P., & Ollendick, T. H. (2007b). Nighttime fears of children and adolescents: Frequency, content, severity, harm, expectations, disclosure, and coping behaviours. *Behaviour Research and Therapy, 45*(10), 2464-2472.

Kushnir, J., & Sadeh, A. (2011). Sleep of preschool children with night-time fears. *Sleep Medicine, 12*(9), 870-874.

Kushnir, J., & Sadeh, A. (2012). Assessment of brief interventions for nighttime fears in preschool children. *European Journal of Pediatrics, 171*(1), 67-75.

Lewis, K. M., Amatya, K., Coffman, M. F., & Ollendick, T. H. (2015). Treating nighttime fears in young children with bibliotherapy: Evaluating anxiety symptoms and monitoring behavior change. *Journal of Anxiety Disorders, 30*, 103-112.

Meltzer, L. J., & Mindell, J. A. (2014). Systematic review and meta-analysis of behavioral interventions for pediatric insomnia. *Journal of Pediatric Psychology, 39*(8), 932-948.

Mindell, J. A., Kuhn, B., Lewin, D. S., Meltzer, L. J., & Sadeh, A. (2006). Behavioral treatment of bedtime problems and night wakings in infants and young children. *Sleep, 29*(10), 1263-1276.

Moore, M. (2010). Bedtime problems and night wakings: Treatment of behavioral insomnia of childhood. *Journal of Clinical Psychology, 66*(11), 1195-1204.

Muris, P., Merckelbach, H., Mayer, B., & Prins, E. (2000). How serious are common childhood fears? *Behaviour Research and Therapy, 38*(3), 217-228.

Muris, P., Merckelbach, H., Ollendick, T. H., King, N. J., & Bogie, N. (2001). Children's nighttime fears: Parent-child ratings of frequency, content, origins, coping behaviors and severity. *Behaviour Research and Therapy, 39*(1), 13-28.

O'Brien, M., & Daley, D. (2011). Self-help parenting interventions for childhood behavior disorders: A review of the evidence. *Child Care, Health and Development, 37*(5), 623-637.

Parslow, R., Morgan, A. J., Allen, N. B., Jorm, A. F., O'Donnell, C. P., & Purcell, R. (2008). Effectiveness of complementary and self-help treatments for anxiety in children and adolescents. *Medical Journal of Australia, 188*(6), 355-359.

Passman, R. H., & Weisberg, P. (1975). Mothers and blankets as agents for promoting play and exploration by young children in a novel environment: The effects of social and nonsocial attachment objects. *Developmental Psychology Schools, 11*(2), 170-177.

Rafihi-Ferreira, R., Lewis, K., McFayden, T., & Ollendick, T. H. (2019). Predictors of nighttime fears and sleep problems in young children. *Journal of Child and Family Studies, 28*(2), 941-949.

Rafihi-Ferreira, R., Silvares, E. F. M., & Ollendick, T. H. (2016). *Dormindo com Rafi: Boa noite, filhote!* Moura.

Rafihi-Ferreira, R., Silvares, E. F. M., Asbahr, F. R., & Ollendick, T. H. (2018). Brief treatment for nighttime fears and co-sleeping problems: A randomized clinical trial. *Journal of Anxiety Disorders, 58*, 51-60.

Rapee, R. M., Abbott, M. J., & Lyneham, H. J. (2006). Bibliotherapy for children with anxiety disorders using written materials for parents: A randomized controlled trial. *Journal of Consulting and Clinical Psychology, 74*(3), 436-444.

Rapee, R. M., Spence, S. H., Cobham, V., & Wignall, A. M. (2000). *Helping your anxious child: A step-by-step guide for parents.* New Harbinger.

Rickwood, D., & Bradford, S. (2012). The role of self-help in the treatment of mild anxiety disorders in young people: An evidence-based review. *Psychology Research and Behavior Management, 5*, 25-36.

Sadeh, A. (2005). Cognitive-behavioral treatment for childhood sleep disorder. *Clinical Psychology Review, 25*(5), 612-628.

Sadeh, A., Hen-Gal, S., & Tikotzky, L. (2008). Young children's reactions to war-related stress: A survey and assessment of an innovative intervention. *Pediatrics, 121*(1), 46-53.

Sadeh, A., Tikotzky, L., & Scher, A. (2010). Parenting and infant sleep. *Sleep Medicine Reviews, 14*(2), 89-96.

Seligman, L. D., & Ollendick, T. H. (2011). Cognitive-behavioral therapy for anxiety disorders in youth. *Child and Adolescent Psychiatric Clinics of North America, 20*(2), 217-238.

Silvares, E. F. M. (2000). Avaliação e intervenção clínica comportamental infantil. In E. F. M. Silvares (Org.), *Estudos de caso em psicologia clínica comportamental* (Vol. 1, pp. 13-29). Papirus.

Skinner, B. F. (1968). *The technology of teaching.* Appleton-Century Crofts.

Steinsbekk, S., Berg-Nielsen, T. S., & Wichstrøm, L. (2013). Sleep disorders in preschoolers: Prevalence and comorbidity with psychiatric symptoms. *Journal of Developmental & Behavioral Pediatrics, 34*(9), 633-641.

Stewart, S. E., & Gordon, J. E. (2014). Parent-assisted cognitive-behavioural therapy for children's nighttime fear. *Behaviour Change, 31*(4), 243-257.

Capítulo 5

Possibilidades de intervenção analítico-comportamental na gestação e no puerpério: aspectos teóricos e práticos

Carolina K. Kracker
Carolina Neves da Rocha
Júlia Weiss

O período que envolve concepção, gestação, parto e primeiro ano após o nascimento de um bebê tem sido apontado como um momento de mudanças significativas, constituindo uma crise evolutiva na vida de uma mulher (Maldonado, 2013; Rosenberg, 2007). Maldonado (2013) define crise como um momento que traz importantes desafios, mas também oportunidades de desenvolvimento pessoal. Essa visão é corroborada tanto por estudos que exploraram as vivências e as percepções de mulheres em geral (p. ex., Demarchi et al., 2017) quanto por investigações sobre os transtornos mais comuns nesse período de vida, que descrevem fatores diversos que produzem vulnerabilidade aumentada das mulheres ao sofrimento psicológico (Macedo et al., 2014). Dessa forma, o período perinatal é entendido como um momento que demanda cuidados psicológicos, tanto para prevenir riscos quanto para potencializar uma vivência positiva e fortalecedora da transição para a parentalidade. Ainda que o enfoque seja a pessoa que gesta*, que sofre os maiores impactos dessa experiência, outras pessoas envolvidas podem ser impactadas por essa crise, como o(a) companheiro(a) e os avós.

A área de estudo que investiga as mudanças nesse momento da vida, com foco na mu-

* Ao longo deste capítulo, nomearemos "mulher" a pessoa que protagoniza a gestação, o parto e o puerpério, por conta das descrições de estudos que referenciamos ao longo do texto, mas gostaríamos de esclarecer que nos referimos a qualquer pessoa que geste um bebê, independentemente de sua identidade de gênero. Incluímos, então, todas as pessoas com útero que passem pelo processo de gestar e parir um bebê, o que contempla também pessoas trans binárias e não binárias.

lher, é denominada Saúde Mental Perinatal (Macedo et al., 2014). Por muito tempo, nessa área, enfatizou-se a depressão pós-parto. Pesquisas indicam que este é um fenômeno de alta prevalência e de característica transcultural e documentam diversos efeitos sobre a família, a mãe e a criança, a curto e longo prazos (Stein et al., 2014). Além disso, a depressão não parece estar restrita somente ao período após o nascimento; até um terço dos quadros depressivos tem início ainda na gestação (O'Hara et al., 2000), motivo pelo qual atualmente convencionou-se denominá-la "depressão perinatal" (DP). No entanto, outros fenômenos e transtornos também foram descritos nesse período, como o *blues* puerperal, a psicose puerperal, os transtornos de ansiedade perinatal e outros quadros, como transtorno de estresse pós-traumático, especialmente após parto traumático (Zambaldi et al., 2009), transtornos de vínculo mãe-bebê (Brockington, 2004) e transtornos alimentares e da personalidade (Howard et al., 2014). O Quadro 5.1 descreve brevemente alguns dos quadros mais comuns e suas características.

Devido à alta prevalência e aos impactos sobre a vida da mulher, do bebê e de toda a família, é importante olhar para sinais de alerta desses transtornos para oferecer o cuidado adequado. Pereira et al. (2014) publicaram uma revisão demonstrando a importância da triagem de DP. Segundo as autoras, a depressão na gestação e no pós-parto ainda é extremamente subdetectada e subtratada. Além de ser pouco abordada pelos profissionais de saúde, que desconhecem ou confundem os sintomas de DP com outras repercussões da própria gestação e do pós-parto (alterações de apetite e sono, por exemplo), a busca por ajuda pelas mulheres é baixa.

Por sua vez, o uso de instrumentos de triagem na gestação e no pós-parto é aceito tranquilamente por mulheres e é conveniente, dado o contato próximo da mulher com profissionais de saúde nesse momento da vida. Atualmente, um instrumento muito utilizado, traduzido e validado em diversas línguas é a Escala de Depressão Pós-Parto de Edimburgo (EPDS), um instrumento de triagem que pode ser aplicado por qualquer profissional em contato com a mulher, tanto na gestação quanto no pós-parto, a fim de identificar sinais de alerta para a existência de um quadro depressivo nesse momento da vida. O EPDS é constituído de 10 afirmações sobre comportamentos e estados privados da mulher no contexto atual, comparando-a consigo mesma em outros momentos da vida (p. ex., "Eu tenho sido capaz de rir e achar graça das coisas" e respostas possíveis: "Como eu sempre fiz", "Não tanto quanto antes", Sem dúvida, menos do que antes", "De jeito nenhum") (Santos et al., 2007). Não há evidências de validade do uso de outros instrumentos normalmente utilizados para avaliar depressão em outros momentos da vida para uso no contexto de atuação perinatal, como o Inventário de Depressão de Beck (BDI) (Pereira et al., 2014).

Apesar desse cenário, que justifica um olhar cauteloso em direção às mulheres em situação de risco, abranger as dificuldades de mulheres e famílias que passam pelo período perinatal, mesmo sem estarem atreladas a transtornos psiquiátricos, pode ser um movimento importante. Tal expansão nos possibilita incluir, além de tratamentos específicos para a população em risco, um olhar para a prevenção e a promoção de saúde. Essa visão vai ao encontro da perspectiva da Análise do Comportamento, partindo da premissa de que comportamentos humanos são determinados e mantidos pelos mesmos processos, sejam classificados como transtornos ou não (Vilas Boas et al., 2012). Podemos analisar, então, as demandas e as queixas do período perinatal a partir do modelo de seleção pelas consequências, que propõe que todo comportamento humano é fruto da interação entre a história filogenética (da espécie), ontogenética (de vida de cada indivíduo) e cultural (Andery, 1999).

Quadro 5.1
Transtornos mais prevalentes no período perinatal e suas características

	Prevalência	Manifestações comportamentais/ sintomas	Período	Observações
Blues puerperal	15,3 a 84%[1]	Choro fácil, labilidade emocional, irritabilidade[1]	Duração entre 3 e 4 dias até 10 dias. Pico ao redor do 5º dia.[1]	Não é um problema clínico. Resolução acelerada com apoio social.
Depressão perinatal	19,2% nos países ocidentais[2]; 13,3 a 38% em amostras brasileiras[3]	Similares à depressão maior (humor deprimido, anedonia, agitação, irritabilidade, culpa, dificuldade de concentração), com menor frequência pensamentos suicidas[1]	Sintomas por pelo menos 2 semanas. Pode começar desde a gestação até o fim do primeiro ano do bebê.	Grande taxa de recorrência em gestações posteriores.[4]
Psicose puerperal	1-2 casos por 1.000 nascimentos[4]	Flutuação de humor muito intensa, confusão mental, delírios e alucinações, comportamento muito atípico, insônia[4]	Início abrupto, normalmente nos primeiros dias após o parto.[4]	Urgência psiquiátrica. Elevado risco de suicídio e infanticídio.
Ansiedade perinatal	6,1 a 31,7%[5]	Preocupações, alterações do sono, compulsões e rituais, checagem, comportamentos respondentes	Com início na gestação até 6 meses pós-parto.[5]	Alta taxa de comorbidade com depressão perinatal.[6]

Fonte: [1] Marques et al. (2014); [2] Gavin et al. (2005); [3] Coutinho & Saraiva (2008); [4] O'Hara & Wisner (2014); [5] Nogueira et al. (2014); [6] Matthey et al. (2003).

Dessa forma, entendemos que cada gestação e puerpério são vividos como uma experiência única pelas diferentes pessoas, de acordo com a combinação das histórias filogenéticas da espécie humana, a cultura em que essa pessoa está inserida e a sua própria história de vida. Tal interação pode se desenrolar de múltiplas maneiras na vida de cada mulher, sendo diferente também entre uma gestação, puerpério e outro. Portanto, para compreender esse momento da vida, levantaremos alguns fatores atrelados aos três níveis de seleção por consequências que podem se fazer presentes nas vidas das mulheres e de suas famílias durante o período perinatal. Em seguida, vamos descrever intervenções possíveis e apresentar a análise de um caso atendido por uma das autoras. Muitas das relações entre conceitos da Análise do Comportamento e descrições da área de perinatalidade que apresentaremos aqui são explorações preliminares feitas a partir de nossos estudos, práticas e discussões, visto que a aproximação entre esses dois campos se encontra em fase inicial. Portanto, é desejável que as relações abordadas aqui sejam objeto de estudos empíricos no futuro.

Variáveis relacionadas à gestação e ao puerpério sob a ótica da análise do comportamento

Sabe-se que nossa espécie evoluiu ao longo de milhões de anos e que muitas de suas características fisiológicas podem, portanto, ser atribuídas aos efeitos desse longo processo. No entanto, nosso organismo humano (assim como todos os organismos vivos), muito longe de se assemelhar a algo como um projeto concluído, permanece em constante modificação diante de nossas interações com o ambiente. O momento da fecundação pode ser visto como um ponto de partida para que diversas mudanças fisiológicas ocorram no corpo de uma mulher, caracterizando a gestação. Algumas delas são facilmente observáveis e/ou amplamente descritas socialmente, como episódios de enjoo e vômito frequentes no primeiro trimestre e maior dificuldade de locomoção ao final do terceiro trimestre da gravidez. Outras demandam uma análise mais minuciosa de variáveis da história de cada mulher para compreendermos a complexidade dessa fase da vida.

Alterações hormonais, nos padrões de apetite e de sono na gestação, no período pós-parto e no processo de amamentação costumam ser muito referidas – embora com enfoques diferentes – tanto pela comunidade leiga quanto pela literatura da área de perinatalidade. Outras características, porém, menos conhecidas e mais difíceis de acessar, como alterações na arquitetura cerebral das mães, vêm sendo estudadas mais recentemente. Pesquisadores espanhóis e holandeses atestaram recentemente, por exemplo, que foi possível identificar reduções pronunciadas e duradouras (que perduraram por pelo menos dois anos) no volume da massa cinzenta no cérebro de gestantes por meio de exames de imagem (Hoekzema et al., 2017). As mudanças observadas na arquitetura cerebral foram tão significativas que foi possível distinguir, apenas analisando as imagens, quais mulheres eram mães e quais não eram. As áreas afetadas correspondiam àquelas relacionadas a processos sociais, mais especificamente a redes neurais envolvidas na teoria da mente (de forma sucinta, a habilidade de atribuir estados mentais a si próprio e aos outros), e que são frequentemente ativadas quando as mães respondem a seus bebês no período pós-parto. Esse estudo ainda concluiu que a magnitude das alterações no volume de massa cinzenta pôde predizer resultados de medidas pós-parto relacionadas à qualidade do vínculo materno-infantil e à ausência de hostilidade das mães direcionada aos seus bebês.

As características anatomofisiológicas do bebê ao nascer também podem impactar a vivência de puerpério de cada família. A literatura aponta, por exemplo, relações consideradas moderadas entre incidência de depressão pós-parto e características como temperamento do bebê, choro excessivo e cólica (Yim et al., 2015). Em bebês prematuros, cuja maturação biológica segue um ritmo diferente daquela dos bebês a termo, constatou-se que a promoção de melhores condições para o desenvolvimento do bebê e para a formação de vínculos depende de certos comportamentos maternos pós-parto, que também são, por sua vez, afetados pela (i)maturidade fisiológica (Feldman & Eidelman, 2007).

O período perinatal pode ser compreendido como um momento particular na vida da mulher (e, de forma mais abrangente, da família como um todo) em que se faz necessário aprender uma série de classes de respostas novas. Essas classes de respostas estão relacionadas funcionalmente tanto a atender o bebê em suas necessidades mais urgentes e relacionar-se com ele de forma a promover condições para seu desenvolvimento quanto a lidar com as novas contingências estabelecidas entre cônjuges e com as pessoas no entorno social. Especialmente, a chegada do primeiro filho pode constituir um desafio significativo digno de ser descrito como uma crise de desenvolvimento na vida da mulher (Maldonado, 2013), como explicitamos anteriormente. Consideraremos aqui algumas das variáveis ontogenéticas que podem se fazer presentes nesse período, como aquelas relacionadas a privação de reforçadores, controle aversivo, colaterais emocionais, questões relacionadas a comportamento governado por regras e operações motivadoras.

Desde o início da gestação, a mulher comumente se depara com uma variedade de situações que envolvem, em algum nível, privação de reforçadores. Restrições de consumo de bebidas alcoólicas e de acesso a determinados tipos de atividades físicas são orientações básicas que gestantes em acompanhamento pré-natal costumam receber. Uma parte dos medicamentos utilizados no dia a dia por muitas mulheres também pode ser restrita em determinados períodos, durante toda a gestação ou mesmo posteriormente, durante o processo de amamentação. Essa situação pode se estender ao período anterior à concepção para mulheres que estão tentando engravidar, sobretudo aquelas que recorrem a processos de inseminação e de fertilização. Isso pode trazer implicações importantes para mulheres com questões de saúde prévias que passam por acompanhamento médico e que fazem uso de medicações específicas para controlar ou tratar certas queixas.

O pós-parto é geralmente acompanhado por intensificação das privações de reforçadores, deflagrada pelo nascimento do bebê e pelo início da amamentação. Alguns dos reforçadores positivos anteriormente disponíveis podem se tornar inacessíveis (caracterizando processos de extinção), menos acessíveis ou presentes em baixa densidade. O sono é um dos aspectos que mais mudam nesse período, considerando que é fisiologicamente improvável um bebê passar o período de horas de sono regular de um adulto sem requisitar alimento, conforto físico, entre outros reforçadores socialmente mediados. Os efeitos da privação de sono, assim, constituem algumas das queixas mais frequentes entre as famílias no período do puerpério. A privação de sono, adicionalmente, é um fator que nesse momento interage com outros tipos de privação, contato com estressores e variáveis sociais de maior ou menor complexidade, estabelecendo um contexto que pode ser importante considerar quando esse público busca auxílio terapêutico.

Reforçadores positivos relacionados a determinadas atividades de autocuidado, atividades físicas e de lazer geralmente também são mais escassos no puerpério. O tipo de parto, as intervenções realizadas durante o trabalho de parto e as intercorrências na recuperação física são fatores que impactam diretamente a possibilidade de voltar a acessar reforçadores que podem estar atrelados à manutenção de repertórios relevantes da mulher. Há chances de classes de respostas inteiras se extinguirem caso as relações com a produção de reforçadores positivos não se reestabeleçam, ainda que tardiamente.

O quanto determinadas classes de respostas desempenham papéis mais ou menos importantes na vida de cada mulher é algo que pode variar amplamente, mas é interessante pensar nas possíveis implicações sociais atreladas a mudanças na disponibilidade de reforçadores e a mudanças nos esquemas de reforçamento. Grande parte do nosso repertório como seres humanos está relacionada ao comportamento de outras pessoas, portanto, as relações mais próximas serão, em algum nível, afetadas pelo nascimento do bebê. A interação com o(a) parceiro(a), com os próprios pais, amigos e outros familiares pode ser transformada, ainda que temporariamente, de forma significativa.

A divisão de tarefas do dia a dia dentro do círculo social da mãe e da família é um assunto frequentemente abordado nas áreas da perinatalidade e da parentalidade que, afortunadamente, vem ganhando maior foco também em espaços de discussão acessíveis ao público geral, como as redes sociais. Especialmente, o papel do pai no puerpério, tanto em relação aos cuidados com o bebê quanto em relação à qualidade do apoio fornecido à mulher, tem sido debatido com maior frequência em alguns círculos sociais. Um ambiente cultural relevante que interage com esse tema é o mercado de trabalho e as práticas adotadas em relação à reprodução. No Brasil, em que prevalecem licenças-paternidade muito mais curtas (ou inexistentes) comparadas aos períodos de licença-maternidade, um impacto maior na organização e divisão de tarefas entre mães e pais pode ser previsto e é atestado por alguns estudos (p. ex., Araújo & Scalon, 2005).

Sucedendo-se ao parto, há sobreposição entre as novas demandas relacionadas aos cuidados com o bebê e as demandas típicas da vida prática com a qual pode ser difícil de lidar. O custo de resposta para a realização de tarefas cotidianas, diante de uma alteração de rotina abrupta e de grande magnitude, aumenta consideravelmente. Tudo isso ocorre em um cenário que envolve ao menos a recuperação do corpo da mulher após o trabalho de parto e a privação de sono em algum nível.

Algumas culturas buscam resoluções para esse tipo de impasse criando e mantendo práticas em que pessoas próximas da família fornecem apoio nas tarefas cotidianas de forma maciça. Em algumas tradições, essas práticas se somam a outras para compor verdadeiros rituais de quarentena pós-parto, incluindo, muitas vezes, elementos restritivos relacionados a sair de casa e a consumir certos tipos de alimentos. Independentemente da adesão a componentes como estes, a presença de uma rede de apoio que se disponha a reorganizar a distribuição das demandas da rotina com o consenso da mulher é reconhecida como um fator cultural protetivo em relação à incidência de depressão pós-parto (Bina, 2008).

A atenção social é um dos reforçadores generalizados que podem estar disponíveis em menor densidade no período puerperal. Seja por limitações para receber visitas ou para sair de casa – que podem estar relacionadas tanto às necessidades de cuidado em relação ao bebê quanto a práticas culturais de determinados círculos sociais, como vimos –, seja pelo fato de que o bebê recém-nascido costuma se tornar um grande foco de atenção, costuma haver algum contraste entre a atenção que uma mulher relata receber enquanto está gestante e depois que seu bebê nasce. Podem se modificar dimensões como frequência, duração e/ou topografia de respostas sociais que tenham função de estímulo reforçador para respostas emitidas pela mãe. Adicionalmente, as próprias fontes de reforçamento podem se alterar após o parto, a depender de quais pessoas estarão em interação com a puérpera.

Pode levar um tempo longo para que algumas relações sejam retomadas, de modo a garantir acesso à atenção social e a outros reforçadores de forma similar a como ocorria anteriormente na vida de uma nova mãe. A depender das circunstâncias, algumas delas podem não ocorrer mais na história de vida da mulher (vide, por exemplo, rupturas nas relações envolvendo amizades, família e ambiente de trabalho). Isso dependerá, também, de como o fenômeno da maternidade é compreendido e está alocado culturalmente, como veremos mais adiante.

Menor disponibilidade de reforçadores positivos é relacionada, na literatura analítico-

-comportamental, à maior expressão de controle aversivo na vida dos indivíduos (Ferster, 1973). No puerpério, podemos considerar que boa parte do repertório comportamental de mães e pais estará, pelo menos inicialmente, sob controle de reforçadores negativos. Aos poucos, conforme as possibilidades de interação com o bebê se ampliam, em um jogo que envolve maturação biológica e aumento de repertório comportamental, novos reforçadores positivos relacionados ao contato com o bebê se tornam disponíveis e vão estabelecendo classes de respostas particulares na interação.

Contudo, analisando os primeiros dias e semanas de vida de um bebê, notamos que variáveis de controle aversivo se fazem presentes durante quase todo o tempo em que ele está acordado (e, às vezes, até dormindo, se incluirmos aí as frequentemente relatadas "checagens" que se costuma empreender nas primeiras ocasiões em que os bebês dormem). Cuidar de um recém-nascido costuma ser descrito como uma tarefa tanto adorável quanto imprevisível e extenuante por muitos pais, e um exame das possíveis variáveis em jogo pode nos dar pistas do porquê.

Podemos inferir que há uma série de contingências de reforçamento negativo em vigor que requerem um engajamento frequente na emissão de altas taxas de respostas que podem estar ainda se estabelecendo no repertório. As classes de respostas passam, ainda, por um processo de discriminação ante as condições mais gerais do ambiente e os sinais que o bebê é capaz de emitir, fazendo com que, inicialmente, haja pouca previsibilidade de acesso aos reforçadores. Por exemplo, no início, mães e pais raramente inferem com precisão as operações motivadoras relacionadas ao choro do bebê e podem oferecer diversas formas de contato, como mamar, colo, troca de fraldas, etc., para apaziguar o choro, ou seja, como fuga/esquiva dessa condição aversiva. À medida que o reforçamento diferencial opera, algumas estratégias funcionam diante de algumas condições e de outras não – ou não funcionam –, e processos de discriminação de estímulos vão se estabelecendo. Adicionalmente, esses mesmos comportamentos de cuidado e contato passam a envolver a produção de reforçamento positivo por essas classes de respostas.

Além disso, conforme o bebê se desenvolve ao longo do tempo, torna-se mais provável que se torne responsivo a uma variedade maior de estratégias de cuidado. Feldman e Eidelman (2007), em um de seus estudos sobre desenvolvimento infantil e comportamento parental, sintetizam a forma como ocorre a interação entre as variáveis analisadas e seus resultados:

> Com o desenvolvimento da responsividade social da criança ao longo dos três primeiros meses de vida, a adaptação inicial dos pais aos sinais do recém-nascido se transforma em um diálogo síncrono onde um indivíduo responde às pistas sociais do outro em um intervalo de segundos (Feldman & Eidelman, 2007, p. 291).

Também por conta da imaturidade fisiológica do bebê humano ao nascer – conforme versa a teoria da exterogestação desenvolvida pelo antropólogo Ashley Montagu (Delucca, 2019) –, é possível que muitas das estratégias que a família tenta implementar para acalmá-lo não sejam bem-sucedidas inicialmente. Como mencionado, as classes de respostas emitidas nesse momento passam por um processo de discriminação que só é possível diante de repetidas ocasiões em que as situações antecedentes se apresentam (p. ex., choro e agitação motora do bebê), respostas são emitidas e consequências reforçadoras são produzidas, ou não, em um esquema de reforçamento diferencial. Esse processo pode se estender até mesmo por meses, a depender do tipo de questão com o qual os pais se deparam – cólicas persistentes, por exemplo, são descritas como verdadeiros momentos de terror por muitas famílias. Enquanto isso, longas intermitências podem vigorar, e haverá ocasiões em que contingências de punição continuarão acontecendo.

Há fatores que podem atenuar ou intensificar essa condição. A amamentação em livre demanda e o contato pele a pele entre mãe e bebê são exemplos de práticas que podem atenuar condições estressoras para o bebê logo nas primeiras semanas de vida, o que poderia reduzir o potencial aversivo da nova rotina familiar após o parto. Isso ocorre porque a separação física entre o bebê e seus cuidadores pode ser fonte de estresse e aumento da excitação autonômica do bebê (Morgan et al., 2011), ao mesmo tempo que esse contato promove as melhores condições de adaptação do bebê ao mundo extrauterino (Bergman et al., 2019).

Mas não são apenas as condições atreladas ao comportamento da mãe/família no puerpério que podem tornar mais ou menos provável que o controle aversivo se intensifique nesse período. Bebês que apresentam condições de saúde subjacentes, como alergia à proteína do leite da vaca, por exemplo, podem chorar durante períodos de tempo muito longos com frequência, sendo comumente referidos como "muito difíceis de acalmar". Em casos como este, as famílias passam por uma condição de punição generalizada que demora a ser interrompida, não raro descrevendo rotinas ainda mais extenuantes que o comum, cujos efeitos emocionais são expressivos. Em um contexto complexo como o puerpério, lidar com esses efeitos pode ser algo tão desafiador quanto lidar com as contingências aversivas que os produziram.

Colaterais emocionais intensos são relatados com muita frequência pelas famílias que passam pelo puerpério, de forma geral. Segundo Kanter et al. (2004), respostas emocionais podem ser eliciadas de forma respondente por eventos históricos que também resultam no enfraquecimento ou no término de contingências mantidas por reforçamento positivo, condição muito provável especialmente no período pós-parto. Vimos também alguns exemplos em que contingências de punição podem vigorar com frequência, gerando efeitos emocionais notáveis. Tristeza, angústia, raiva, irritação e sensação de pesar costumam ser algumas das emoções e sensações relatadas após o nascimento do bebê, mesmo por mulheres não diagnosticadas com DP ou outros quadros. Muitas referem volatilidade no humor e oscilações abruptas entre sensações como as descritas e outras de alegria, contentamento e até de euforia, em algumas ocasiões nomeadas pela literatura como a condição de *blues* puerperal. As alterações hormonais pelas quais as mulheres passam no período pós-parto frequentemente são descritas como uma das variáveis que colaboram para que esse tipo de oscilação ocorra, mas é possível assumir que outros fatores do ambiente têm um papel extremamente importante nesse processo também.

As contingências aversivas, embora muito presentes no puerpério, não são as únicas vigorando nesse momento, e colaterais emocionais podem também acompanhar contingências em que o reforçamento positivo prevalece. A experiência do parto fisiológico, por exemplo, é relacionada a sensações positivas e a intensas sensações, como felicidade e realização pessoal, por muitas mulheres, apesar de terem sentido dor durante o processo (Olza-Fernandez et al., 2018). Algumas interações com o bebê parecem também ser caracterizadas por momentos em que é o reforçamento positivo que impera, sendo acompanhadas por sensações de bem-estar. De qualquer forma, mesmo que haja algum equilíbrio entre contingências mantidas por reforçamento positivo e negativo, pode-se considerar que é justamente a alternância entre esses tipos de contingências e a imprevisibilidade relacionada a quando e como vigorarão que caracterizam o puerpério como um momento tão peculiar na vida de uma família.

No entanto, nem sempre a família que lida com a enorme magnitude das mudanças enfrentadas no puerpério pode contar com um ambiente social que possa ouvir, acolher e validar seus relatos de emoções negativas, dificuldades e até mesmo de sofrimento nesse momento delicado. Fatores atrelados a práticas culturais e à história de vida da mulher relacionadas a interações sociais costumam interagir desde a gestação, mas de forma mais dinâmica no momento do puerpério. Algumas pessoas em torno da díade mãe-bebê podem se tornar mais propensas a apoiar os processos de formação de vínculo e voltar a acessar reforçadores positivos importantes na história de vida da mulher. Outras podem acabar por estabelecer um cenário hostil no ambiente da nova família (Balassiano, 2019).

Tomando como exemplo o repertório de uma mãe relacionado a atividades de autocuidado, frequentemente se nota que, no puerpério, não só a produção de reforçadores positivos atrelados a esse tipo de atividade ocorre em menor magnitude (em contraste com o período anterior ao parto) como também tais classes de respostas se tornam sujeitas à punição social. No contexto das civilizações ocidentais, tornar-se mãe é um processo que costuma ser acompanhado por uma série de julgamentos sociais difíceis de lidar e de driblar, como destaca Hrdy (2001), antropóloga que se dedicou a analisar os comportamentos maternos ao longo da evolução das espécies e de nosso ambiente cultural. Sua obra *Mãe Natureza* é inteiramente dedicada a investigar os fatores que contribuíram para a criação e a manutenção de uma noção de instinto maternal baseada em estereótipos acerca da natureza feminina que, além de pouquíssimo confiáveis, acabam por estabelecer uma condição de pressão social sobre as mulheres para que se comportem de acordo com essas regras culturais disfarçadas de leis naturais.

Diversas concepções e mitos acerca do tema da maternidade culturalmente transmitidos de geração a geração podem estar relacionados, especialmente, a formas coercitivas de interação social entre as pessoas do círculo social e a puérpera (Hrdy, 2001). Já vimos que a presença de uma rede de apoio efetiva é referida como uma variável importante para a saúde materna na literatura da área da perinatalidade. Tal qual apontado por Bina (2008), porém, em seu estudo sobre o impacto de fatores culturais em relação à incidência de depressão pós-parto, os efeitos da interação da puérpera com uma rede de apoio "inadequada"* podem se tornar um problema maior do que os aspectos aversivos intrinsecamente relacionados aos cuidados dirigidos ao bebê em seus primeiros meses de vida.

O ambiente sociocultural, além de ser fonte desse suporte prático e reforçamento ou punição social, também se encarrega de dispor uma série de regras sobre parentalidade nesse momento. Essas regras são dispostas de diversas formas: conselhos, palpites, instruções, orientações ou prescrições médicas, livros e manuais, relatos de outras mulheres, até ditos populares (p. ex., "Ser mãe é padecer no paraíso"). As regras são estímulos muito presentes no período perinatal e, a depender da história da mulher relacionada a elas (tanto em termos de aprendizagem do repertório de seguimento de regras quanto em relação a histórico de consequências produzidas a partir de segui-las ou não em diversos momentos), podem se tornar um recurso ou um problema. Por um lado, sendo um momento de

* Por inadequada nos referimos a uma rede de apoio pouco conectada às necessidades e às solicitações da mãe, que não oportuniza e/ou pune verbalizações maternas que relatem descontentamento em relação à vivência do período perinatal. Uma rede de apoio com essas características geralmente fornece conselhos e regras sem solicitação da família, muitas vezes, de forma intrusiva e sem atentar aos efeitos que essas verbalizações podem ter sobre o repertório da mãe e sua saúde psicológica de forma mais ampla (para além dos efeitos relacionados aos cuidados com o bebê).

exigência de um novo repertório tão complexo em pouco tempo, descrições de contingências claras e indicativos de respostas possíveis de serem testadas naquele novo contexto podem ser úteis e favorecer o desenvolvimento desse repertório. Por outro lado, um excessivo controle por regras pode afetar a sensibilidade às contingências, afastando os pais das fontes de reforçadores naturais que poderiam se estabelecer.

Os fatores abordados até aqui, além de estarem interconectados em maior ou menor grau, podem ainda ser potencializados por operações motivadoras que estejam vigorando em determinados momentos no curso de vida das pessoas diretamente envolvidas com o nascimento de um bebê.

Direcionando-se para quem gesta o bebê, ao longo de todo o processo de concepção, gestação, puerpério e amamentação, alterações hormonais podem estabelecer um cenário que interage com outras variáveis e que participa das contingências comportamentais. Em relação à magnitude das mudanças hormonais no período perinatal, destacam-se o primeiro trimestre da gravidez e os momentos imediatamente após o nascimento do bebê e de descida do leite, em torno do terceiro dia após o parto, como períodos mais críticos. É necessário, porém, voltar nossas atenções a outros eventos ambientais para além das variações hormonais que podem afetar a motivação da puérpera. A partir dessa consideração, revisitaremos temas relacionados à perinatalidade já discutidos neste capítulo, agora procurando destacar algumas das variáveis que podem estar relacionadas a alterações motivacionais ao longo do período que envolve a concepção, a gestação, o parto e o puerpério.

Quando o assunto em questão é a relação entre maternidade e mercado de trabalho, na maior parte das vezes, é possível identificar aspectos conflitantes entre as exigências envolvidas no gerenciamento da vida com um bebê pequeno e aquelas provenientes do ambiente de trabalho. É comum ouvir de alguém que teve um bebê que sua motivação para trabalhar, após o nascimento do filho, diminuiu drasticamente; de mães lactantes, que a aproximação de seu retorno ao trabalho é um fator que tem gerado níveis de ansiedade significativos; de mães-solo*, que precisam urgentemente buscar uma solução para que possam se ausentar para trabalhar. Em uma perspectiva de análise de variáveis culturais, esses conflitos estão relacionados à forma como as relações de trabalho são organizadas na era pós-moderna, segundo Hrdy (2001). Essa organização torna as demandas da maternidade e do mercado de trabalho, de alguma forma, quase incompatíveis e impacta diretamente os índices de aleitamento materno, a vinculação entre mães, pais e seus bebês e, em última instância, o bem-estar psicológico e a saúde mental desses indivíduos.

Embora alguns ambientes de trabalho estejam lentamente sendo modificados, de modo a garantir licenças-maternidade mais longas, criação de licenças-paternidade, instalação de creches anexas aos locais de trabalho e planejamento de locais apropriados para amamentação, ordenha e armazenamento de leite materno, estas são evidentemente condições acessadas por uma minoria das pessoas em nosso país. Ainda que diversos direitos sejam garantidos dessas formas, infelizmente não é incomum que mulheres sejam demitidas de seus cargos após o período de estabilidade sob a alegação de uma série de motivos que não estão claramente relacionados com o desempenho no trabalho. Os motivos parecem, muitas vezes, estar mais relacionados com a crença de que "tornar-se mãe" implica uma série de compromissos que (conforme

* Termo usado comumente para se referir a mães que não estão em união estável ou casamento.

algumas regras sociais vigentes estabelecem) competem com o serviço. Nessa perspectiva, ainda segundo Hrdy (2001), nossa cultura ocidental pós-moderna e a própria espécie humana parecem estar sujeitas a sofrer, futuramente, pressões evolutivas consideráveis caso o cenário cultural atrelado à ocupação dos postos de trabalho não se modifique suficientemente.

Sabe-se que os principais impactos na vida dos cuidadores costumam ocorrer após o nascimento do bebê, mas as mudanças nas relações sociais com colegas e superiores – e também nas variáveis motivacionais para se engajar no trabalho – podem se iniciar bem antes. Como exemplo, o anúncio da gravidez aos colegas e aos superiores costuma, com frequência, ser um evento planejado com muito cuidado e antecedência por muitas mães e pais.

Embora estas sejam geralmente consideradas variáveis relevantes, não será apenas no ambiente de trabalho que a pessoa que gesta um bebê se deparará com modificações significativas nas suas relações sociais. Mudanças mais amplas na conjugalidade costumam ocorrer desde a gestação e se intensificar no período pós-parto, como os aspectos relacionados à vida sexual do casal. Na nova dinâmica conjugal que se estabelece, o desenvolvimento de uma relação de coparentalidade, particularmente quando o primeiro filho nasce, envolve o remanejamento de inúmeros aspectos interacionais entre os cônjuges, desde – como foi descrito – a divisão de tarefas domiciliares e de cuidados com o bebê até as formas de se relacionar afetiva e sexualmente um com o outro. No pós-parto, sobretudo em relação à pessoa que gestou o bebê, hipotetiza-se que fatores como dor, limitações físicas, mudanças na autoimagem, privação de sono e os cuidados extensivos com o bebê podem afetar de forma importante o valor reforçador de contato sexual e impactar fortemente o engajamento em interações relacionadas a sexo.

As mudanças na sexualidade diante da concepção de um bebê, embora estudadas, são ainda pouco difundidas e discutidas para além do mundo acadêmico. Um estudo realizado nos Estados Unidos apontou que, no terceiro trimestre da gestação, apenas um terço das mulheres continua sexualmente ativa e que os índices de disfunção sexual entre mulheres que pariram são altíssimos, podendo variar entre 41 e 83% nos três primeiros meses pós-parto (Leeman & Rogers, 2012). Segundo o mesmo estudo, é comum que as mulheres relatem dor durante o ato sexual no primeiro semestre após o parto – metade delas, por exemplo, declara que sente dor ao longo do ato até o 2º mês de vida do bebê. Esses dados dão uma ideia da dimensão das alterações motivacionais que podem estar em jogo quando estamos atuando na área da perinatalidade.

Privação/escassez de reforçadores positivos, controle aversivo predominante, interação com regras e com aspectos culturais relacionados à perinatalidade e operações motivadoras em vigor durante o período perinatal foram fatores levantados e analisados ao longo deste capítulo. À luz de todos eles, a amamentação parece ser um fenômeno que exemplifica bem a complexa interação entre eles na qualidade de variáveis filogenéticas, ontogenéticas e culturais presentes na maternidade. Parte-se do princípio de que amamentar envolve uma classe de respostas operantes em interação com diversos processos respondentes, como a liberação de hormônios, mas também em relação ao organismo e ao responder de um bebê específico. Os hormônios envolvidos na amamentação, especialmente a prolactina (responsável pela produção de leite materno) e a ocitocina (responsável pela sua ejeção), também têm efeitos estabelecedores para comportamentos da mãe. A prolactina, por exemplo, pode ter efeito relaxante e indutor de sono para a lactante. Já a ocitocina, segundo revisão que incluiu estudos com humanos e infra-humanos (Olza-Fernandéz et al., 2014), parece estar correlacionada à facilitação do comportamento maternal e do vínculo entre mãe e bebê. Uma das explicações é a redução da reatividade fisiológica a diversos estressores físicos e psicossociais, inclusive ao choro do bebê, reduzindo reações exacerbadas que poderiam atrapalhar essa relação.

Ainda que sejam tão relevantes as características anatomofisiológicas envolvidas na amamentação, esse processo também é fortemente influenciado por práticas culturais e regras sociais (Balassiano, 2019). Há grande variabilidade entre as regras providas pela cultura em relação à amamentação, desde as campanhas de promoção ao aleitamento que condicionam o amor materno a ele ("Quem ama amamenta") até sua comparação com escravidão e falta de controle sobre o comportamento do bebê. As regras em formas de orientação para resolução de problemas de amamentação também podem ser conflitantes, a depender da formação, dos valores e da atualização de quem as oferece. Essas regras conflitantes somam-se a práticas culturais que também podem ser favorecedoras da amamentação (p. ex., licença-maternidade estendida e acesso a auxílio prático para resolução de problemas de amamentação) ou mais obstáculos ao seu sucesso. Em resumo, por um lado, a amamentação é um repertório complexo a ser aprendido e pode ser fonte de mais demandas e desafios. Por outro, mais do que uma forma de simplesmente manter o bebê alimentado, parece ser um recurso de ajustamento para ambos nesse período de vida. A partir dessa aquisição, novas classes de respostas podem ser estabelecidas e expandidas por meio do reforçamento natural proveniente dessa relação com o bebê. A amamentação, portanto, consiste em um exemplo em que é possível observar a interação entre as variáveis contextuais e dos três níveis de seleção descritos (Andery, 1999). Outros temas abarcados pela área da perinatalidade poderiam ser analisados a partir dos mesmos fatores e das interações entre eles.

Intervenção terapêutica – particularidades do processo e técnicas possíveis

A partir desse olhar que aborda os fatores contextuais envolvidos na transição para a parentalidade e as variáveis biológicas, ontogenéticas e culturais, algumas técnicas terapêuticas e cuidados específicos para o período perinatal podem ser propostos. Essas técnicas podem ser combinadas a partir da formulação de cada caso, seja para promoção de maior bem-estar nesse processo, prevenção ou tratamento de quadros mais complicados.

No que diz respeito a aspectos preventivos, nos últimos 10 anos, um enfoque em propostas de prevenção universal de DP tem-se expandido consideravelmente nos estudos da área da perinatalidade (Stuart-Parrigon & Stuart, 2014). Nessa perspectiva, todas as mulheres são vistas como candidatas às intervenções preventivas, não só as que apresentam algum fator de risco para DP. Porém, em geral, apenas diferenças sutis foram observadas nos escores em escalas de triagem (como a EPDS) de mulheres que tiveram acesso a intervenções preventivas universais e de mulheres que não passaram por elas. O formato das intervenções descritas na literatura varia amplamente, tanto em relação ao momento de implementação – durante a gestação e/ou no período que sucede o parto – quanto ao tipo de estratégia utilizado – as descrições envolvem programas hospitalares de educação relacionados à depressão, programas psicoeducativos, visitas domiciliares realizadas por profissionais da saúde e até ligações telefônicas. Nessa linha de pesquisa, resultados mais expressivos foram apresentados em um estudo que envolveu visitas domiciliares semanais especificamente no período pós-parto (Brugha et al., 2011).

Outro exemplo de intervenção no campo da prevenção são orientações relacionadas à amamentação, que podem ser dadas por profissionais com conhecimento específico no assunto: enfermeiras, pediatras, banco de leite, psicólogas, consultoras de amamentação, dentre outros. Elas consistem em uma consulta, normalmente no terceiro trimestre da gravidez, com enfoque em aspectos psicoeducativos sobre a amamentação. Alguns dos tópicos abordados costumam incluir, além de aspectos técnicos de como funciona a amamentação e a produção de leite, efeitos do aleitamento para a díade mãe-bebê, adversidades mais comuns relacionadas à amamentação e providências possíveis diante delas. Essa orientação pré-natal pode ser muito importante para engajar a mulher no aprendizado da amamentação, e alguns direcionamentos podem auxiliar a discriminar quando e como pedir ajuda, aumentando as chances de que a mulher se beneficie do recurso que a amamentação pode ser, como descrevemos anteriormente.

A intervenção terapêutica em formato de psicoterapia individual pode ter início em qualquer momento do período perinatal, desde o início da gestação até vários meses após o parto. Esse atendimento pode compor a atenção multiprofissional à mulher nesse momento da vida, ao lado da obstetrícia, enfermagem, fisioterapia, etc. Cada momento do processo pode demandar adaptações logísticas importantes quando comparamos com um atendimento clínico comum. Na gestação, por exemplo, pode ser importante flexibilizar as regras de cancelamento, faltas e atrasos para mulheres que estejam experimentando sintomas físicos intensos, como náuseas e vômitos, comprometendo suas atividades cotidianas de modo geral. Porém, a necessidade de criar outras regras para o processo clínico fica ainda mais evidente no puerpério.

No que diz respeito ao tempo necessário para cancelar uma sessão, é importante levar em consideração que vários impedimentos para comparecer ao atendimento, relacionados direta ou indiretamente aos cuidados do bebê, podem surgir antes do horário combinado e que talvez não seja possível esperar que a puérpera cancele a sessão com até 24h de antecedência. Nesse caso, é importante combinar uma regra alternativa, por exemplo, que o cancelamento deva ocorrer até 4 ou 6 horas antes da sessão.

Além disso, atrasos para os atendimentos podem ser esperados. Uma puérpera logo descobre que o tempo que ela precisava para se organizar antes de sair de casa não só mudou radicalmente, mas varia, a depender de diversos fatores da nova rotina dela com o bebê. É preciso tempo, paciência e gentileza para que a família aprenda a chegar a um compromisso pontualmente nesse momento da vida, em uma nova configuração familiar. O terapeuta, em vez de punir atrasos, pode aproveitar para validar as dificuldades enfrentadas e trabalhar em direção a modelar um novo repertório de organização logística para essa cliente* e/ou família.

Onde deixar o bebê durante a sessão é outra dificuldade que pode aparecer no atendimento de pessoas no puerpério. É preferível que a cliente venha sozinha à sessão, de modo a não ter que dividir sua atenção entre a terapia e os cuidados com o bebê. No entanto, frequentemente, as mães não têm com quem deixar os filhos, e, se transformarmos es-

* Utilizaremos o termo "cliente" para fins de padronização ao longo do capítulo, mas enfatizamos o protagonismo da pessoa atendida em relação a todos os processos aqui descritos. Reconhecer esse protagonismo é aspecto primordial da mudança de paradigma de assistência ao cuidado materno-infantil, denominada "humanização da assistência ao parto e à mulher", ao qual nos alinhamos.

sa recomendação em uma regra inflexível, é possível que diversas delas deixem de dar seguimento ao processo terapêutico. Se for esse o caso, pode ser mais produtivo oferecer como alternativa o bebê permanecer junto à mãe, dentro do consultório. Para receber a díade no consultório, é importante nos atentarmos às necessidades do bebê durante esse período, orientando os pais a trazerem brinquedos e garantindo que o consultório seja um ambiente seguro para crianças pequenas, bem como confortável para a amamentação. Os atendimentos domiciliares e *on-line* podem ser boas alternativas, diminuindo o deslocamento da puérpera e do recém-nascido, além de criar oportunidade de observação (acesso direto a dados) e ensino de novos repertórios em ambiente natural.

Apesar de cada uma das fases do período perinatal demandar intervenções específicas, o processo deve partir de um mesmo ponto: uma investigação da história de vida daquela pessoa com o objetivo de estabelecer hipóteses sobre quais das variáveis contextuais descritas podem estar presentes e que papéis desempenham em relação ao repertório comportamental. Com informações como estas em mãos, é possível traçar um plano de intervenção que vá na direção de promover consciência* e autoconhecimento (Rose et al., 2012) e desenvolver repertórios específicos que avaliamos ser potencialmente facilitadores nesse momento complexo na vida de qualquer pessoa.

Durante essa investigação, pode ser importante o terapeuta explorar temas como a história da gestação e de gestações anteriores, expectativas sobre como a cliente será como mãe, modelos de parentalidade que ela possa ter, expectativas sobre a amamentação, rede de apoio e conhecimento, vivencial e/ou teórico, sobre o puerpério e bebês pequenos. Perguntas sobre esses assuntos (vide Quadro 5.1) podem ser úteis para evocar relatos acerca da história de vida, incluindo a descrição de emoções e sentimentos sobre eventos importantes e regras sociais e culturais relevantes. Além disso, é importante investigar como está a vida daquela mulher no presente, em qualquer momento do período perinatal, de maneira detalhada, com exemplos descritivos que incluam tanto os eventos externos quanto as emoções envolvidas no processo (Quadro 5.2).

Essa investigação é uma oportunidade para coleta de dados que possam trazer respostas a outras perguntas relacionadas diretamente às variáveis contextuais prevalentes nesse período da vida, como:

- Quais são as fontes de reforçadores dessa mulher? São variadas, provenientes de várias fontes ou restritas? São especialmente sociais? Essencialmente mediadas por outras pessoas?
- Como é o repertório de resolução de problemas dessa mulher?
- Quais recursos ela usa para regulação emocional?
- Qual é o histórico de punição pelo qual ela passou até hoje? Ele foi mais presente em alguma relação específica e/ou proveniente de várias fontes?
- Quais são as regras que essa pessoa descreve a respeito de maternidade, amamentação, papéis de cuidado com o bebê? Quão conectadas com as contingências elas estão?
- Essa mulher conta com uma rede de apoio? Essa rede é diversa, composta por diferentes pessoas, restrita, centralizada em uma ou duas pessoas próximas, ou inexistente?

* Neste capítulo, falamos de promoção de consciência pelo viés analítico-comportamental: modelagem de repertório de relato do próprio comportamento, os sentimentos envolvidos e as condições antecedentes, além de modelagem do repertório de analisar e hipotetizar a função de determinados comportamentos seus e de outras pessoas envolvidas (Rose et al., 2012).

Quadro 5.2
Sugestões de perguntas para anamnese no período perinatal

- Você está chegando aqui grávida/quase parindo/tendo um filho de X meses/..., qual é a sua história/qual é a história de vocês? Você pode começar me contando do momento que achar melhor.
- Quando você se imagina mãe, em que você pensa?
- Quando você pensa em uma mãe que é uma boa referência para você, quem ocorre? E pensa também em algum modelo que gostaria de evitar?
- O que você pensa sobre amamentação? Tem definido se quer ou não quer amamentar? Quais são os seus medos? Quais expectativas você tem?
- Como você gostaria que fosse seu parto? O que neste momento é mais importante para você? Como foi o seu parto?
- Quais são as pessoas que estão próximas a você neste momento? Elas são fonte de apoio? Como? De quem você sente falta e gostaria de estar mais próximo? De quem você se aproximou/afastou nesse período?
- O que você conhece sobre bebês/ gravidez/parto/amamentação/ puerpério/... e onde se lembra de ter aprendido sobre esses temas?
- Você já conviveu com mulheres no puerpério e com bebês? Com que frequência se viam? Como foi sua relação com a mãe da criança? E com a criança?
- Como você viveu momentos de mudança anteriormente, em especial a adolescência/puberdade?

A partir dessa investigação, é possível formular hipóteses funcionais acerca das queixas específicas trazidas pela cliente e delinear um processo terapêutico individualizado. Esse processo pode incluir qualquer técnica de intervenção que o terapeuta responsável julgue promover os objetivos terapêuticos definidos. A seguir, selecionamos algumas estratégias que comumente utilizamos ao atender essa população.

Validação

A validação é parte essencial de qualquer processo terapêutico, e não seria diferente nesse contexto. Ela consiste em comunicar à cliente que seus comportamentos em determinada situação fazem sentido levando em conta o contexto atual (Linehan, 2010). A validação requer do terapeuta uma observação aguçada das emoções, dos pensamentos e dos comportamentos da cliente, tanto do relato feito em sessão quanto do que é evocado a partir deste e observável no contato direto com ela. Depois disso, o terapeuta deve reproduzir para a cliente o que ouviu: repetir a descrição feita e, com cuidado, também preencher as lacunas de sentimentos e emoções que ela porventura ainda não saiba ou não consiga nomear, inferindo quais seriam. Por último, é importante validar diretamente os sentimentos da cliente, afirmando que sua resposta é compreensível e faz sentido.

Como foi descrito, a gestação e o puerpério são períodos repletos de colaterais emocionais que acompanham as respostas públicas da cliente e, com frequência, são a queixa principal que a leva para a terapia. Além disso, muitas dessas clientes chegam à terapia tendo passado por um processo de invalidação por parte do ambiente social, seja ele o(a) parceiro(a), familiares, amigas ou, inclusive, elas mesmas. As pessoas que participam da vida dessa mulher, muitas vezes, não compreendem as mudanças que estão acontecendo com ela, tendem a enxergar a maternidade como uma dádiva (Balassiano, 2019) e fonte de emoções positivas, punindo e invalidando a expressão de sentimentos contrários a essa visão. Conforme discutimos na seção anterior, frequentemente iremos nos deparar com cenários em que tenha ocorrido punição social, e seus efeitos precisarão ser administrados. A validação é a principal intervenção, por exemplo, em casos de *blues* puerperal, que, como vimos, é relativamente comum e faz parte do próprio processo de transformação envolvido na perinatalidade.

Além disso, um histórico de invalidação – esteja ele ocorrendo em um momento recente ou como parte da história de vida mais antiga – torna a validação um recurso ainda mais importante para o processo terapêutico. Esta também pode ser uma oportunidade de ensinar essa cliente a se autovalidar em um ambiente social que muitas vezes não está preparado para fazer isso. Por último, a validação é uma ferramenta poderosa para ajudar a cliente a se autorregular em um contexto de emoções fortes e abrir espaço no processo terapêutico para a promoção de mudanças relevantes.

Ativação comportamental

A ativação comportamental é tanto uma técnica quanto uma intervenção completa para, principalmente, casos de depressão ou que envolvem comportamentos depressivos. Ela consiste em programar atividades que tornem maior a probabilidade de produzir reforçamento positivo natural no cotidiano (Martell, 2020). No caso do período perinatal, que, como vimos, pode implicar diversas perdas de fontes de reforçamento positivo, a ativação comportamental pode ser um recurso para recuperar acesso a essas consequências.

O terapeuta pode investigar e tentar promover atividades que no passado produziam reforçadores, mas é preciso cautela, porque, muitas vezes, enfatizar essas atividades pode ser limitante, dada a intensa transformação de vida sofrida. Talvez aquelas condições não possam ser recuperadas (pelo menos temporariamente), por exemplo, considerando a organização logística e a liberação médica para fazer certos exercícios físicos. Em alguns momentos, é preciso buscar novas fontes de reforçadores e testar práticas novas, condizentes com o novo contexto, com base nos valores, nas possibilidades e nos interesses de cada mulher, além de dados da análise funcional do caso em questão. Pensar nas barreiras para a realização das atividades também é essencial nesse processo. Elas podem ser tanto externas (p. ex., limitações do contexto e demandas do bebê) quanto internas (regras como a de que ser mãe é se anular pelo bebê), e estratégias para lidar com tais barreiras devem fazer parte do planejamento das atividades. Ajuda da rede de apoio, uso de carregadores de bebês para ampliar as possibilidades de ação enquanto cuida do bebê ou a incorporação gradual das atividades podem ser formas de superá-las.

Para propor novas atividades nesse momento de vida específico, é preciso que o terapeuta tenha empatia e planeje junto com a cliente passos que sejam os menores possíveis, aumentando, assim, a probabilidade de colocá-los em prática e efetivamente produzir os reforçadores. Muitas vezes, é necessário também ajudá-la a investigar se existem atividades aversivas ou sobrecargas desnecessárias que podem ser minimizadas para que ela abra espaço para o autocuidado e faça algo para si. Mesmo em casos em que não se diagnostica DP, ajudar a mulher a estabelecer atividades que potencialmente produzam reforçadores de forma natural no novo contexto pode ser importante para permitir melhor adaptação à nova vida.

Ensino de repertório de resolução de problemas

Uma parte dos desafios no período perinatal pode ser entendida como problemas que precisam ser resolvidos, ou seja, condições com as quais as pessoas envolvidas não têm repertório suficiente para lidar ou respostas estabelecidas para produzir consequências adequadas. Portanto, parte da intervenção pode se direcionar ao ensino de habilidades de resolução de problemas, uma estratégia útil para ajudar a cliente e sua família a lidarem de forma efetiva com eventos estressantes (Nezu et al., 2020). Segundo Nezu et al. (2020), a resolução de problemas envolve uma série de habilidades, o que inclui manejar os diversos aspectos da situação-problema, regular a excitação emocional proveniente da situação estressante, superar pensamentos negativos e baixa motivação para engajar-se na busca de soluções e comportar-se de forma a resolver o problema.

De forma geral, o terapeuta pode auxiliar mulheres e famílias a encararem o novo contexto de vida como um desafio a ser explorado e, assim, desenvolverem novas habilidades – em consonância, portanto, com a perspectiva de que esse período envolve uma crise, mas pode levar ao desenvolvimento pessoal (Maldonado, 2013). Muitas vezes, as fontes de estressores são tão amplas e disseminadas que as pessoas envolvidas têm dificuldade de determinar por onde podem começar a resolver os problemas. Por isso, um dos primeiros conjuntos de habilidades a serem treinadas pode ser a análise da situação-problema, externalizada por meio de listas, diagramas, gravações de áudios e outras estratégias, buscando clarificar o contexto e separar o problema em partes mais facilmente gerenciáveis. É possível que isso diminua, ainda, a sobrecarga mental de se pensar constantemente no problema como um todo. Essas estratégias podem ajudar também no compartilhamento da busca de soluções com outras pessoas da rede de apoio, ao publicizarem e tornarem mais concretas todas as partes envolvidas.

Em seguida, o terapeuta pode auxiliar essa família a ampliar seus repertórios, evocando respostas variadas e flexíveis em relação ao problema ou a partes do problema identificadas. Isso pode ser feito por meio de tempestade de ideias, visualização ou ensaio da solução, incluindo os obstáculos imaginados e modos como podem ser superados. Esta é uma ocasião oportuna de trabalhar com as regras sociais tão presentes na vida dos recém-pais, como expusemos anteriormente, aprendendo a discriminar as regras que podem ser úteis no seu contexto, aplicá-las e ficar sob controle das suas consequências.

De qualquer forma, as estratégias de resolução de problemas podem ser entendidas como um caminho para a construção do novo repertório exigido pela parentalidade, auxiliando a cliente a entrar em contato com o contexto e discriminar entre aspectos da realidade e aspectos imaginados ou esperados. Além disso, essas estratégias podem promover o compartilhamento de demandas com outras pessoas, reduzindo uma das fontes de sobrecarga materna, que é a centralização de tarefas domésticas sob responsabilidade da mulher.

Psicoeducativo

Alguns aspectos da transição para a parentalidade podem ser abordados em formato psicoeducativo ao longo do pré-natal, seja pelo profissional de psicologia, seja por outros. Conhecimento sobre a fisiologia do parto e o que esperar desse momento, bem como das alterações esperadas no pós-parto e dos primeiros dias do bebê, pode facilitar a criação de condições mais favoráveis para vivenciar esses processos. Se, como vimos, parte da aversividade presente no período perinatal se deve à incontrolabilidade com que ocorre grande parte dos eventos, dar subsídios para que a gestante tenha previsão (ao menos parcial) desse cenário pode ser uma forma de torná-la mais apta a lidar emocionalmente com essas dificuldades, ainda que não seja possível efetivamente controlar alguns acontecimentos.

A gestação e o puerpério são momentos em que as mulheres (e as outras pessoas envolvidas no processo com elas) se deparam com uma enxurrada de novas informações sobre inúmeros assuntos, provenientes de diversas fontes. Para muitas delas, é o primeiro contato com os temas relacionados à maternidade: todas as informações parecem novas, muitas podem ser assustadoras por tratarem de problemas/intercorrências que podem acometê-las ou ao bebê, e outras podem ser conflitantes a depender da fonte consultada. A busca por informações pode se tornar um processo ansiogênico, e comportamentos exacerbados nesse sentido devem ser tomados como sinal de alerta pelo terapeuta.

Ao mesmo tempo, ter acesso a conteúdos relevantes, cientificamente atualizados, sobre temas que englobam a perinatalidade é muito importante para que a mulher se prepare para as mudanças que podem estar ocorrendo no momento e para as que virão, porque nesse processo majoritariamente imprevisível e incontrolável, além de alguma previsão, as informações podem permitir discriminar quais eventos podem ou não ser passíveis de controle. Elas servem como estímulos para a tomada de decisões importantes, seja em relação à busca por uma equipe multidisciplinar alinhada aos valores e às crenças da pessoa que gesta, seja em relação ao manejo com antecedência de outras contingências de suporte relevantes.

Dessa forma, grande parte da intervenção é focada em auxiliar a cliente na busca de informações em fontes confiáveis e atualizadas, além de, muitas vezes, apresentar parte delas durante as sessões, seja de maneira expositiva ou de forma mais fluida ao longo do diálogo. É importante avaliar qual formato de conteúdo a pessoa prefere consumir (artigos científicos, *blogs*, vídeos informativos, filmes, documentários, *podcasts*, livros, etc.), uma vez que isso deve ser algo prazeroso para ela, e não mais uma obrigação nesse momento em que a sobrecarga costuma imperar. A combinação de formatos costuma ser um bom caminho, pois permite o acesso aos mesmos conteúdos de maneiras diferentes, geralmente alternando de forma complementar informações técnicas com imagens explicativas e exemplos de outras pessoas que já passaram pelas experiências típicas da perinatalidade. Especialmente em relação à amamentação, que, como vimos, exige um repertório complexo, mas que pode produzir acesso a reforçadores e gerar operações motivadoras favoráveis à vinculação no pós-parto, um processo psicoeducativo pode favorecer seu estabelecimento de forma mais tranquila, como já mencionado.

Os temas relevantes para o psicoeducativo irão variar em cada processo terapêutico. A formulação de caso feita pelo terapeuta, os valores e os interesses específicos de cada cliente devem guiar a escolha do que abordar, a ordem e o modo de apresentação (p. ex., utilizando-se novas fontes para acesso pós-sessão ou discutindo as informações no curso da própria sessão), uma vez que a quantidade de informações relevantes é enorme, e não será possível cobrir todas de forma direta. O Quadro 5.3 apresenta sugestões de temas que podem ser abordados de forma psicoeducativa.

Trabalho em grupos

Um importante recurso que pode ser acionado para compor a atenção à gestação e ao puerpério são os grupos. Segundo Kerbauy (2008, p. 18), o trabalho em grupos pode favorecer a generalização de comportamentos aprendidos no processo terapêutico individual pela "exposição a uma ampla variedade de opiniões, valores e modelos de outros comportamentos, bem como pela oportunidade de solucionar problemas de uma maneira mais realista, à medida que se observam pessoas com problemas semelhantes ou mesmo diferentes". No entanto, os benefícios desse formato de interação não se restringem aos grupos terapêuticos ou moderados por psicólogos. É comum encontrar grupos de discussão destinados a famílias, gestantes e puérperas que sejam moderados por outros profissionais da área da saúde, como doulas, fonoau-

Quadro 5.3
Sugestões de temas para psicoeducação

• Alterações fisiológicas esperadas	• Modelos parentais
• Amamentação	• Saúde mental perinatal
• Assistência obstétrica no Brasil	• Sexualidade
• Divisão de tarefas	• Sintomas típicos de cada fase
• Fisiologia do parto	• Tipos de parto
• Fisiologia do sono do bebê	• Violência obstétrica
• Grupos de apoio	• Volta ao trabalho

diólogas e enfermeiras, ou mesmo grupos que ocorram sem moderação alguma.

O próprio contato com outras mulheres pode fornecer acesso a uma gama de novos reforçadores positivos, em especial reforçadores sociais, que tendem a ser escassos ou de difícil acesso nessa fase da vida. Além disso, o grupo pode significar exposição a outras perspectivas e contato com a realidade de ter um bebê (sobretudo, em grupos que reúnem gestantes e puérperas), o que pode auxiliar na construção da parentalidade. Grupos sem a moderação de profissionais da saúde são vistos como uma intervenção de promoção de saúde. Portanto, além de oferecer atendimentos em grupos, também pode fazer parte do escopo de atuação do terapeuta oferecer uma lista de grupos disponíveis na região/cidade ou que ocorram via internet e realizar encaminhamentos para eles, bem como ajudar a escolher um grupo adequado às necessidades e às características da cliente.

Trabalhos em casal

Como discorremos ao longo deste capítulo, muitos aspectos da relação com o(a) companheiro(a) podem se transformar ao longo da gestação, e com mais intensidade no puerpério, incluindo, mas não exclusivamente, a rotina, a sexualidade, a divisão de tarefas domésticas e o aumento da necessidade de apoio à mulher. É frequente que padrões de comportamento entrelaçados que tenham sido estabelecidos ao longo do relacionamento do casal não ocorram ou não funcionem mais, sem produção de consequências importantes para a manutenção da vida tanto em dupla quanto individualmente, para a mulher e o(a) outro(a) membro(a) do casal. Além disso, por ser um momento de mudanças intensas, pode se fazer necessário o desenvolvimento de novos repertórios que, até aquele momento, um ou mais membros do casal não tenham adquirido.

Se levarmos em conta o impacto fisiológico da gestação e fatores culturais que tornam mais provável que as mulheres pensem e reflitam sobre a maternidade e seu impacto em diversas áreas da vida, é frequente que a percepção da necessidade de novos arranjos para o casal ocorra primeiro pela pessoa que gesta. Esse descompasso, já atestado por alguns estudos, como o de Doss et al. (2009), pode ser gerenciado tranquilamente por alguns casais, mas também pode ser fonte de conflito para tantos outros.

Trabalhar com o casal, no sentido de desenvolver uma visão de compartilhamento da parentalidade (também chamada de "coparentalidade"), é fator preventivo para problemas conjugais e distúrbios emocionais decorrentes dessa transição (Feinberg, 2002). Realizar atendimentos em casal pode fazer parte do escopo de trabalho do terapeuta quando a cliente trouxer como queixa conflitos com o(a) companheiro(a) ou para promover um ajuste mais tranquilo no pós-parto. Esta pode ser uma oportunidade para mediação de conversas difíceis, com o objetivo de auxiliar o casal a construir soluções para esses novos problemas. Além disso, é possível propor conversas preventivas sobre questões de potencial conflito para casais específicos, dados aspectos de suas histórias individuais que possam ser identificados, bem como variáveis culturais e sociais relevantes.

Por último, um processo de psicoeducação como caracterizado aqui pode ser importante para favorecer a dinâmica do casal e servir como motivo adicional para a realização de sessões com a presença das duas pessoas. Os temas a serem trabalhados nesses encontros e a frequência destes devem variar a depender das necessidades específicas da cliente e do outro membro do casal. Trabalhos com casais também podem ocorrer em outros formatos, como em grupos terapêuticos ou em pares, levando em conta também a relevância de compartilhar experiências e ter acesso a diferentes modelos de parentalidade. Existem programas disponíveis com esse enfoque, como o *Family Foundations,* de Feinberg e Kan (2008).

O objetivo do capítulo até aqui foi promover contato com as diversas variáveis – filogenéticas, ontogenéticas e culturais – possivelmente envolvidas no período perinatal, bem como técnicas de intervenção de especial relevância. O nosso intuito foi potencializar a investigação e a intervenção do analista do comportamento nesse contexto. A seguir, apresentaremos um exemplo clínico que demonstra a multiplicidade e a complexa interação dos fatores envolvidos em casos de perinatalidade. Por fim, traremos um breve relato feito pela cliente na retomada das sessões após o nascimento de seu bebê, que explicita os impactos da intervenção na gestação para potenciar a resolução de problemas típicos dessa fase da vida, bem como prevenir conflitos esperados.

Exemplo clínico

Ana, 33 anos, pediatra, buscou terapia após insistência do marido. No início do processo, sua queixa principal era ansiedade generalizada, cujo principal sintoma eram pensamentos frequentes de preocupação, principalmente em relação ao trabalho. Ela estava na 18ª semana de gestação e contou, na primeira sessão, que ainda não havia começado a pensar no parto ou no puerpério – "não deu tempo ainda". Disse que não buscava uma terapia especificamente voltada para a temática da gestação, mas que imaginava que logo esse tema estaria presente nas conversas com a terapeuta.

Isso aconteceu, e, ao longo do tempo, a gestação e a preparação para o puerpério realmente se tornaram assuntos centrais no processo terapêutico. Partindo das queixas de Ana, diversos temas que levantamos neste capítulo como importantes foram surgindo e se tornando o foco da intervenção.

Alguns temas trabalhados em seis meses de terapia foram: trabalho *versus* maternidade, relacionamento de Ana com sua mãe e sua sogra, mudanças de prioridades nesse novo contexto, psicoeducativo sobre tipos de parto e fisiologia do parto, psicoeducativo sobre parto e primeira infância, divisão de tarefas com o marido, rede de apoio para o puerpério, dentre outros. A discussão dos temas deu-se de maneira não linear durante todo o processo: alguns foram abordados em uma única sessão, outros apareceram em sessões diferentes e não necessariamente consecutivas, além de ter havido discussões que englobaram mais de um tema simultaneamente. Assim, a separação em temas apresentada a seguir é uma maneira didática de representar e descrever alguns dos elementos trabalhados.

Trabalho *versus* maternidade

Ana trabalha na Unidade de Terapia Intensiva pediátrica (UTIP) de um grande hospital em regime de plantões diurnos e noturnos de 12 horas de duração. Relata adorar o trabalho, tanto em relação às atividades que exerce quanto por poder desligar-se das preocupações com os pacientes ao passar o plantão para a próxima equipe. Contou que tentou ser pediatra clínica, mas o excesso de demanda fora do horário de trabalho fez com que ela abandonasse essa atuação. No momento em que decidiu trabalhar "só" na UTIP, ouviu de colegas de profissão e de alguns familiares que esta não era uma boa ideia: "Eles falavam que eu estava viajando, como ia ser mãe e trabalhar em plantão? Segundo várias pessoas, era impossível. E olha que eu ainda nem estava pensando em engravidar na época!".

Anos depois, grávida, Ana se perguntava se os comentários que havia ouvido estariam corretos, se trabalhar em esquema de plantões a tornaria uma mãe ruim e ausente, em suas palavras. Ao longo de várias conversas, terapeuta e cliente foram investigando o "medo de ser uma mãe ruim", como Ana definia. Conversaram sobre esse medo fazer parte do processo de tornar-se mãe, de viver algo desconhecido, pouco controlável e, ao mesmo tempo, de tornar-se responsável pelo cuidado de outro indivíduo.

Discutiram também que esse questionamento – ser uma mãe boa ou ruim – provavelmente apareceria em diversas situações ao longo da vida de Ana a partir dali e que dificilmente seria o fato de trabalhar ou não em plantões que, isoladamente, definiria isso. Juntas, terapeuta e cliente levantaram outros critérios que poderiam ser relacionados a "ser uma boa mãe" para Ana: apresentar atenção plena quando estivesse com a filha, prover educação alinhada com seus valores que incluísse amor e limites de maneira equilibrada e, por último, apresentar para a filha um modelo profissional de alguém que trabalha com algo que adora.

Aos poucos, Ana conseguiu descrever que o medo de ser uma mãe insuficientemente boa não havia sumido, mas que agora tinha clareza de que não era o seu trabalho que, exclusivamente, determinaria isso. Pelo contrário, descobriu inclusive que trabalhar em plantões podia ajudá-la a alcançar requisitos que considerava importantes para sua maternagem: flexibilidade, dias livres durante a semana e remuneração compatível com seu estilo de vida sem ter que trabalhar tantas horas na semana.

Revisitando a relação com a própria mãe

Ana contou que a relação que tinha com sua mãe era complicada; sentia que não podia contar com ela. Explicou que a vida da mãe sempre foi focada em atender às necessidades do marido, pai de Ana, "fazer tudo seguindo suas regras e preferências". Muitas vezes, isso significou omitir-se em momentos de controle excessivo do marido (p. ex., quando ele não permitia que as filhas voltassem para casa depois das 22h, mesmo que ela discordasse) e agressividade (p. ex., ele passava várias noites por semana no bar com os amigos, por vezes, chegava em casa embriagado e as tratava com ofensas verbais e gritos). Ao longo da infância e da adolescência de Ana, o modo de agir da mãe diante deste e de outros tantos exemplos de situações foi interpretado pela cliente como negligência e abandono por parte dela.

Ana iniciou a terapia falando sobre a mãe com muita mágoa e raiva, se emocionando nas várias vezes em que trouxe exemplos como os descritos e com dificuldade de hipotetizar acerca de variáveis importantes que poderiam ser relacionadas ao comportamento de sua mãe naquela época. A cliente dizia ter certeza de não querer a mãe em sua casa após o nascimento de Clara (filha): "Talvez eu pague o preço, sei que o puerpério é 'treta' e que, por mais que minhas irmãs queiram, elas não podem ficar em casa por tanto tempo quanto minha mãe poderia; mas ela, eu não quero". A terapeuta nomeou as emoções que pôde inferir em diversos momentos da sessão e coletou várias informações para poder refletir junto com a cliente sobre motivos atrelados aos comportamentos da mãe.

Um dia, Ana chegou à sessão contando que havia conversado com suas irmãs sobre as reflexões feitas em terapia acerca desse assunto. Disse que foram se lembrando de episódios em que o pai consumia grandes quantidades de álcool, era violento com sua mãe, exigia que todas as tarefas domésticas fossem feitas com perfeição, chegava em casa relatando que havia tido relações sexuais com garotas de programa, entre outros exemplos. Nesse dia, a terapeuta observou Ana atentando não só para a forma como essas situações a afetaram, mas também para como impactaram sua mãe. A cliente inferiu o sofrimento que ela deve ter passado ao longo de muitos anos em um relacionamento abusivo, sobrecarregada com o cuidado de três filhas e paralelamente com tantos problemas conjugais. Em algum momento da sessão, a cliente disse: "Hoje, consigo ver que minha mãe fez o melhor que podia em uma situação complexa, de muita dor. Meu pai era muito abusivo, vivia ameaçando bater nela por coisas como um café frio na garrafa. Imagina o que podia acontecer se ela o enfrentasse e dissesse que a gente podia chegar mais tarde em casa?".

Ao buscar possíveis variáveis de controle do comportamento da mãe de Ana ao longo da infância e da adolescência, o objetivo da terapeuta não foi invalidar a experiência que a cliente viveu como omissão materna. Essa situação foi de fato experienciada pela cliente, e as emoções envolvidas nela deveriam, em seu ponto de vista, ser respeitadas e validadas. O objetivo era buscar outra perspectiva em relação aos comportamentos da mãe, permitindo que Ana transitasse de um olhar dicotômico de bom *versus* ruim para uma perspectiva de que todos, sua mãe inclusa, estão fazendo o melhor possível diante de um contexto específico e de que havia outros fatores importantes que fizeram sua mãe se ausentar em algumas situações. A partir dessa reflexão, Ana passou a cogitar incluir a mãe na sua rede de apoio com o bebê.

Já ao final da gestação, Ana decidiu que gostaria de convidar a mãe para passar algum tempo em sua casa depois que Clara nascesse, como um pedido de ajuda para os primeiros momentos do puerpério. Conseguiu conversar com a mãe e descrever o que esperava dela, e esta respondeu que estava disposta a ocupar o lugar de apoio descrito pela filha. A mãe de Ana foi para a casa dela quando a gestação chegava a 38 semanas.

Revisitando a relação com a sogra

Ana e sua sogra, segundo a cliente, têm um ótimo relacionamento desde que ela e João (marido) começaram a namorar. Tendo em vista o distanciamento de sua mãe, ao longo do tempo, a cliente se aproximou da sogra em momentos em que precisou de apoio, carinho, acolhimento e conselhos, sempre encontrando abertura para tal nessa relação. Porém, a sogra foi também uma pessoa mais intrusiva no relacionamento dos dois, por vezes expressando palpites e opiniões explicitamente para ambos.

A cliente sempre teve dificuldade de lidar com a possibilidade de desagradar a sogra, fosse para dizer que eles fariam algo diferente do que ela havia sugerido (p. ex., na casa, no casamento, na lua de mel), fosse para comunicar que não havia gostado ou se sentido bem com a forma como ela havia sugerido alguma coisa. Já João, que tem uma relação aberta e horizontal com sua mãe, não apresentava problemas em falar sobre algo que tinha incomodado, mas, às vezes, o fazia de forma um pouco grosseira e sem considerar como a mãe poderia se sentir, na opinião de Ana.

Assim, o padrão estabelecido até Ana engravidar era o seguinte: João se responsabilizava por conversar com sua mãe quando os palpites incomodavam, às vezes, conseguindo fazê-lo de forma assertiva, mas em muitas ocasiões não, com a sogra de Ana se queixando de falta de tato e excesso de grosseria do filho. Com a gestação, os palpites multiplicaram-se, bem como as oportunidades para mal-entendidos. Ana contava que sempre "saía de boazinha da história" (por não ser a porta-voz do incômodo do casal) e que esse arranjo não parecia mais tão apropriado, pois estava sobrecarregando a relação de João com sua mãe.

Em sessão, Ana e a terapeuta levantaram possíveis consequências imediatas e de longo prazo envolvidas no fato de ser sempre João a pessoa a fornecer *feedbacks* negativos para a sogra, uma vez que era pouco provável que os palpites cessassem completamente, mesmo com pedidos específicos para isso. Ana chegou à conclusão de que, embora no presente estivesse em uma situação muito confortável nesse conflito, a longo prazo era possível vislumbrar um afastamento entre eles e a sogra, que já estava menos falante e mais distante, "e ela faz falta! Quando consegue segurar os palpites, ela é incrível, eu a quero por perto!".

Depois de falar sobre isso em sessão, Ana começou a se posicionar em relação à sogra em algumas situações. Em mais de uma sessão, relatou ter expressado que não gostou de algum comentário ou ter agradecido a opinião dela, acrescentando que eles (Ana e João) iriam seguir com outra decisão. Segundo a cliente, era difícil, mas não impossível, e conseguia fazer isso de maneira delicada e assertiva. Ana refletiu que se posicionar em alguns momentos valia a pena, pois assim seu marido ficava menos sobrecarregado, ele e a mãe brigavam menos e, principalmente, Ana sentia que ela e João estavam conseguindo agir como um time.

Mudanças de prioridades/preocupações

Ana descrevia-se como uma pessoa minimalista em relação a roupas e decorações para sua casa em geral; pouco consumista. Nos primeiros meses da terapia, disse algumas vezes que não entendia para que gastar tanto dinheiro com o quarto do bebê, por exemplo. Além disso, no início do segundo trimestre de gestação, Ana já se sentia cobrada pela família e por amigos para comprar "tudo o que precisaria" e montar um quarto para Clara.

No terceiro trimestre, Ana e João encomendaram os móveis e a decoração para o quarto de Clara, e Ana chegou à sessão relatando estar ao mesmo tempo feliz e culpada com a compra, questionando-se sobre o porquê de ter comprado itens de decoração que, na sua opinião, eram supérfluos e um exagero ("Logo eu, que nunca me preocupei com isso, comprei duas prateleiras, um abajur e um móbile! Não estou me reconhecendo!").

Primeiramente, a terapeuta validou todas as emoções envolvidas nesse episódio, tanto a felicidade quanto a culpa, e a descrição de Ana de não estar se reconhecendo. Então, conversaram sobre como a gestação e a preparação para a chegada de um bebê são eventos transformadores, não só da vida externa e do corpo que gesta, mas também de interesses, prioridades e preocupações das pessoas envolvidas. A terapeuta respondeu: "Está tudo bem a Ana de hoje querer um quarto com prateleiras, abajur e móbile, está tudo bem a Ana de hoje ser diferente daquela que chegou à terapia há alguns meses e continuar mudando ao longo desse processo".

Depois, terapeuta e cliente exploraram outras justificativas possíveis para a compra dos objetos de decoração que não fossem julgamentos de Ana sobre si mesma, como dizer que eram só futilidades. Chegaram juntas à conclusão de que a preparação do quarto de Clara simbolizava, de alguma maneira, o espaço que Ana e João estavam abrindo na casa para a chegada da filha, uma ação concreta cujo subtítulo simbólico foi descrito pela cliente como "Filha, você tem espaço na nossa vida, um quarto seu, com as suas coisas, com uma porta que um dia vai simbolizar a sua privacidade".

Ao fim da sessão, Ana relatou estar se sentindo aliviada, leve e feliz, dizendo inclusive: "Ufa! Agora posso ir pra casa e fazer o que me deu vontade ontem, mas a culpa não permitiu: sentar no quartinho dela e ficar namorando tudo aquilo!".

Divisão de tarefas com o marido

Quando terapeuta e cliente começaram a discutir sobre como era a divisão de tarefas domésticas entre Ana e João, a cliente disse que "por sorte, João morou anos em repúblicas e aprendeu a fazer as coisas de casa, não preciso ensiná-lo a lavar banheiro, por exemplo. Em contrapartida, tem que ser sempre no tempo dele, demora demais! Por ele, a louça fica na pia até precisar lavar porque não tem mais pratos, e as roupas secas nunca voltam para o armário: vão do varal pro corpo, e a lavanderia fica sempre cheia e bagunçada".

Ana responsabilizava-se pela maior parte das tarefas domésticas, tanto porque a divisão não era igualitária como porque muitas vezes não conseguia esperar "o tempo de João". Além disso, toda a parte de gestão das tarefas, de designar responsabilidades e de elaborar listas e prioridades era feita exclusivamente por Ana.

Ao longo das sessões, foi ficando claro para a terapeuta que Ana se esquivava de estados privados aversivos que surgiam ao se deparar com a casa bagunçada. Ela fazia o trabalho que haviam combinado ser responsabilidade do marido, que, por sua vez, dizia: "Você não dá tempo para eu fazer, como quer que eu faça?". João acabava se esquivando de realizar as tarefas, adiando-as até o momento em que a desorganização ou sujeira se tornavam insuportáveis para Ana e ela tomasse uma providência. Segundo os relatos da cliente, esse arranjo estava em vigor desde que tinham ido morar juntos, mas, com a gestação, as limitações físicas e o cansaço, Ana não estava mais dando conta de tudo, e brigas sobre esse assunto passaram a ser frequentes.

Mais uma vez, a validação foi parte fundamental da intervenção realizada. Foi essencial que a terapeuta abordasse as sensações de sobrecarga de Ana e de desequilíbrio na relação com João. A terapeuta repetiu em mais de uma ocasião que era compreensível Ana sentir raiva do marido quando as tarefas iam se acumulando e que fazia todo o sentido sentir-se dessa forma nesse contexto. Além disso, terapeuta e cliente investigaram juntas o papel do comportamento de Ana nesse entrelaçamento, de modo que a cliente observasse que, diante das oportunidades para João se engajar no trabalho doméstico, fazer a parte do trabalho que era atribuída a ele acabava perpetuando o ciclo que ela descreveu.

Depois disso, a terapeuta propôs à cliente que elas aproveitassem o tempo restante da sessão para planejarem uma conversa sobre esse tema utilizando estratégias de resolução de problemas. Era importante que essa conversa endereçasse tanto os sentimentos de Ana a respeito desse tema quanto efetivamente abordasse propostas de solução que envolvessem mudanças de comportamento de ambos. Ana, por um lado, poderia aguardar mais tempo para que as tarefas fossem executadas; João, por outro, poderia procrastinar menos em relação às tarefas e participar mais da gestão da casa como um todo. Após essa conversa, Ana contou que eles expandiram a discussão acerca da divisão de tarefas para incluir não só o que cada um deveria fazer, mas também a frequência semanal adequada para cada tarefa, dando previsibilidade para ela de quanto tempo deveria esperar e, para ele, de qual era o limite de adiar uma responsabilidade.

Tipos de parto

Durante a faculdade de medicina, Ana fez estágios em obstetrícia e acompanhou partos normais e partos cesarianas. Contou diversos exemplos de violência obstétrica que testemunhou: desrespeito às vontades da mulher, procedimentos realizados sem consentimento, mulheres que desejavam analgesia e não recebiam, mulheres impedidas de ter acompanhantes, entre outros. Além disso, contou diversos desfechos neonatais ruins que acompanhou tanto na faculdade quanto depois, na residência de pediatria, que haviam sido causados por má assistência pré-natal e intraparto.

Quando contava todos esses exemplos, Ana também falava sobre os medos que tinha em relação ao parto normal: da imprevisibilidade, do risco de violência obstétrica (que ela achava ser maior nesse tipo de parto) e do risco de intercorrências relacionados a Clara. Todos esses medos, segundo Ana, a faziam ter certeza de sua preferência por uma cesariana eletiva. Adicionalmente, a cliente sabia da importância de entrar em trabalho de parto para Clara e para o início da amamentação, então desejava que a cirurgia fosse realizada assim que começassem as contrações.

Durante as sessões, terapeuta e cliente passaram a analisar cada um desses medos, buscando identificar aqueles que estavam especialmente sob controle das experiências anteriores de Ana, mas que não tinham correspondência com a sua realidade atual. Por exemplo, Ana tinha escolhido uma equipe para acompanhar seu parto na qual ela confiava; assim, parecia ser seguro que terapeuta e cliente inferissem que a probabilidade de ser desrespeitada ou de sofrer violência obstétrica não era alta, dadas as contingências dispostas. Já outros medos pareciam instâncias de classes de respostas relacionados à ansiedade de Ana, em especial o medo da imprevisibilidade e o medo de fracassar se ela optasse pelo parto normal: "Daí eu escolho o parto normal e não vou saber quanto tempo vai demorar, se vai funcionar ou não, se eu vou aguentar a dor ou não, se vai dar certo. Se o parto tiver que virar uma cesárea, vou me sentir um fracasso. Se eu desistir no meio do caminho, então, nem se fala!".

A partir daí, Ana e a terapeuta refletiram sobre o quanto a cliente parecia ter uma expectativa de controle de todos os eventos na vida, inclusive em relação a assuntos que eram incontroláveis, como qual seria o desenrolar de seu possível trabalho de parto. Falaram sobre os inúmeros fatos da vida que já eram incontroláveis e que, com a chegada de Clara, só iriam se multiplicar. Conversaram também sobre o fato de Ana já estar no comando de aspectos muito relevantes nesse contexto, como a escolha da equipe médica, e que se permitir viver o trabalho de parto integralmente poderia ser uma oportunidade de renunciar às tentativas de controle e de se entregar ao momento presente.

Além disso, a terapeuta perguntou para Ana: "Qual é a diferença entre 'fracassar' no trabalho de parto e entre você, na hora, não aguentar a dor, ou a imprevisibilidade, ou qualquer coisa, se decidir mudar de ideia e pedir uma cesárea?". Ana arregalou os olhos, ficou em silêncio e, depois de alguns instantes, disse: "Acho que a história que eu conto pra mim mesma, do jeito que eu estou falando, parece que eu não consegui, que fracassei. Do jeito que você falou, parece que eu respeitei meus limites e mudei de ideia". A partir daí, decidiu não só que iria entrar em trabalho de parto, mas que não tomaria a decisão sobre se submeter ou não à cesárea antecipadamente: ela iria se permitir viver a experiência e entrar em contato com as contingências para tomar qualquer decisão.

Retomada dos atendimentos no puerpério

Ana comunicou à terapeuta sobre o nascimento de Clara com muita alegria, e, pelas semanas seguintes, elas trocaram algumas mensagens sobre como tudo estava indo, além de fotografias da bebê e da família. A cliente não apresentava, quando ainda estava gestante, nenhum sinal de alerta que tornasse importante o retorno imediato para a terapia, e isso não mudou nesse período. Assim, a terapeuta sempre comunicou à cliente que estava disponível para retomar os atendimentos quando a própria sentisse necessidade, deixando essa decisão nas mãos de Ana.

Ana retomou as sessões cerca de 45 dias após o parto, falando que não sabia por onde começar a contar tudo que havia acontecido. A cliente agradeceu a terapeuta diversas vezes ao longo da sessão, dizendo: "Não sei o que seria de mim sem ter feito a terapia, imagina eu, tentando controlar tudo?" e "Penso em você várias vezes na semana, quando consigo conectar os pontos para entender um sentimento, quando consigo resolver uma situação que lá atrás você dizia que poderia acontecer".

A cliente listou alguns dos desafios encontrados: privação de sono, cólicas da bebê, volatilidade do seu humor, falta de tempo para si, etc. Relatou que, apesar deles, se considerava naquele momento feliz na maternidade, conseguindo focar em viver um dia após o outro e lidar com as questões conforme elas aparecessem, sem "sofrer por antecedência".

Contou que sua mãe e sua sogra foram essenciais no pós-parto imediato, cuidando dela para que pudesse estar disponível para Clara: "Não fiquei um instante sem um copo de água perto, tirei todas as sonecas que quis, sempre me alimentei bem. Isso tudo porque elas estavam nos bastidores". A terapeuta questionou como ela se sentia sem tomar as decisões envolvidas nos "bastidores", desde o que iria comer até como sua mãe e sogra cuidavam da bebê enquanto ela dormia. Ana respondeu: "Abrir mão do controle não é fácil, mas estabelecemos regras e limites, e eu sei que elas não iriam me desrespeitar nem fazer nada com Clara que eu desaprovasse. Além disso, eu lembro que, quanto mais amor a Clara tiver, quanto mais colos ela experimentar, melhor para ela, cada um tem o seu jeito de fazer as coisas, e vai ficar tudo bem, mesmo se o jeito das avós for diferente do meu. Nem sempre é fácil, mas, quando às vezes bate ciúmes ou uma vontade de organizar tudo do meu jeito, eu respiro fundo e me lembro disso tudo que falei".

Em relação a João, Ana relatou que, no que concerne aos cuidados com Clara, o marido tem sido participativo, dividindo todas as tarefas possíveis com ela. Sobre a divisão das tarefas domésticas, problemas começaram a surgir quando as mães de ambos foram embora, já que até esse momento elas estavam se responsabilizando por essa parte. Ana conta que ela e o marido já tiveram algumas conversas, retomaram combinados feitos antes (na gestação) e decidiram contratar ajuda para a parte dos cuidados com a casa. Disse também que se sentiu ouvida e apoiada quando comunicou a João seus incômodos e que ele tem sido mais proativo nas tarefas domésticas.

Esse relato de caso ilustra um processo terapêutico no período perinatal em que não havia um fator de risco para saúde mental proeminente quando a cliente buscou a terapia. Mesmo assim, foi possível identificar, em conjunto com ela, variáveis que possivelmente interagiriam com os desafios comumente encontrados na transição para a parentalidade. A partir da avaliação de possíveis déficits de repertório, expectativas e valores relacionados à maternidade e variáveis determinantes em conflitos sociais, foi possível traçar um plano de trabalho preventivo que reconhecesse a perinatalidade como uma crise evolutiva (Maldonado, 2013) com potencial para criar oportunidades de desenvolvimento pessoal. Utilizando estratégias de psicoeducação, ensino de repertório de resolução de problemas, inclusive nas relações sociais e do casal, a terapeuta objetivou ampliar as possibilidades de lidar de forma positiva e construtiva na transição pela qual a cliente passaria. Verificou-se, a partir da avaliação subjetiva da própria cliente e de seu relato, que esse trabalho teve impacto no pós-parto, favorecendo uma experiência não isenta de desafios, mas em que estes fossem superáveis.

Referências

Andery, M. A. P. A. (1999). O modelo de seleção por consequências e a subjetividade. In R. A. Banaco (Org.), *Sobre comportamento e cognição: Aspectos teóricos, metodológicos e de formação em análise do comportamento e terapia cognitivista* (2. ed., Vol. 1, pp. 199-208). ARBytes.

Araújo, C., & Scalon, C. (2005). *Gênero, família e trabalho no Brasil*. FGV.

Balassiano, B. (2019). Mudanças psíquicas e a maternidade. In T. V. C. Perilo (Org.), *Tratado do especialista em cuidado materno-infantil com enfoque em amamentação* (pp. 59-67). Mame Bem.

Bergman, N. J., Ludwig, R. J., Westrup, B., & Welch, M. G. (2019). Nurturescience versus neuroscience: A case for rethinking perinatal mother-infant behaviors and relationship. *Birth Defects Research, 111*(15), 1110-1127.

Bina, R. (2008). The impact of cultural factors upon postpartum depression: A Literature review. *Health Care for Women International, 29*(6), 568-592.

Brockington, I. (2004). Postpartum psychiatric disorders. *The Lancet, 363*(9405), 303-310.

Brugha, T. S., Morrell, C. J., Slade, P., Walters, S. J. (2011). Universal prevention of depression in women postnatally: Cluster randomized trial evidence in primary care. *Psychological Medicine, 41*(4), 739-748.

Coutinho, M. P. L., & Saraiva, E. R. A. (2008). Depressão pós-parto: Considerações teóricas. *Estudos e Pesquisas em Psicologia, 8*(3), 759-773.

Delucca, M. (2019). Teoria da exterogestação. In T. V. C. Perilo (Org.), *Tratado do especialista em cuidado materno-infantil com enfoque em amamentação* (pp. 9-18). Mame Bem.

Demarchi, R. F., Nascimento, V. F., Borges, A. P., Terças, A. C. P., Grein, T. A. D., & Baggio, E. (2017). Percepção de gestantes e puérperas sobre maternidade. *Revista de Enfermagem UFPE On Line, 11*(7), 2663-2673.

Doss, B., Rhoades, G. K., Stanley, S. M., & Markman, H. J. (2009). The effect of the transition to parenthood on relationship quality: An 8-year prospective study. *Journal of Personality and Social Psychology, 96*(3), 601-619.

Feinberg, M. E. & Kan, M. L. (2008). Establishing family foundations: Intervention effects on coparenting, parent/infant well-being, and parent–child relations. *Journal of Family Psychology, 22*(2), 253-263.

Feinberg, M. E. (2002). Coparenting and the transition to parenthood: A framework for prevention. *Clinical Child and Family Psychology Review, 5*(3), 173-195.

Feldman, R., & Eidelman, A. I. (2007). Maternal postpartum behavior and the emergence of infant-mother and infant-father synchrony in preterm and full-term infants: The role of neonatal vagal tone. *Developmental Psychobiology, 49*(3), 290-302.

Ferster, C. B. (1973). A functional analysis of depression. *American Psychologist, 28*(10), 857-870.

Gavin, N. I., Gaynes, B. N., Lohr, K. N., Meltzer-Brody, S., Gartlehner, G., & Swinson, T. (2005). Perinatal depression: A systematic review of prevalence and incidence. *Obstetrics & Gynecology, 106*(5), 1071-1083.

Hoekzema, E., Barba-Müller, E., Pozzobon, C., Picado, M., Lucco, F., García-García, D., ... Vilarroya, O. (2017). Pregnancy leads to long-lasting changes in human brain structure. *Nature Neuroscience, 20*, 287-296 .

Howard, L. M., Molyneaux, E., Dennis, C., Rochat, T., Stein, A., & Milgrom, J. (2014). Non-psychotic mental disorders in the perinatal period. *The Lancet, 384*(9956), 1775-1788.

Hrdy, S. B. (2001). *Mãe natureza: Uma visão feminina da evolução: maternidade e seleção natural.* Campus.

Kanter, J. W., Cautilli, J. D., Busch, A. M., & Baruch, D. E. (2005). Toward a comprehensive functional analysis of depressive behavior: Five environmental factors and a possible sixth and seventh. *The Behavior Analyst Today, 6*(1), 65-81.

Kerbauy, R. R. (2008). Terapia comportamental de grupo. In M. Delitti, & P. Derdyk (Orgs.), *Terapia analítico-comportamental em grupo* (pp. 31-58). ESETec.

Leeman, L. M., & Rogers, R. G. (2012). Sex after childbirth: Postpartum sexual function. *Obstetrics & Gynecology, 119*(3), 647-655.

Linehan, M. M. (2010). *Terapia cognitivo-comportamental para o transtorno da personalidade borderline: Guia do terapeuta.* Artmed.

Macedo, A. F., Pereira, A. T., & Marques, M. (2014). Psiquiatria perinatal: Perspectiva histórica e aspectos nosológicos. In A. F. Macedo, & A. T. Pereira (Coords.), *Saúde mental perinatal* (pp. 3-25). Lidel.

Maldonado, M. T. (2013). *Psicologia da gravidez.* Jaguatirica.

Marques, M., Pereira, A. T., Bos, S., Soares, M. J., Maia, B. R., Valente, J., & Macedo, A. F., (2014). Aspectos clínicos e fatores de risco psicossociais da depressão perinatal. In A. F. Macedo, & A. T. Pereira (Coords.), *Saúde mental perinatal* (pp. 27-50). Lidel.

Martell, C. R. (2020). Ativação comportamental. In S. C. Hayes, & S. G. Hofmann (Orgs.), *Terapia cognitivo-comportamental baseada em processos: Ciência e competências clínicas* (pp. 235-242). Artmed.

Matthey, S., Barnett, B., Howie, P., & Kavanagh, D. J. (2003). Diagnosing postpartum depression in mothers and fathers: whatever happened to anxiety? *Journal of Affective Disorders, 74*(2), 139-147.

Morgan, B. E., Horn, A. R., & Bergman, N. J. (2011). Should Neonates Sleep Alone? *Biological Psychiatry, 70*(9), 817-825.

Nezu, A. M., Nezu, C. M., & Greenfield, A. P. (2020). Solução de problemas. In S. C. Hayes, & S. G. Hofmann (Orgs.), *Terapia cognitivo-comportamental baseada em processos: Ciência e competências clínicas* (pp. 215-224). Artmed.

Nogueira, V., Marques, M., Roque, C., & Pereira, A. T. (2014). Ansiedade perinatal. In A. F. Macedo, & A. T. Pereira (Coords.), *Saúde mental perinatal* (pp. 77-100). Lidel.

O'Hara, M. W., & Wisner, K. L. (2014). Perinatal mental illness: Definition, description and aetiology. *Best Practice & Research Clinical Obstetrics & Gynaecology, 28*(1), 3-12.

O'Hara, M. W., Stuart, S., Gorman, L. L., & Wenzel, A. (2000). Efficacy of interpersonal psychotherapy for postpartum depression. *Archives of General Psychiatry, 57*(11), 1039-1045.

Olza-Fernandez, I., Gabriel, M. A. M., Gil-Sanchez, A., Garcia-Segura, L. M., & Arevalo, M. A. (2014). Neuroendocrinology of childbirth and mother-child attachment: The basis of an etiopathogenic model of perinatal neurobiological disorders. *Frontiers in Neuroendocrinology, 35*(4), 459-472.

Olza-Fernandez, I., Leahy-Warren, P., Benyamini, Y., Kazmierczak, M., Karlsdottir, S. I., Spyridou, A., ... Nieuwenhuijze, M. J. (2018). Women's psychological experiences of physiological childbirth: A meta-synthesis. *BMJ Open, 8*(10), e020347.

Pereira, A., Soares, M., Bos, S., Marques, M., Maia, B., Valente, J., ... Macedo, A. (2014). Why should we screen for perinatal depression? Ten reasons to do it. *International Journal of Clinical Neurosciences and Mental Health, 10*(1), 1-10.

Rose, J. C. C., Bezerra, M. S. L., & Lazarin, T. (2012). Consciência e autoconhecimento. In M. M. C. Hubner, & M. B. Moreira (Coords.), *Fundamentos de psicologia: Temas clássicos da psicologia sob a ótica da análise do comportamento* (pp. 188-207). Guanabara Koogan.

Rosenberg, J. L. (2007). Transtornos psíquicos da puerperalidade. In A. F. Bortoletti, J. Bortoletti Filho, M. U. Nakamura, R. M. Santana, & R. Mattar (Orgs.), *Psicologia na prática obstétrica: Abordagem interdisciplinar* (pp. 109-17). Manole.

Santos, I. S., Matijasevich, A., Tavares, B. F., Barros, A. J. D., Botelho, I. P., Lapolli, C., ... Barros, F. C. (2007). Validation of the Edinburgh postnatal depression scale (EPDS) in a sample of mothers from the 2004 Pelotas Birth Cohort Study. *Cadernos de Saúde Pública, 23*(11), 2577-2588.

Stein, A., Pearson, R. M., Goodman, S. H., Rapa, E., Rahman, A., McCallum, M., ... Pariante, C. M. (2014). Effects of perinatal mental disorders on the fetus and child. *The Lancet, 384*(9956), 1800-1819.

Stuart-Parrigon, K., & Stuart, S. (2014). Perinatal depression: An update and overview. *Current Psychiatry Reports, 16*(9), 468-477.

Vilas Boas, D. L. O., Banaco, R. A., & Borges, N. B. (2012). Discussões da análise do comportamento acerca dos transtornos psiquiátricos. In N. B. Borges, & F. A. Cassas (Orgs.), *Clínica analítico comportamental: Aspectos teóricos e práticos* (pp. 95-101). Artmed.

Yim, I. S., Stapleton, L. R. T., Guardino, C. M., Hahn-Holbrook, J., & Schetter, C. D. (2015). Biological and psychosocial predictors of postpartum depression: Systematic review and call for integration. *The Annual Review of Clinical Psychology, 11*, 99-13.

Zambaldi, C. F., Cantilino, A., & Sougey, E. B. (2009). Parto traumático e transtorno de estresse pós-traumático: Revisão da literatura. *Jornal Brasileiro de Psiquiatria, 58*(4), 252-257.

Capítulo 6

Contribuições analítico--comportamentais para a equipe multidisciplinar: o comportamento de transmitir notícias difíceis

Josiane Knaut
Karina Pinheiro da Silva
Bianca dos Reis

No contexto da saúde, independentemente da área de atuação ou categoria profissional, as relações humanas são a base do trabalho dos profissionais, e, por isso, o aprimoramento de habilidades de comunicação é fundamental (Carvalho & Parsons, 2012). Tais habilidades são essenciais quando se trata da transmissão da informação de uma notícia difícil, que é complexa e exige mais do que o conhecimento teórico sobre o conteúdo da informação a ser passado, como sugerido por Baile et al. (2000). Notícias difíceis podem ser definidas como informações transmitidas que impactam negativamente o receptor da notícia, afetando sua perspectiva sobre o futuro (Chehuen et al., 2013). No entanto, mesmo diante da complexidade e da importância do tema, alguns profissionais, principalmente os médicos, acabam por se deparar com a necessidade de aperfeiçoamento desse comportamento apenas quando já estão em contato com os pacientes, enfrentando dificuldades significativas.

A frequência com que ocorre esse evento, a dificuldade dos profissionais na transmissão e a importância para a vida do receptor da notícia difícil contrastam com a falta de preparação dos futuros profissionais nos cursos de graduação no que se refere ao desenvolvimento de habilidades gerais de comunicação. Considerando que comunicar é um comportamento, acredita-se que estudantes de graduação das áreas da saúde poderiam se beneficiar ao participarem de atividades e treinamentos focados no ensino do comportamento de comunicar notícias difíceis, com base nos princípios da Análise do Comportamento, principalmente os da área médica, visto que é desses profissionais a responsabilidade pela transmissão da notícia. Entretanto, os demais profissionais da equipe também devem ser capacitados, visto que podem auxiliar o médico no contato com o paciente, bem como aprimorar as próprias habilidades de comunicação. No que se refere ao psicólogo propriamente dito, além de auxiliar na facilitação da comunicação e ampliar seu repertório comunicacional, ele poderá contribuir no treinamento e na capacitação da equipe no desenvolvimento dessa habilidade de comunicação. Dessa forma, este capítulo tem o objetivo de descrever parte de uma experiência de treinamento de graduandos dos cursos da área da saúde (Medicina, Psicologia, Fisioterapia e Enfermagem) de uma universidade privada localizada em Curitiba, por meio do Projeto de Simulação Realística do Centro de Simulação da Universidade Positivo (CESUP). Apesar de o projeto envolver diferentes oficinas para desevolvimento de habilidades específicas de cada área da saúde, será privilegiada a descrição das oficinas de responsabilidade da área da Psicologia. Estas tiveram como foco a capacitação dos discentes dos cursos envolvidos no aprimoramento de repertório comportamental para a transmissão de notícias difíceis.

Como já dito, o ato de comunicar uma notícia difícil ocorre frequentemente na rotina dos médicos. Esse profissional, ao encontrar dificuldades para comunicar uma notícia difícil, pode se esquivar de discutir informações, como o prognóstico, ou, ainda, pode auxiliar o paciente a criar expectativas irreais (Maguire, 1985), interferindo no processo de adesão ao tratamento. Durante o processo de adoecer, a tríade paciente-família-equipe pode utilizar diversas formas de comunicação, uma delas o silêncio (Volles et al., 2012).

Entre as possíveis contingências instaladas pela dificuldade de comunicação, pode ser citada a "conspiração do silêncio". Esta é definida como uma situação em que se tem muito o que falar, mas não existem palavras para se expressar (Ismael & Oliveira, 2008). Na tentativa de se esquivar de entrar em contato com situações em que emoções podem emergir, o profissional responsável pelo caso pode aceitar os pedidos de "conspiração do silêncio" da família, evitando falar desde o nome do diagnóstico, quando junto ao paciente, até o real prognóstico, causando prejuízos ao paciente e à família (Volles et al., 2012). Aliados ao silêncio, alguns efeitos podem ser descritos, como aumento de falhas na comunicação geral, enfraquecimento de laços tanto entre os próprios familiares quanto entre estes e a equipe, além de isolamento. E, quando o paciente está demonstrando vulnerabilidade, pode gerar sensação de indiferença ou hostilidade. Dessa forma, o desenvolvimento do repertório de comunicar notícias difíceis também tem como resultado a melhoria na qualidade de vida dos pacientes, visto que a comunicação efetiva atua como ponto importante na recuperação (Coriolano-Marinus et al., 2014), pois oferece maior controle em relação ao tratamento e, assim, maior autonomia.

Além dos prejuízos que a dificuldade em comunicar notícias difíceis pode causar ao paciente e à família, não ter repertório para tal comunicação pode contribuir para o adoecimento mental dos médicos, que ficam sujeitos ao desenvolvimento de estresse e *burnout* (Ramirez et al., 1995). Essas consequências para pacientes, familiares e médicos poderiam ser superadas por meio de atividades que tenham como objetivo desenvolver o comportamento de comunicar notícias difíceis de maneira eficaz, contribuindo para a melhoria da saúde mental dos envolvidos. Além disso, tais atividades propiciam melhora na relação terapêutica e maior promoção de saúde (Coriolano-Marinus et al., 2014), intermediando parte importante das relações nos contextos de saúde e interferindo de maneira direta no objetivo do serviço ofertado. Apesar da relevância da sistematização e da criação de condições para o ensino, ainda não há na literatura pesquisas em Análise do Comportamento que busquem desenvolver tal comportamento em alunos da graduação das áreas da saúde, o que caracteriza uma lacuna científica na área.

Diante do contexto de necessidade de sistematização da comunicação de notícias difíceis, profissionais da saúde buscaram resolver a demanda por meio da construção de protocolos. Um exemplo é o protocolo SPIKES, criado por um grupo de oncologistas canadenses e norte-americanos (Baile et al., 2000). Os autores descrevem no protocolo seis etapas para a comunicação de más notícias: 1) Planejando a entrevista (S – *Setting up the interview*); 2) Avaliar a percepção do paciente (P – *Perception*); 3) Aguardar o convite do paciente (I – *Invitation*); 4) Dar o conhecimento da informação (K – *Knowledge*); 5) Abordar as emoções dos pacientes com respostas afetivas (E – *Emotions*); e 6) Criar estratégia e resumo (S – *Strategy and summary*).

Esse protocolo trouxe grandes contribuições para a área, sendo utilizado, inclusive, em políticas de humanização do Sistema Único de Saúde (SUS), por meio de Oficinas de Comunicação de Más Notícias (Instituto Nacional de Câncer [INCA], 2010). No entanto, apesar da sua relevância, não há clareza na descrição dos comportamentos esperados em cada etapa, não cumprindo com o objetivo de ensino e aprendizagem. Um dos exemplos pode ser encontrado na etapa 5) Abordar as emoções dos pacientes com respostas afetivas. Esse item sugere que o médico observe a emoção do paciente e identifique a razão daquela emoção, sem ter clareza da finalidade dessa tarefa ou sob controle de quais estímulos o comunicador deve ficar. A criação de condições para o ensino dessa habilidade poderia auxiliar na descrição dos comportamentos a serem desenvolvidos. Também poderia explicitar diante de quais variáveis de contexto o profissional deveria ficar sob controle, contribuindo para seu treinamento e a generalização para o contexto de atenção primária, secundária ou terciária. Assim, é necessário o aprimoramento do ensino desse comportamento, ultrapassando as limitações encontradas na reprodução de um protocolo, apesar de sua considerável relevância.

O analista do comportamento na atuação em equipe multidisciplinar

Dada a sua formação, um dos profissionais aptos a contribuir com o aprimoramento do ensino das habilidades de comunicação de notícias difíceis é o analista do comportamento. Diversas são as variáveis que podem interferir na clareza da transmissão de informações em um contexto de saúde, como diferenças culturais e características de desenvolvimento individual de cada pessoa (Coriolano-Marinus et al., 2014). O psicólogo analista do comportamento identifica essas variáveis e, assim, auxilia no desenvolvimento da equipe multidisciplinar por meio, por exemplo, de treinamentos, de modo que os profissionais consigam atuar a partir de análises funcionais. Tal análise exige que os profissionais identifiquem relações entre ações do indivíduo e o contexto no qual elas acontecem, levando em consideração condições fisiológicas e processos psicológicos inseridos em um meio sociocultural, bem como as consequências de tais processos. Assim, analisar a função dos comportamentos das pessoas envolvidas no ambiente de saúde torna-se relevante para a atuação do profissional.

A visão de que saúde e doença são resultantes da inter-relação entre fatores biológicos, psicológicos e sociais contribuiu para o fortalecimento do modelo biopsicossocial. Este sugere que modelos de causalidade lineares, como o modelo biomédico, focado na determinação biológica/fisiológica nos mecanismos de doença (Straub, 2014), se tornam simplistas do ponto de vista pragmático, a ponto de não fornecerem embasamento suficiente para lidar com a complexidade do fenômeno humano. Essa perspectiva foi essencial para a criação de contexto favorável para a inserção do psicólogo no contexto de saúde. Entretanto, para que se consiga realizar os treinamentos com qualidade, o analista do comportamento precisa ficar sob controle do seu papel diante da equipe multidisciplinar e da atuação geral do profissional na saúde.

Ao integrar uma equipe multidisciplinar, o profissional se depara com alguns desafios, como a falta de conhecimento sobre o trabalho do psicólogo. Na literatura, a definição do trabalho do psicólogo no contexto hospitalar, uma das áreas da Psicologia na Saúde, recebe influência da base epistemológica de cada autor, na qual embasa sua abordagem psicológica. Dessa forma, a atuação não é "padronizada", o que pode levar à confusão dos componentes da equipe sobre a atuação desse profissional. Aliado a essa contingência, de acordo com Starling (2001), não há um modelo psicológico para o trabalho em ambientes de saúde, visto que o psicólogo tem, muitas vezes, sua ação pautada no modelo clínico de atuação. O autor descreve a diferença entre a atuação do psicólogo nesse ambiente e a área médica sob a perspectiva analítico-comportamental. Segundo ele, existe uma diferença entre "enfermidade" e "doença". A doença caracteriza-se como uma variável de estímulo (trauma, lesão, algo biológico), enquanto a enfermidade é uma variável de resposta do indivíduo. A enfermidade, como conjunto de respostas, acaba sendo emitida na interação com a estimulação aversiva ou reforçadora relacionada com a doença. Assim, as respostas foram selecionadas cultural e ontogeneticamente, tornando-se funcionais na discriminação da estimulação (Starling, 2001). O médico e os profissionais que têm repertório para lidar com as questões da doença focarão o trabalho na recuperação dessa funcionalidade, enquanto o psicólogo atuará na preservação, na recuperação ou na implementação de um repertório de comportamentos que sejam adequados para que o indivíduo responda às contingências daquela situação ante o adoecimento (Starling, 2001). Assim, ficariam sob responsabilidade do psicólogo as variáveis relacionadas à enfermidade, e, para a equipe médica, as variáveis de estímulo, relacionadas à doença.

O serviço do psicólogo, por fim, caracteriza-se como o de aprendizagem (aquisição de um novo estado, mais adaptável ao ambiente naquele momento), enquanto o do médico se caracteriza como tratamento (recuperação ou manutenção do estado anterior) (Starling, 2001). A partir do momento em que o psicólogo intervém de modo eficaz em uma questão comportamental, o trabalho do médico também pode ser facilitado, pois a questão biológica fica mais evidente, de maneira isolada (Starling, 2001). Por exemplo, em uma situação de dificuldade na adesão ao tratamento, o psicólogo pode intervir manejando as contingências para que o paciente siga corretamente o tratamento; desse modo, o médico pode avaliar se a dosagem do fármaco "x" está fazendo efeito, como cita Starling (2001). Assim, a delimitação do espaço do papel do psicólogo na saúde diante dos outros profissionais é importante nesse contexto.

Também é necessário, ao psicólogo, o desenvolvimento de repertório de identificação das variáveis envolvidas na doença e na enfermidade, pois, dependendo do objetivo da intervenção focada na enfermidade, as questões da doença também estarão envolvidas. Nesse sentido, tanto no que se refere à investigação quanto à intervenção, as habilidades de comunicação são fundamentais. De acordo com Mäder (2016), o psicólogo também atua na facilitação da comunicação, visto que o entendimento do diagnóstico e das necessidades do paciente pode interferir na sua forma de enfrentamento. Assim, o psicólogo pode solicitar ao médico esclarecimentos sobre variáveis relacionadas à doença, como prognóstico, tipo de tratamento, dados estatísticos e grau de risco, caracterizadas por Starling (2001) como "variáveis de estímulo doença", que podem interferir nas "respostas de enfermidade", como adesão ao tratamento, humor deprimido em decorrência da possibilidade da morte, etc.

Ainda sobre as funções do psicólogo no contexto de saúde, é necessário expandir a atuação para o sofrimento da família, ou meio em que o sujeito está inserido, e da equipe (Mäder, 2016), de modo a desenvolver comportamentos que auxiliem no enfrentamento das contingências vigentes, relacionadas ao adoecimento. Em relação à equipe, quando necessário, o psicólogo pode realizar atendimentos pontuais e treinamentos que ajudem o médico e os demais envolvidos a lidarem com uma situação considerada por eles estressora, como no caso da comunicação de notícias difíceis (Baile et al., 2000). Assim, é importante olhar para a saúde da equipe, promovendo também condições que reduzam o estresse, ou até a síndrome de *burnout*. Vale lembrar ainda que, de acordo com Mäder (2016), o psicólogo faz parte da equipe de saúde como um membro e, por isso, terá limites advindos dessa relação. Assim, quando em situações em que o psicólogo não conseguirá intervir com os outros profissionais, como em demandas de psicoterapia, tal profissional deverá ser encaminhado, de modo a iniciar um tratamento com um psicólogo externo à equipe. Em resumo, o psicólogo que atua no contexto hospitalar ou na área da saúde em geral por meio de uma perspectiva analítico-comportamental vai contribuir na mediação das relações entre paciente, equipe e família, na tomada de decisões, nos tratamentos e nos encaminhamentos, a partir da formulação comportamental de caso, no entendimento e na descrição de quais regras e contingências estão envolvidas, seja na instalação, seja na manutenção da classe de comportamentos da enfermidade. Consequentemente, facilita-se a comunicação entre os componentes da equipe, visto que a interação do organismo com o contexto, as experiências, a cultura, os interesses e as expectativas de cada um é considerada.

A identificação dessas variáveis auxilia também na proposição e na execução de treinamentos com base na tecnologia do comportamento, de modo a desenvolver repertório de habilidades de comunicação da equipe multidisciplinar por meio, por exemplo, de treinamentos, para que os profissionais da saúde consigam atuar de acordo com a visão monista de homem, proposta pela análise do comportamento, entendendo-o como um todo, a partir da inter-relação entre aspectos biológicos, psicológicos e sociais.

Treinamentos com base na tecnologia do comportamento e algumas considerações teóricas em relação ao desenvolvimento de repertório de comunicação na equipe multidisciplinar

O desenvolvimento de treinamentos baseados na tecnologia do comportamento poderia beneficiar, além dos médicos responsáveis pelo caso e pela comunicação da notícia, também os psicólogos da área da saúde, com destaque para os psicólogos hospitalares, tendo em vista que lhes é necessário desenvolver repertório sobre as variáveis envolvidas tanto na doença quanto na enfermidade, como descrito por Starling (2001). Considerando as consequências da falta de repertório na transmissão de notícias difíceis, tanto para os profissionais quanto para os pacientes, e os limites identificados nos protocolos utilizados para a comunicação de notícias difíceis no treinamento de alunos da área, identifica-se a importância de se criar condições de aprendizagem por meio da tecnologia da ciência do comportamento para o desenvolvimento de tal comportamento em estudantes da área da saúde, principalmente no curso de Medicina. Além disso, o psicólogo que atua nessa área, seja em atenção primária, secundária ou terciária, poderá se beneficiar com a criação de programas eficientes com tal foco, uma vez que também é sua função auxiliar a equipe a desenvolver a comunicação entre pacientes, acompanhantes e profissionais.

Alguns treinamentos foram descritos na literatura. Uma revisão de literatura realizada por Nonino et al. (2012) buscou investigar evidências sobre a eficácia dos treinamentos realizados com alunos de Medicina para a comunicação de más notícias. De acordo com os autores, as formas encontradas para a realização dos treinamentos foram aulas didáticas, discussões, simulações individuais ou grupais e observação (Nonino et. al, 2012). Foram encontrados cerca de sete artigos nas bases de dados Pubmed, Lilacs e Scielo. Verificou-se que todos os treinamentos foram realizados por meio de comparações entre grupos de treinamento e controle, e três dos sete artigos foram classificados como estudos randomizados. Entre esses estudos, apenas um encontrou evidências de que o grupo treinado apresentou resultados com maior desenvolvimento que o grupo-controle. Os autores concluíram que a avaliação da eficácia dos treinamentos implica limitações, porque as competências foram medidas por meio de questionários logo após a comunicação da notícia, sem garantia de que o comportamento ali emitido seria generalizado.

De acordo com Skinner (2003), por meio de uma ciência do comportamento é possível solucionar problemas práticos da sociedade, levando em consideração a predição e o controle. É por meio da tecnologia de ensino, baseada na ciência do comportamento, que serão solucionados problemas de ineficiência na educação (Skinner, 1972). Desse modo, as produções de treinamento até o momento são importantes, mas, com o conhecimento da tecnologia do comportamento, usada por psicólogos analistas do comportamento, algumas críticas realizadas na literatura, como de Nonino et al. (2012), poderiam ser dialeticamente superadas. Diante do exposto, vale destacar iniciativas que focam no treinamento dessa habilidade para discentes dos cursos da área da saúde, como a proposta no Projeto de Simulação Realística Multidisciplinar em Urgência e Emergência da Universidade Positivo, localizada em Curitiba.

Aplicação de um treinamento para desenvolver o comportamento de comunicar notícias difíceis em estudantes da graduação da área da saúde

Descrição geral do projeto de simulação realística multidisciplinar no CESUP

O Projeto de Simulação Realística Multidisciplinar em Urgência e Emergência foi um projeto de ensino iniciado em 2018 nas instalações do CESUP, em Curitiba. O objetivo foi desenvolver a aprendizagem de comportamentos voltados para a atuação em equipe multiprofissional, em ambientes de saúde de urgência e emergência hospitalar, integrando diferentes áreas de conhecimento e compartilhando diferentes percepções de um mesmo problema. Participaram do projeto cerca de 84 alunos, divididos em três subgrupos. Cada subgrupo tinha em média 28 alunos, que foram separados em quatro turmas, compostas por discentes dos cursos de Psicologia, Medicina, Enfermagem e Fisioterapia, e quatro docentes, um de cada área. As atividades ocorreram uma vez por semana, com duração aproximada de 3 horas.

Cada turma participou em esquema de rodízio de oficinas ao longo da primeira semana. Cada oficina tinha duração aproximada de 40 minutos a 1 hora para aprendizagem de habilidades específicas (médicas, psicológicas, fisioterapêuticas e de enfermagem) necessárias para o atendimento de casos em ambiente de urgência e emergência, como oficinas de ventilação mecânica; oficinas para pegar acesso venoso; oficinas de coleta de sangue; oficinas de entubação; oficinas de massagem cardíaca e desfibrilação; oficinas de comunicação de notícias difíceis. Todos os alunos dos diferentes cursos passaram por todas as oficinas, com o objetivo de desenvolver repertório também em relação às habilidades exigidas para intervenção dos outros saberes que compunham a equipe multidisciplinar. Um professor de cada área ficou responsável pela condução das oficinas. Nas oficinas de coleta de sangue e acesso venoso, o responsável foi um professor do curso de Enfermagem; nas oficinas de massagem cardíaca, desfibrilação e entubação, um professor do curso de Medicina; nas oficinas de ventilação, um professor de Fisioterapia; e na de comunicação de notícias difíceis, um professor de Psicologia.

Na semana seguinte à participação nas oficinas, uma das turmas era sorteada para realização de atendimento de casos simulados em ambiente de simulação realística. Nesse momento, os alunos utilizavam as habilidades aprendidas anteriormente. Os atendimentos das turmas sorteadas para simulação, durante o período de realização do treinamento, foram acompanhados por meio de espelho unidirecional pelos demais alunos. Para os atendimentos, foram utilizados robôs que simulavam uma pessoa, bem como os parâmetros biológicos para o caso apresentado. Também participaram da simulação atores convidados, que representaram os familiares do paciente.

Após o término de cada atendimento simulado, foi realizado o *debrifieng*, ocasião em que os alunos receberam *feedback* sobre a atuação nas situações simuladas em discussão geral com os demais alunos e professores. Na sequência, cada professor se reuniu com seu grupo de alunos para treinamento e esclarecimento de dúvidas específicas da sua área.

Faz-se necessário ressaltar que cada área de atuação trabalhou, por meio de oficinas, com o desenvolvimento de habilidades específicas exigidas para o atendimento em casos comumente vivenciados em ambientes de urgência e emergência. O objetivo das oficinas realizadas pela Psicologia foi o aprimoramento de habilidades de comunicação, com ênfase na transmissão de notícias difíceis. Nesse sentido, a equipe responsável por comunicar informações sobre diagnóstico, prognóstico e tratamento é a equipe médica. No entanto, como o objetivo do projeto foi desenvolver todas as habilidades citadas em alunos de diferentes áreas, todos os alunos foram alvo da intervenção: Enfermagem, Fisioterapia, Medicina e Psicologia. Apesar do foco geral da intervenção, neste capítulo, para fins didáticos, serão descritas informações direcionadas ao repertório dos alunos de Medicina, visto que estes são os responsáveis pela comunicação de notícias difíceis. Assim, as evidências empíricas advindas da literatura escolhida para fundamentar parte das condutas, bem como a referência do treinamento, serão referentes à área da Medicina.

Aprendizagem do comportamento de transmissão de notícias difíceis

As atividades realizadas com o objetivo de aprimorar o comportamento de transmitir notícias difíceis foram desenvolvidas em três etapas:

- *Etapa 1: Sensibilização para a importância da comunicação.* Caracterizada por momentos de reflexões sobre a necessidade de autoconhecimento do profissional.
- *Etapa 2: Ensaio comportamental.* Nesta etapa, foi apresentada a sequência de comportamentos exigidos no processo de transmissão de notícias difíceis, seguida de ensaio comportamental.

- *Etapa 3: Simulação realística.* Caracterizada pela simulação realística de atendimento de caso clínico (robô), por equipe multiprofissional, em ambiente de urgência e emergência e transmissão de notícias difíceis ao familiar do paciente atendido. O atendimento da equipe foi observado por espelho unidirecional pelos demais alunos e professores.

Etapa 1: Sensibilização para a importância da comunicação

Como o processo de comunicação depende da capacidade de manter a conversação eficaz e produtiva (Barker, 2011), ao iniciar o treinamento, tornou-se relevante apresentar o conceito de comunicação por meio de conceitos da teoria da comunicação e elementos constituintes do processo: emissor, mensagem, receptor, bem como os "ruídos" que podem interferir na decodificação da informação pelo receptor. Além dos conceitos iniciais, e entendendo a comunicação como um contexto em que o comportamento de um organismo modifica o comportamento de outro por meio da criação de estímulos discriminativos (Baum, 2019), é necessário que o profissional busque refletir a respeito de seu próprio comportamento para que consiga analisar a interação deste com o outro. Com esse objetivo, foram propostas aos alunos reflexões objetivando a ampliação de repertório de autoconhecimento no que se refere à discriminação sobre sua satisfação profissional, nível de autoexigência e exigência para com o outro e identificação de repertório sobre facilidades e dificuldades ante o comportamento de comunicar, tanto em âmbito pessoal quanto em contexto profissional. Também foram propostas reflexões visando à discriminação da importância da linguagem não verbal e à identificação de como a utilizam durante o processo de transmissão de notícias difíceis.

Os alunos foram convidados a refletir sobre o seguinte.

Autoconhecimento

- Como me sinto como profissional?
- Sou feliz com o que faço?
- Como lido comigo mesmo? E com o outro?
- Percebo minhas limitações e as dos outros?
- Percebo as minhas limitações como sinal de incompetência?

Como me comunico?

- As mensagens são claras?
- Como é meu tom de voz?
- Os estados emocionais/psicológicos do emissor/receptor podem interferir na decodificação da mensagem?
- "A forma como eu falo fala sobre mim." Nesse momento, discutiu-se a influência da linguagem não verbal na comunicação (gestos, posturas, expressões faciais), ressaltando que esses sinais emitidos pelo comportamento do médico interferem na leitura que o paciente fará sobre a situação. Assim, o que o profissional "fala", bem como a forma adotada para tal, contribui para a transmissão de uma mensagem importante na interação.

Esta etapa foi encerrada com a reflexão sobre quais seriam atualmente as características de um bom médico, destacando-se a necessidade de uma postura profissional humanizada, exigindo, além de conhecimento técnico, as habilidades de comunicação.

Etapa 2: Ensaio comportamental

Após a sensibilização em relação ao comportamento do profissional e sua interação com o comportamento do paciente, iniciou-se a etapa de ensaio comportamental. O ensaio comportamental é uma técnica utilizada em contextos de aprendizagem que consiste em dramatizar as situações-problema com o objetivo de modelar por meio de *feedbacks* imediatos determinado comportamento objetivo. Dessa forma, como descreve Otero (2004), é possível identificar relações entre eventos por meio de uma boa descrição da situação-problema. Também é possível, por meio dessa descrição, decompor uma sequência comportamental e avaliar o desempenho dos participantes (Otero, 2004). Para isso, primeiro foram apresentadas as etapas do processo de transmissão de notícias difíceis, com base no protocolo SPIKES (Baile et al., 2000), e, em seguida, deu-se início aos ensaios comportamentais entre os próprios alunos. As informações respaldadas no protocolo SPIKES (Baile et al., 2000) como base para os ensaios são apresentadas a seguir.

Preparação: Privacidade e avaliação do seu estado emocional

- Avalie e escolha um local que ofereça a maior privacidade possível para a comunicação da notícia: neste tópico, tornou-se importante enfatizar o quanto existem diferentes formas de garantir a privacidade de um paciente, mesmo diante da impossibilidade de uma sala de atendimento vazia, como ocorre em pronto-socorros. As diferentes formas podem ser: fechar as cortinas que separam os leitos, atentar-se ao tom de voz, de modo que outros pacientes presentes não consigam ouvir o que está sendo dito, levar o receptor da notícia até o final do corredor, com menor movimentação de pessoas, ou a outra ala do hospital, próxima.
- Familiarize-se com a informação clínica relevante do paciente e prepare-se para esclarecer dúvidas: é importante ficar sob controle do comportamento do paciente neste momento e imaginar de que forma ele conseguiria entender a mensagem, incluindo adaptação da terminologia. Meu paciente fala português? Meu paciente entenderia caso eu apenas verbalizasse, ou precisarei de outros recursos?
- Prepare-se para responder às reações emocionais do receptor da notícia e avalie como está o seu estado emocional para transmitir a informação. Avaliar como está o estado emocional do profissional antes da transmissão é uma tarefa que exige autoconhecimento e repertório de previsão das consequências do seu comportamento diante de diferentes circunstâncias (pressão, sobrecarga por ter que continuar a atender outros pacientes, etc.). Algumas técnicas de respiração e relaxamento podem ser apresentadas como ferramentas úteis para esta etapa.
- Em caso de não se sentir confortável, vale observar e/ou conversar com um colega mais experiente antes de enfrentar a situação. Neste momento, torna-se importante esclarecer que a solicitação de ajuda para outros profissionais não o torna menos competente para resolver os conflitos do dia a dia no contexto de saúde, uma vez que os alunos podem se esquivar de pedir auxílio por relacionarem ao fracasso, devido à visão social construída de que o médico tem hierarquia superior.

Pergunte antes de contar e... Ouça!

- Identifique quem é o receptor da notícia difícil (paciente ou outra pessoa): identificar se apenas o paciente estará presente ou se ele prefere companhia de alguma pessoa de sua rede de apoio. Alguns pacientes, por perceberem que o médico comunicará algo importante, pedem para que outras pessoas estejam junto no momento, porque em situações de ansiedade é comum não prestar atenção em algumas informações essenciais.

- Solicite que as pessoas presentes no momento da conversa se apresentem e descrevam sua relação com o paciente. Este momento, além de auxiliar na identificação da linguagem a ser utilizada durante a transmissão, também contribui para o estabelecimento de vínculo. Dessa forma, sempre é importante identificar o paciente ou acompanhante pelo nome. Apesar de parecer óbvio, detalhes como este fazem diferença durante a aprendizagem.
- Estabeleça vínculo: estabeleça e mantenha contato visual com as pessoas presentes no momento da conversa. Neste momento, também é necessário perceber se há outros sinais na linguagem corporal que indicam diferença hierárquica entre paciente e médico, como quando o médico permanece em pé e o paciente sentado, por exemplo.
- Solicite que o receptor da notícia explique o que sabe a respeito do caso. Este momento pode não ocorrer em situações como de urgência e emergência, uma vez que geralmente o paciente e a família já sabem o que havia ocorrido. No entanto, é preciso avaliar caso a caso.
- Avalie o nível de compreensão do receptor da notícia a respeito das informações narradas. Neste momento, é possível identificar crenças irreais e fantasias criadas pelos pacientes ou familiares. Ouvir, além de prestar atenção no próprio comportamento, portanto, é um comportamento necessário por parte do médico.

Faça uma narrativa sobre o histórico da doença do paciente, dando ênfase ao cuidado prestado por toda a equipe

- A narrativa deve apresentar a sequência dos fatos, facilitando a compreensão e introduzindo o receptor gradativamente no ápice da transmissão. A transmissão gradual permite avaliar o grau de compreensão do receptor, além de avaliar o efeito gradual do estresse no organismo do paciente, visto que as respostas compensatórias passam a ser eliciadas não de forma abrupta.
- Lembre-se de que a pessoa se sente confortada sabendo que seu ente querido foi/ou está sendo cuidado. Seja qual for a notícia transmitida, é necessário indicar que o foco estava ou está em cuidar das pessoas envolvidas. Além de afetar a família, o foco no cuidado tira a pressão em curar, sofrida pelos médicos, diante de condições em que não existem tratamentos com efeito terapêutico, como em cuidados paliativos.

Aviso de que a notícia a ser transmitida é difícil

- Sinalize verbalmente que será comunicada uma notícia difícil. Respostas empáticas podem ser ditas neste momento, como: "*infelizmente*, eu tenho uma notícia difícil para te dar".
- Avalie a reação imediata do receptor da notícia. É importante identificar o ritmo do paciente (ele já está conseguindo compreender o que vou dizer ou está em "estado de choque"? O paciente está negando receber uma notícia ruim e ameaça processar o hospital e os funcionários?).
- Se preciso, avalie a necessidade de comunicar a notícia de forma diferente da planejada. A flexibilidade comportamental diante dos sinais indicados pelo paciente precisa ser treinada, porque por mais que a etapa de preparação reduza a ansiedade e dê maior controle para o profissional, nem sempre as situações são previsíveis.

Transmissão da notícia difícil

- Comunique a informação. O tom de voz no caso da transmissão da notícia deve indicar firmeza (não agressividade), no sentido de que o paciente precisa sentir segurança diante do que está sendo exposto pelo médico.
- Avalie se o receptor compreendeu a informação que foi transmitida. Uma das formas de realizar a avaliação, além de questionar se o paciente entendeu ou se é necessário retomar alguma questão, é solicitar que o paciente explique com as próprias palavras o que lhe foi dito. Dessa forma, grande parte desta etapa está na realização de um treino de escuta ativa por parte do profissional.
- Verifique a necessidade de repetição da notícia ou alteração na forma de transmissão. Em alguns casos, faz-se necessário repetir a notícia; por isso, o médico precisa ficar sob controle do tempo disponível para que entre em contato com os pacientes, evitando sinalizar pressa ou descaso com a população atendida.
- Exponha a verdade com firmeza, porém sem desconstruir o outro.
- Utilize frases curtas, com linguagem clara e franca.
- Substitua os termos técnicos por palavras de fácil compreensão. Eufemismos também podem prejudicar a clareza. Alguns pacientes precisam ouvir a palavra "morreu" em vez de expressões como "faleceu", "veio a óbito" ou "não resistiu" para entrarem em contato com o verdadeiro significado da informação transmitida.

Suporte emocional

- É o momento de acolhimento, no qual se exercitam a escuta ativa e a empatia. Esta é a etapa considerada pelos transmissores de notícias difíceis a de maior dificuldade no manejo, então merece um detalhamento maior.* Reações faciais de dúvida ou verbalização de expectativas irreais ao longo deste momento já podem indicar uma forma de elaboração do paciente diante do sofrimento sentido. Portanto, sinalizar aos alunos, ou aos médicos, que às vezes é necessário repetir algumas informações mais difíceis, como mau prognóstico, torna-se importante, evitando também um comportamento menos agressivo por parte do profissional diante da demanda de pedidos de explicações diferentes.
- Discrimine as reações apresentadas pelo receptor da notícia. Diversas podem ser as reações humanas diante de uma notícia difícil: choro, paralisia (silêncio), gritos, inclusive risos. É necessário que o profissional tenha consciência dessas diferentes reações, de modo a não se esquivar de lidar com elas diante de determinada situação.
- Utilize perguntas abertas para identificar as emoções experimentadas pelo receptor da notícia, como: "Como está se sentindo diante do que conversamos?". Em alguns casos, diante do silêncio, há possibilidade de criar um contexto para que o receptor compartilhe pensamentos, como: "Você está em silêncio por algum tempo. No que está pensando?".
- Identifique as emoções experimentadas pelo receptor da notícia, nomeando-as e verbalizando-as. Neste momento, em caso

* A decomposição dos comportamentos desta etapa foi realizada pelas psicólogas Camila Bach e Mayrê Duran, para utilização na oficina "Como dar más notícias", realizada durante o I Encontro de Psicologia Hospitalar UP – HCV, em 17 e 18/11/2017.

de dúvidas, é importante atentar a dizer o que é visível.

- Valide as emoções apresentadas pelo receptor da notícia. Diversas são as formas de validar a emoção de um receptor, desde a linguagem corporal (balançar de cabeça lentamente com contato visual) até verbalizações, como: "Eu imagino o quanto esteja sendo um momento difícil para você", "eu também gostaria que os resultados fossem diferentes", "estou vendo como você está emocionado". Cada médico deve encontrar uma forma com a qual se identifica para validar emoções e emitir comportamentos empáticos, visto que algumas pessoas se sentem desconfortáveis, por exemplo, em falarem que "imaginam o que o outro sente".
- Estabeleça relação entre a emoção experimentada pelo receptor da notícia com aquilo que desencadeou a emoção. Durante o momento da transmissão de uma notícia difícil, o receptor começar a se dissociar da realidade. Relacionar a emoção com aquilo que a desencadeou é uma forma de trazer a pessoa para o momento. Por exemplo: "Veja, você acabou de receber um diagnóstico difícil, é normal que você sinta vontade de chorar ou permanecer em silêncio por um tempo. Estamos aqui junto com você", "receber esta notícia é algo muito forte, não estávamos contando com essa possibilidade, então sentir frustração e tristeza é esperado", etc.
- Identifique o que a notícia transmitida representa para o receptor. Diferentes são as relações entre os pacientes e sua saúde ou da rede de apoio do paciente com seu estado de saúde; dessa forma, o importante é avaliar o que a notícia representa para o receptor. Os encaminhamentos e as intervenções são diferentes, por exemplo, de uma pessoa que sente que já estava cansada de sentir as dores de um câncer e dos efeitos da quimioterapia e ficou aliviada de entrar em cuidados paliativos de uma pessoa com o mesmo diagnóstico e que estava com expectativa de cura.
- Identifique o impacto que a notícia transmitida exerce na vida do receptor. Certamente receber a notícia trará algum impacto na vida dos acompanhantes, ou dos pacientes. Identificar as consequências emocionais e logísticas do dia a dia, como a rotina, é importante para o planejamento do tratamento ou do acompanhamento a ser realizado em casos em que não existe recurso terapêutico para a cura da doença.
- Avalie se é adequado estabelecer contato físico com o receptor da notícia. É necessário atentar aos sinais físicos do receptor e avaliar o próprio repertório em relação ao contato: eu me sinto confortável para tentar uma aproximação física neste momento? O contato físico pode ocorrer com o profissional encostando as mãos no ombro do receptor ou até abraçando-o, por exemplo. Algumas pessoas também podem chegar a verbalizar a necessidade de contato físico neste momento. No entanto, é preciso avaliar o contexto para que esse momento ocorra de forma natural, respeitando a privacidade do receptor.
- Estabeleça, se adequado, contato físico com o receptor da notícia. A partir da avaliação realizada (momento adequado, meu repertório em relação ao contato e tipo de contato adequado), o profissional pode realizar contato físico. Junto com o contato, algumas respostas verbais empáticas podem ser emitidas, a depender das contingências, visto que, muitas vezes, o silêncio se torna uma forma importante de elaboração. Respeitar o silêncio também neste momento se torna importante para o acolhimento.
- Permita o choro ou o silêncio do receptor da notícia. Lembre-se de que a pessoa recebeu uma notícia difícil e que diferentes reações podem emergir neste momento. O silêncio, muitas vezes, gera desconforto no profissional, que, por consequência,

tenta preenchê-lo por meio de frases soltas. No entanto, se o receptor da notícia se sentir desconfortável com esse silêncio, ele mesmo buscará a verbalização.

- Tome cuidado para não responder de maneira inadequada, como pedir para que a pessoa se acalme. É importante que o profissional também não ofereça respostas que criem expectativas irreais ou que invalidem o sentimento do receptor neste momento, como "não é tudo isso" ou "vamos dar um jeito, existe um tratamento experimental", em caso da probabilidade de baixa cura do tratamento experimental, por exemplo. Além disso, respostas como "infelizmente, não há nada o que fazer" soam falaciosas em situações de saúde, visto que o objetivo geral é o cuidado com a saúde do paciente, e não a cura a doença. Portanto, independentemente do prognóstico, sempre "há o que fazer".
- Continue a conversa de acordo com o ritmo do receptor da notícia. Se o receptor for relatando outras preocupações, principalmente burocráticas ou de tratamento, é sinal de que a verbalização do profissional pode voltar conforme o ritmo avaliado. Se a conversa voltar com o objetivo de informar o receptor durante o momento de expressão de seu sentimento, a comunicação não será eficaz.
- Ofereça esperança realista (quando se referir a tratamento, prognóstico, evolução do quadro). Quanto maior for o conhecimento do receptor da notícia e do paciente em relação ao prognóstico e à evolução do quadro, maior será o controle deste em relação à sua saúde e, consequentemente, maior será sua autonomia diante de decisões importantes. Conscientizar sobre a realidade poderá trazer sofrimento psicológico (lembrando que a notícia é difícil, e, portanto, o trabalho ao comunicá-la não é retirar o sofrimento, mas respeitar o paciente nessa situação da forma mais acolhedora e benéfica para a saúde do receptor). No entanto, o sofrimento será maior caso esperanças irreais forem construídas, tanto para todos os profissionais que acompanharão o paciente como para este mesmo.
- Responda de forma honesta e clara as perguntas do receptor da notícia. Avalie se o receptor está compreendendo a explicação. Algumas dificuldades de adesão ao tratamento podem ocorrer devido à dificuldade de compreensão de pontos importantes sobre o diagnóstico, por exemplo. Avalie também a necessidade de utilizar outros recursos, como figuras, desenhos, esquemas, etc.

Resumo/orientação dos próximos passos

Após esclarecimento de todas as dúvidas:

- Faça um resumo das informações mais relevantes. A transmissão de uma notícia difícil precisa também de finalização. Retomar as informações relevantes, também enfocando o quanto o paciente foi e será cuidado pela equipe, tem o efeito de deixar ainda mais clara a situação para o receptor, caso ele tenha perdido alguma informação durante o processo.
- Estabeleça, junto ao receptor da notícia, os próximos passos a serem tomados (não apenas aqueles referentes à doença, mas também a questões burocráticas, familiares, etc.). Importante: No caso de morte cerebral, não comunique sobre a possibilidade de doação de órgãos, por exemplo, neste momento. A doação de órgãos deve ser realizada em outro momento, por outra pessoa, diferente da que comunicou a notícia difícil, uma vez que a relação a ser feita pelo receptor pode ser algo como "só queriam usar meu familiar como produto para o hospital".
- Pergunte ao receptor se há mais alguém que ele gostaria que soubesse da notícia e se precisa de ajuda para transmiti-la.

- Ofereça, se necessário, referências de outros profissionais que possam auxiliar no caso. Leve em consideração a equipe multidisciplinar. Diante de dúvidas, converse com o psicólogo, enfermeiro, assistente social e, caso tenha se comprometido a dar alguma "resposta" ao receptor, não se esqueça de oferecê-la no momento combinado.

Em uma perspectiva analítico-comportamental, ao se tratar de uma etapa de modelagem de comportamentos, é necessário realizar a mensuração do nível operante, ou seja, identificar o repertório inicial do aluno (Rodrigues, 2012). Apesar de o protocolo SPIKES apresentar algumas limitações em relação ao processo de ensino-aprendizagem de comportamentos, é preciso levar em consideração o repertório inicial do estudante de Medicina ao se desenvolver um comportamento objetivo. O fenômeno de estudo no curso de Medicina geralmente é feito por meio de protocolos validados e de uma sistematização das posturas a serem adotadas por meio de padrões de tratamento. Dessa forma, utilizar um protocolo, inicialmente, como base (e não restrito a ele) para a aprendizagem torna-se benéfico, visto que os estudantes já estão condicionados a utilizar protocolos.

A aprendizagem desenvolvida por meio da utilização exclusiva do protocolo SPIKES é um comportamento aprendido por meio de regras, ou seja, por meio de um conjunto de instruções, faladas ou escritas, que permitem resolver determinados problemas da situação descrita (Rodrigues, 2012). No entanto, apesar de mais rápida (Skinner, 1974), essa forma de aprendizagem não é suficiente para construir um repertório que busque capacitar os estudantes para atuar na área da saúde. Assim, o ensaio comportamental permite criar um contexto em que os alunos recebem *feedbacks* imediatos, o que contribui para uma aprendizagem por meio da modelagem (contato com a contingência). Esse contato com a contingência faz o estudante de Medicina ficar sob controle de estímulos que podem ser modificados ao entrar em contato com o contexto de saúde, o que auxilia na sua generalização. Acredita-se que os alunos que utilizam unicamente o protocolo SPIKES tendem a ter dificuldades na generalização do comportamento de comunicar notícias difíceis em outros contextos da saúde, como de atenção primária ou secundária, restringindo as etapas apenas a pacientes com risco de óbito ou diagnóstico de câncer, por exemplo. Dessa forma, o treino discriminativo e a identificação dos estímulos de maneira clara, para além do protocolo SPIKES, constituem uma importante etapa do treinamento de capacitação dos estudantes ou médicos.

Assim, após a explicação das etapas do protocolo SPIKES, foi proposto o ensaio comportamental dos comportamentos exigidos, a partir de dramatização de um caso clínico. Os alunos foram separados em trios. Cada aluno escolheu qual papel desempenharia (paciente, médico, ouvinte/observador). Em seguida, foi entregue a cada discente uma orientação escrita sobre a parte correspondente ao papel a ser dramatizado.

O ouvinte recebeu uma ficha contendo informações sobre o caso e as seguintes orientações:

> *Com base no que foi abordado na explicação teórica sobre como transmitir notícias difíceis, observe a encenação do momento em que o médico comunica a má notícia ao paciente. Observe se a conduta do profissional ocorreu de acordo com o que foi indicado no referencial teórico. Observe também a reação do paciente em cada etapa do atendimento. Ao final da encenação, o objetivo é que você expresse aos seus colegas quais foram os momentos do atendimento que mais lhe chamaram a atenção, o que foi apropriado na conduta do profissional e quais são os pontos de melhoria.*

O profissional recebeu uma ficha contendo informações relativas a:

Caracterização do paciente (idade, sexo, estado civil)

História clínica relevante

Informações constantes no prontuário

O paciente recebeu uma ficha contendo:

História do motivo pelo qual estava no hospital

Informações relativas à história de vida e aos aspectos socioemocionais

Após a dramatização, os grupos compartilharam intragrupo suas percepções. No seguimento, expuseram a vivência e as reflexões com o grupo maior e o professor, apresentando as dificuldades, as facilidades e as reações emocionais. A audiência não punitiva, ou seja, a não emissão de uma consequência aversiva (Medeiros, 2002), é outra importante postura a ser adotada por parte de mediador do treinamento de capacitação, principalmente nas etapas de discussão e *feedback*. O sofrimento e a pressão ao longo do processo de aprendizagem em Medicina são relatados de maneira recorrente pela escola médica (Conceição et al., 2019). Dessa forma, a não reprodução desse modelo se torna ideal para que se crie um contexto que favoreça a emissão da verbalização por parte dos alunos ou profissionais da área, como dificuldades, hipóteses, limitações, etc.

Etapa 3: Simulação realística

Com o objetivo de desenvolver maior generalização do comportamento aprendido nas oficinas, o contexto de aprendizagem passou a ocorrer na Sala de Alta Fidelidade 1. Essa sala simula o ambiente de urgência e emergência e contém robôs, macas, equipamentos de saúde, etc. Assim, os alunos realizaram em equipe multiprofissional os atendimentos de simulação realística. Foram simulados atendimentos de casos de parada cardiorrespiratória, morte encefálica, insuficiência respiratória e tentativa de suicídio.

A simulação realística do atendimento de caso clínico abarcou a atuação nos procedimentos iniciais desde a admissão do paciente e o atendimento propriamente dito até o desfecho, com a comunicação aos familiares do paciente das informações sobre diagnóstico, conduta adotada e os passos seguintes. Os *feedbacks*, nesse caso, ocorriam após a simulação do caso clínico, uma vez que essa etapa também tinha um viés avaliativo das condições de aprendizagem das oficinas desenvolvidas. Essa condição de aprendizagem também auxiliou na construção de comportamentos por meio da modelação (aprendizagem por modelo), uma vez que os estudantes que não atuavam na simulação entravam em contato com as condutas e os *feedbacks* dos colegas que haviam participado.

Resultados observados

A partir de observação do desempenho dos alunos e do relato verbal de professores e alunos no decorrer do processo, verificaram-se alterações na emissão dos comportamentos apresentados ao longo das simulações.

Na primeira simulação de todos os grupos, verificou-se que as etapas descritas no protocolo foram seguidas. Entretanto, algumas delas poderiam ser suprimidas ou apresentadas em uma sequência diferente da proposta, se pautadas na verbalização do familiar. Ou seja, os alunos não estavam sob controle da contingência apresentada, evidenciando a aprendizagem por regras, como descrito por Rodrigues (2012). Além disso, os alunos invariavelmente apresentaram sinais considerados típicos de ansiedade no momento da interação e de comunicação na transmissão de notícias difíceis ao familiar presente (tensão muscular, voz trêmula, relato durante o *feedback* de vontade de se esquivar, taquicardia, etc.).

À medida que as simulações progrediam e as equipes faziam rodízios (aquelas que estavam no espelho eram chamadas para simular), os alunos transmitiam a informação de forma cada vez mais firme e segura, com modalidade e tom de voz diferenciados e postura um pouco mais relaxada, atentando-se para o discurso do familiar e ficando sob controle deste, utilizando a orientação dada nas oficinas como guia, como instrução a ser utilizada no momento mais adequado. As manifestações de ansiedade também diminuíam. O relato verbal de professores e colegas que assistiam à simulação, invariavelmente, para todos os grupos foi: "foi melhor que a anterior", "que diferença da primeira para esta última", "dá pra ver a diferença", "me senti tranquilo". Ou seja, mesmo sendo a primeira simulação da equipe chamada, parece ter ocorrido ampliação de repertório por meio da aprendizagem também por modelo, ou imitação, caracterizando a aprendizagem por "modelação". A imitação pode ocorrer tanto em comportamentos "simples" ou em cadeias "complexas" (Kramer, 1974) como na comunicação de notícias difíceis. Nesse sentido, o treinamento realizado em grupos de alunos tornou-se importante, levando em consideração também a visualização de diferentes modelos e *feedbacks*.

Considerações importantes acerca da intervenção

O psicólogo analista do comportamento, ao atuar no contexto de saúde, com vistas a desenvolver o comportamento de comunicar notícias difíceis na equipe, precisa ficar sob controle de algumas variáveis importantes além das mencionadas no treinamento. A primeira variável está relacionada com a influência da evolução do conceito de saúde no repertório dos profissionais da Medicina. Segundo Kerbauy (1999), até os séculos XV e XVI, o misticismo foi a abordagem utilizada para se enfrentar doenças, dando lugar ao modelo biomédico. Este, por sua vez, enfatizava o fenômeno observável: o corpo. Dessa forma, o que era considerado "mente" ficava sob o domínio dos filósofos, priorizando-se, assim, a redução da saúde aos sintomas biológicos da doença (Kerbauy, 1999). Apesar da retomada da visão holística do homem na saúde, marcada pelo modelo biopsicossocial, é possível identificar ainda influência do modelo biomédico no comportamento dos estudantes – por exemplo, ênfase na cura, e não no cuidado do paciente, e sensação de fracasso e impotência diante da morte e da piora de um prognóstico. Assim, a probabilidade de esquiva ou fuga de eventos aversivos, como o de comunicação de notícias difíceis, aumenta. Mesmo que o estudante, ou profissional, não descreva determinadas dificuldades, o psicólogo pode identificar essas variáveis por meio da análise funcional do grupo a ser treinado, preparando outras "oficinas", caso necessário. A ênfase no cuidado do ser humano traz benefícios tanto para os profissionais quanto para os pacientes, visto que diminui o estresse sofrido pelos médicos diante de uma sensação de "fracasso" ao não conseguirem curar determinada doença. Em relação ao paciente, comportamentos dos profissionais que busquem bem-estar e qualidade de vida passam a ser o foco.

O vínculo com o grupo a ser treinado caracteriza outra importante variável da qual o psicólogo deve ter controle. Permitir que os estudantes se exponham a uma situação de aprendizagem, por meio da audiência não punitiva, torna-se essencial para a criação da relação entre o aplicador do treinamento e o público. Já no contexto de saúde, é necessário que o psicólogo primeiro avalie o vínculo com o profissional antes de aplicar o treinamento. Além disso, ao longo da aplicação, a linguagem objetiva auxilia na criação dessa relação, uma vez que, muitas vezes, o linguajar psicológico mais subjetivista pode se tornar vago para uma audiência condicionada a sistematizar protocolos. No entanto, é necessário analisar cada caso e ter controle do comportamento dos profissionais ou estudantes.

Devido à rotina dos psicólogos hospitalares, dificuldades de replicação do treinamento podem se tornar evidentes, como o tempo de trabalho dos médicos e psicólogos, espaço disponível para o treinamento e recursos. Desse modo, sugere-se a adaptação das etapas descritas conforme visualização do padrão comportamental dos médicos que são foco da possível intervenção. Para isso, a observação direta do comportamento do profissional pode ser uma forma de identificar componentes da análise funcional do comportamento em questão, de modo a reduzir, por exemplo, a quantidade de oficinas. Assim, de acordo com os dados coletados, o psicólogo pode utilizar um período de tempo menor para o treinamento, com o foco em uma etapa identificada como importante a se desenvolver.

O último ponto a ser levado em consideração consiste na necessidade de maior sistematização dos comportamentos e do treinamento realizado. O objetivo do treinamento foi ensinar alunos de uma universidade, o que permitiu flexibilizar algumas medidas ao longo da prática. Dessa forma, a produção de conhecimento de forma experimental e controlada não foi desenvolvida. Assim, sugere-se que analistas do comportamento passem a sistematizar treinamentos que tenham como foco a resolução de problemas socialmente relevantes no contexto de saúde, como a comunicação. Além disso, devido à relevância da apresentação do comportamento de informar notícias difíceis em ambientes médicos, torna-se necessária a implantação de treinamentos na grade curricular, aprimorando a formação médica. Por fim, ressalta-se que o treinamento descrito teve como público-alvo alunos de diferentes cursos da saúde. Capacitar profissionais de outras áreas da saúde pode criar uma condição de favorecimento do comportamento cooperativo na equipe multidisciplinar, visto que o médico pode pedir auxílio para outros profissionais, caso sinta necessidade. Tal capacitação, ao mesmo tempo que garante maior segurança e coesão da equipe, contribui para aprimoramento da habilidade de comunicação dos profissionais envolvidos e dá condições para conhecer com maior clareza as funções dos profissionais membros de uma equipe multidisciplinar. Porém, por objetivos didáticos, enfocou-se a descrição de variáveis que envolvem a formação do médico, uma vez que este é o profissional responsável pela comunicação de notícias difíceis.

Acrescenta-se que é possível identificar certa exigência a nível social de comportamentos que busquem maior aproximação do modelo biopsicossocial, além do contexto acadêmico. Os pacientes cada vez mais estão se conscientizando da importância do conhecimento em relação ao seu tratamento e diagnóstico, de forma a garantir maior autonomia em relação à sua saúde. Assim, médicos com comportamentos mais humanizados tendem a ser preferíveis, tendo como perspectiva um modelo de seleção por consequência social.

Os alunos da graduação, por sua vez, ao entrarem em contato com tal demanda, conseguem identificar as dificuldades em relação à falta desse repertório no dia a dia, bem como a importância do desenvolvimento das habilidades de comunicação. Tem sido solicitada pelos próprios alunos a criação de materiais extras para a aprendizagem, como cartilhas, palestras e *workshops* envolvendo o tema. O psicólogo analista do comportamento na área da saúde trabalha como um agente de mudanças também culturais do contexto, uma vez que consegue identificar variáveis que controlam o comportamento do grupo ou comportamentos relevantes a serem desenvolvidos, de modo a garantir melhora na qualidade de vida tanto dos profissionais quanto dos pacientes.

Avaliar o contexto social é uma interessante forma de conseguir maior inserção e reconhecimento do papel do psicólogo. Como Skinner (2003) descreveu, diferentes formas de controle social estão presentes, e uma delas é a agência de controle econômica. As instituições de saúde necessitam de recursos financeiros para manter o serviço e consequentemente conseguir lucros. Dessa forma, ter consciência do efeito das intevenções realizadas pela psicologia, que acabam interferindo nas finanças, pode trazer maior valorização da função desse profissional na área da saúde. Com o treinamento aqui descrito, é possível identificar que a comunicação de notícias difíceis, ou de qualquer outro tipo de informação em âmbito de saúde, contribui para o aumento da promoção de saúde dos pacientes e dos profissionais, podendo gerar diminuição na ocupação dos leitos ou redução do tempo de internação de determinados pacientes, interferindo diretamente nos recursos da instituição. Mensurar o efeito dessas intervenções, apesar de desafiador, torna-se indispensável para o crescimento da Psicologia tanto como ciência quanto como profissão.

Referências

Baile, W. F., Buckman, R., Lenzi, R., Glober, G., Beale, E. A., & Kudelka, A. P. (2000). SPIKES: Um protocolo em seis etapas para transmitir más notícias: Aplicação ao paciente com câncer. *The Oncologist, 5*, 302-311.

Barker, A. (2011). *Improve your communication skills*. Kogan Page.

Baum, W. M. (2019). *Compreender o behaviorismo: Comportamento, cultura e evolução* (3. ed.). Artmed.

Carvalho, R. T., & Parsons, H. A. (Orgs.). (2012). *Manual de cuidados paliativos ANCP* (2. ed.). ANCP.

Chehuen, J. A., Neto, Sirimarco, M. T., Cândido, T. C., Bicalho, T. C., Matos, B. O., Berbert, G. H., & Vital, L. V. (2013). Profissionais de saúde e a comunicação de más notícias sob a ótica do paciente. *Revista Médica de Minas Gerais, 23*(4).

Conceição, L. S., Batista, C. B., Dâmaso, J. G. B., Pereira, B. S., Carniele, R. C., & Pereira, G. S. (2019). Saúde mental dos estudantes de medicina brasileiros: Uma revisão sistemática da literatura. *Avaliação: Revista da Avaliação da Educação Superior, 24*(3), 785-802.

Coriolano-Marinus, M. W. L., Queiroga, B. A. M., Ruiz-Moreno, L., & Lima, L. S. (2014). Comunicação nas práticas em saúde: Revisão integrativa da literatura. *Saúde e Sociedade, 23*(4), 1356-1369.

Instituto Nacional de Câncer (INCA). (2010). *Comunicação de notícias difíceis: Compartilhando desafios na atenção à saúde*. https://www.inca.gov.br/sites/ufu.sti.inca.local/files//media/document//comunicacao-de-noticias-dificeis-compartilhando-desafios-na-atencao-a-saude-2010.pdf.

Ismael, S. M. C., & Oliveira, M. F. P. (2008). Intervenção psicológica na clínica cirúrgica. In E. Knobel, P. B. A. Andreoli, & M. R. Erlichman (Orgs.), *Psicologia e humanização: Assistência aos pacientes graves* (pp. 83- 91). Atheneu.

Kerbauy, R. R. (Org.). (1999). *Comportamento e saúde: Explorando alternativas*. Arbytes.

Kramer, M. (1974). O conceito de "modelo" como estratégia de ensino. *Revista Brasileira de Enfermagem, 27*(1), 42-57.

Mäder, B. J. (Org.). (2016). *Psicologia hospitalar: Considerações sobre assistência, ensino, pesquisa e gestão*. CRP-PR.

Maguire, P. (1985). Barriers to psychological care of the dying. *British Medical Journal, 291*(6510), 1711-1713.

Medeiros, C. A. (2002). Comportamento verbal na terapia analítico comportamental. *Revista Brasileira de Terapia Comportamental e Cognitiva, 4*(2), 105-118.

Nonino, A., Magalhães, S. G., & Falcão, D. P. (2012). Treinamento médico para comunicação de más notícias: Revisão da literatura. *Revista Brasileira de Educação Médica, 36*(2), 228-233.

Otero, V. R. L. (2004). Ensaio comportamental. In C. N. Abreu, & H. J. Guilhardi (Orgs.), *Terapia comportamental e cognitivo-comportamental: Práticas clínicas* (pp. 205-214). Roca.

Ramirez, A. J., Graham, J., Richards, M. A., Cull, A., Gregory, W. M., Leaning, M. S., ... Timothy, A. R. (1995). Burnout and psychiatric disorder among cancer clinicians. *British Journal of Cancer, 71*(6), 1263-1269.

Rodrigues, M. E. (2012). Behaviorismo radical, análise do comportamento e educação: O que precisa ser conhecido? In J. S. Carmo, & M. J. F. X. Ribeiro (Orgs.), *Contribuições da análise do comportamento à prática educacional* (pp. 37-72). ESETec.

Skinner, B. F. (1972). *Tecnologia do ensino*. EPU.

Skinner, B. F. (1974). *Sobre o behaviorismo*. Cultrix.

Skinner, B. F. (2003). *Ciência e comportamento humano* (11. ed.). Martins Fontes. (Obra original publicada em 1953).

Starling, R. R. (2001). Análise funcional da enfermidade: Um quadro conceitual analítico-comportamental para orientar a intervenção psicológica em contextos médicos. In H. J. Guilhardi, M. B. B. P. Madi, P. P. Queiroz, & M. C. Scoz (Orgs.), *Sobre comportamento e cognição: Expondo a variabilidade* (Vol. 8, pp. 262-296). ESETec.

Straub, R. O. (2014). *Psicologia da Saúde: Uma abordagem biopsicossocial* (3. ed.). Artmed.

Volles, C. C., Bussoletto, G. M., & Rodacoski, G. (2012). A conspiração do silêncio no ambiente hospitalar: Quando o não falar faz barulho. *Revista da SBPH, 15*(1), 212-231.

Leituras recomendadas

Silva, P. R. (2008). A comunicação na prática médica: O seu papel como componente terapêutico. *Revista Portuguesa de Medicina Geral e Familiar, 24*(4), 505-12.

Sousa, F. H. (2017). *A comunicação de más notícias: análise do treinamento de habilidades para profissionais de saúde* [Tese de doutorado]. Universidade de São Paulo.

Vargas, E. A. (2007). O comportamento verbal de B. F. Skinner: Uma introdução. *Revista Brasileira de Terapia Comportamental e Cognitiva, 9*(2), 153-174.

Capítulo 7

Sintomas comportamentais na demência: um estudo de caso sobre comportamento autolesivo em uma paciente com doença de Alzheimer

Yara Luana Pereira de Souza
Maryam Furlan Ayoub
Andréia Schmidt

Estima-se que no ano de 2050, a parcela da população com mais de 60 anos alcance a marca de 2 bilhões de pessoas. Considerando que em 2015 esse número era de 900 milhões, é notável o processo acelerado de envelhecimento da população. Além disso, estima-se que em 2050, a maior parte dos idosos, cerca de 80%, residirá em países de baixa e média rendas (Organização Pan-Americana da Saúde [OPAS], 2018).

A demência está entre as condições de saúde mais comuns entre os adultos mais velhos. É esperado que até 2050 o número de pessoas com essa condição no mundo triplique, passando de 50 milhões para 152 milhões (OPAS, 2017, 2018). Esses números indicam a necessidade de que as autoridades sanitárias de países em desenvolvimento, como o Brasil, despendam recursos e invistam na estruturação de uma rede de assistência robusta para dar conta das demandas de saúde e assistência dos idosos, em especial aqueles com diagnóstico de demência e seus cuidadores.

A demência, que atualmente está incluída na categoria denominada transtorno neurocognitivo maior (TNCM), é uma condição adquirida na qual os prejuízos cognitivos ocorrem a partir de um nível considerado normal de funcionamento prévio do indivíduo. Para que o TNCM seja caracterizado, é necessária a presença de comprometimento cognitivo importante: (1) ocorrer em um ou mais campos da cognição, como aprendizagem e memória, atenção complexa, linguagem, entre outros; (2) interferir negativamente na autonomia para realizar atividades diárias; (3) não ser dependente da condição de *delirium*; e (4) não ser mais bem justificado por outro transtorno mental (American Psychiatric Association [APA], 2013). Os prejuízos na cognição, na emoção e nos aspectos sociais causados pela demência impactam diretamente as atividades diárias do idoso e as pessoas de sua convivência, como os familiares (Novelli et al., 2010).

Principais tipos de transtornos neurocognitivos maiores

Os tipos de TNCM ou demências mais comuns são a doença de Alzheimer (DA), a demência vascular, a demência com corpos de Lewy (DCL) e a demência frontotemporal (Caramelli & Barbosa, 2002), sendo a DA responsável pelo maior número de casos de demência em idosos (Parmera & Nitrini, 2015). O principal fator de risco para os TNCM e leves é a idade, uma vez que, com o envelhecimento, o risco de desenvolvimento de doença cerebrovascular e neurodegenerativa é aumentado (APA, 2013).

De acordo com a Associação Brasileira de Alzheimer (Associação Brasileira de Alzheimer [ABRAz], 2019), há aproximadamente 35,6 milhões de pessoas no mundo com a doença, e, no Brasil, os casos perfazem um total aproximado de 1,2 milhão, em sua maioria sem diagnóstico (ABRAz, 2019). De início, o principal sintoma da DA é o prejuízo da memória episódica, podendo ocorrer, por exemplo, dificuldade para recordar fatos recentes e repetição da mesma pergunta. No entanto, há outras formas de apresentação inicial da doença, principalmente em casos pré-senis. Posteriormente, com a evolução da doença, ocorre acometimento de áreas corticais associativas, e outros sintomas cognitivos e comportamentais se desenvolvem (Parmera & Nitrini, 2015).

A demência vascular (DV), por sua vez, corresponde ao segundo tipo de TNCM mais comum, incluindo as demências que têm associação com danos cerebrovasculares (Lopes & Caixeta, 2012). Sua apresentação clínica é variada, pois depende da área vascular afetada, e sintomas como distúrbios da marcha e mudanças na personalidade ou no humor fortalecem o diagnóstico (Parmera & Nitrini, 2015).

Na DCL, a flutuação cognitiva corresponde à apresentação clínica mais prevalente, com ocorrência, por exemplo, de sonolência ao longo do dia. Ademais, as alucinações visuais podem ocorrer desde os estágios precoces da doença, diferentemente de como acontece na DA, em que tais sintomas surgem mais tardiamente no curso da doença (Parmera & Nitrini, 2015). Além disso, é comum que as pessoas com esse tipo de demência sofram frequentemente episódios de quedas ou desmaio (i.e., síncope) (Gil & Busse, 2009). Em seus estágios finais, o indivíduo acometido pela DCL pode tornar-se completamente dependente com relação à sua funcionalidade, em decorrência dos prejuízos em sua cognição (Lopes & Caixeta, 2012).

A demência frontotemporal (DFT) é um TNCM que acomete principalmente pessoas com menos de 65 anos de idade, ou seja, indivíduos que estão na faixa etária pré-senil (Gil & Busse, 2009). Em sua variante comportamental, os sintomas comportamentais predominam, há lesão em regiões do lobo pré-frontal, e ocorrem sintomas como diminuição da empatia, irritabilidade e afeto inadequado (Parmera & Nitrini, 2015). Em outros casos, há predomínio de comprometimento na linguagem (variante linguística), envolvendo sintomas como prejuízo ao encontrar palavras, ao dar nome a objetos, ao compreender vocábulos, dentre outros (APA, 2013; Parmera & Nitrini, 2015).

Sintomas comportamentais e psicológicos nas demências

Os sintomas comportamentais e psicológicos são comuns nas doenças demenciais, sendo identificados na literatura como sintomas comportamentais e psicológicos da demência (SCPD) (Canon & Novelli, 2012). Os SCPD ocorrem em todos os tipos de demência, mas algumas classes desses sintomas são mais características de determinados quadros demenciais, como é o caso, por exemplo, das alucinações visuais e da psicose, mais comumente observadas na DCL (Gerlach & Kales, 2018).

Os comportamentos problemáticos de pessoas com demência, de forma geral, são identificados por duas características importantes: são observáveis e são qualificados pelas pessoas de convívio do paciente como inapropriados/inadequados ou socialmente incomuns (Cohen-Mansfield, 2013). Tais comportamentos são numerosos e envolvem um elenco variado de possibilidades de apresentações clínicas, como ações repetitivas (p. ex., repetir palavras), comportamentos socialmente inadequados (p. ex., desabotoar a blusa em público) e comportamentos agressivos, que podem ser direcionados ao próprio indivíduo, bem como às outras pessoas (Cohen-Mansfield, 2003). McCurry e Drossel (2011) citam ainda uma série de outros comportamentos desafiadores, como comportamentos acusatórios (p. ex., acusar o cuidador de roubo, acusar o cônjuge de traição), perambulação, comportamentos depressivos, comportamentos sexuais socialmente inapropriados (p. ex., desnudar-se em público), recusa em aceitar assistência nos cuidados pessoais (p. ex., para tomar banho) e comportamentos de risco (dirigir ou sair de casa sem avisar ninguém e desacompanhado). O manejo desses comportamentos costuma ser desafiador para o cuidador da pessoa com TNCM e pode causar, muitas vezes, sobrecarga adicional à atividade de cuidado.

O cuidado das pessoas com TNCM é realizado principalmente em casa, por familiares (van der Lee et al., 2014). Além disso, é exercido majoritariamente, em todos os estágios da evolução da doença (leve, moderado e severo), por mulheres, em geral, familiares próximas do idoso, como filhas e esposas (Novelli et al., 2010). Isso reflete o quanto cuidar ainda é socialmente compreendido como uma atribuição feminina. Ademais, o exercício de cuidado prolongado dos idosos com essa condição está relacionado com o comprometimento da saúde física e emocional do cuidador (van der Lee et al., 2014). As alterações no comportamento e no afeto dos idosos correlacionam-se substancialmente mais com o sofrimento emocional dos cuidadores e com a institucionalização das pessoas com demência do que com outros sintomas que dizem respeito à cognição, como as alterações na memória (McCurry & Drossel, 2011). McCurry e Drossel (2011, p. 20) ilustram essa relação: "Viver com alguém que é fisicamente ameaçador, que não dorme ou que está com muito medo de deixá-lo sair de sua vista é muito mais difícil do que lembrá-lo que dia é ou o que ele comeu".

Nesse sentido, Fauth e Gibbons (2014) buscaram investigar, em seu estudo com 177 cuidadores de idosos com demência, os SCPD mais problemáticos para os cuidadores. Esses pesquisadores observaram, por meio do instrumento *The Revised Memory and Behavior Problem Checklist* (RMBPC) (Teri et al., 1992), que, apesar de os sintomas mais frequentemente relatados pelos cuidadores corresponderem à subescala de problemas de memória, estes foram considerados pelos participantes como os que menos lhe causavam sofrimento. Por sua vez, os sintomas que ocorriam com menor frequência (correspondentes à subescala de sintomas disruptivos) foram identificados pelos cuidadores como os mais perturbadores. Os comportamentos incluídos na subescala de sintomas disruptivos do RMBPC incluem comportamentos agressivos, socialmente inadequados, de risco, dentre outros (Teri et al., 1992). Em pesquisa realizada no Brasil, Souza e Schmidt (2021) verificaram situação semelhante: problemas de comportamento relacionados às atividades de rotina

(p. ex., recusa em tomar banho ou em tomar remédios) e agressividade foram considerados os de mais difícil manejo do ponto de vista dos cuidadores entrevistados.

Considerando que os problemas de comportamento de pessoas com TNCM são estressores importantes na atividade de cuidado, e que ações no sentido de melhorar a qualidade de vida do cuidador são fundamentais para a saúde de ambos (paciente e cuidador) e como medida de prevenção à institucionalização, é fundamental que se dê especial atenção a essas dificuldades. A intervenção sobre problemas de comportamento de pessoas com TNCM deve ocorrer no sentido de instrumentalizar os cuidadores no manejo desses problemas, com vistas a promover melhor qualidade de vida para ambos. Assim, a Análise do Comportamento tem muito a contribuir para esse objetivo, pois sua natureza idiográfica se alinha com a variabilidade sintomática e de evolução da DA e de outros TNCM (Fisher & Swingen, 1997).

Avaliação comportamental

A análise funcional envolve a identificação da função de um comportamento específico, ou seja, o seu valor de sobrevivência no contexto de vida de um sujeito (Matos, 1999). Isso indica a importância de o analista do comportamento investigar o contexto específico em que os comportamentos disfuncionais de seus clientes ocorrem. Nesse sentido, McCurry e Drossel (2011) salientaram que a função do profissional de saúde em seu trabalho no âmbito das demências é a de compreender justamente o contexto em que os comportamentos estão ocorrendo (seus antecedentes e consequentes), para que possa atuar no sentido de auxiliar o idoso e seu cuidador no processo de implementação de mudanças que beneficiem a qualidade de vida de ambos.

Delitti e Derdyk (2008) salientam a importância da aprendizagem por parte dos clientes sobre a análise das contingências ambientais que estão ligadas às suas queixas e enfatiza que o ensino por parte do terapeuta sobre como realizar análises funcionais, utilizando linguagem não técnica com o cliente leigo, constitui uma das melhores estratégias terapêuticas. Portanto, a partir dessa aprendizagem por parte dos cuidadores, seria possível traçar estratégias para modificação dos comportamentos problemáticos dos idosos por meio de arranjos ou modificações das contingências em vigor. No entanto, ainda não foram realizados estudos sistemáticos sobre o uso dessa estratégia para intervenção com cuidadores de idosos com demência.

Inicialmente, o terapeuta precisa selecionar um comportamento que seja relevante do ponto de vista do cuidador e descrevê-lo de forma específica. Essa descrição precisa ser feita a partir da própria observação do terapeuta, quando possível, e do relato de todos os observadores, como diferentes membros da família e profissionais de saúde, sobre o que está sendo descrito (McCurry & Drossel, 2011). A entrevista clínica detalhada configura-se como o meio geralmente adotado para a avaliação dos comportamentos disfuncionais dos idosos com comprometimento cognitivo. Essa entrevista é realizada com o idoso (quando possível) e com uma ou mais pessoas que o acompanham em seu cotidiano, como seus familiares. O terapeuta deve estar interessado em investigar junto aos informantes alguns aspectos relevantes para a descrição dos comportamentos-problema, como sua ocorrência, frequência e gravidade (Teri et al., 2002).

A próxima etapa envolve avaliar minuciosamente o contexto de ocorrência dos comportamentos, ou seja, seus antecedentes, tendo em vista que um mesmo comportamento-problema pode ser emitido em função de vários antecedentes distintos. Os antecedentes mais comumente relacionados a comportamentos disfuncionais de idosos com TNCM podem envolver condições médicas, efeitos adversos de medicações, ferimentos, conflitos em relacionamentos e alterações no ambiente (Teri et al., 2002). Todos esses aspectos devem ser investigados pelo terapeuta. É importante destacar que os antecedentes podem ser de diferentes naturezas: pessoas, lugares ou objetos/coisas; além disso, podem ser proximais (atuais em relação ao comportamento) ou distais (relativos a eventos do passado distante) (McCurry & Drossel, 2011).

É possível elencar uma série de outros contextos passíveis de evocar problemas de comportamento em idosos com demência, como fadiga (McCurry & Drossel, 2011), tédio – ausência de atividades significativas (Kerr, 2007; Volicer, 2018), necessidades não atendidas (p. ex., necessidade de contato social) (Cohen-Mansfield, 2003), receber uma série de perguntas ao mesmo tempo (Mace & Rabins, 2006), não reconhecimento do cuidador (Bonner, 2005), receber tratamento infantilizado (Mace & Rabins, 2006), dentre outros.

Por fim, é fundamental investigar as consequências do comportamento considerado problemático, que corresponde ao que ocorre após o indivíduo emitir determinado comportamento. O comportamento problemático emitido pelo indivíduo com TNCM é afetado por suas consequências, podendo ser mantido, fortalecido ou enfraquecido dependendo da consequência: se faz parte de uma contingência de reforçamento ou punição. Além disso, o que é considerado reforçador para uma pessoa é altamente idiossincrático e subjetivo, independentemente de ela ter ou não um quadro demencial (McCurry & Drossel, 2011). Esse último ponto é muito importante, pois ressalta a importância de planejar e delinear intervenções terapêuticas e de reabilitação para pessoas com demência que levem em conta sua história de vida e preferências. Assim, tais intervenções poderão ser mais efetivas e de fato fazer a diferença na qualidade de vida e no bem-estar de pacientes e seus respectivos cuidadores.

Comportamentos autolesivos

Os comportamentos denominados "autolesivos" (SIB, do inglês *self-injurious behavior*) representam riscos graves para a saúde e são manifestados pelos indivíduos com topografias variadas (Cowdery et al., 1990), como morder-se, arranhar-se, bater-se e dar tapas no próprio rosto (Carr, 1977). De acordo com Iwata et al. (1994), os estudos experimentais conduzidos nas últimas décadas têm sugerido fortemente que comportamentos autolesivos são, em sua maioria, aprendidos na história de interação entre o indivíduo e seu ambiente físico e social. O transtorno de escoriação (*skin-picking*) é uma condição específica que tem como principal característica o envolvimento frequente do indivíduo em comportamentos autolesivos de beliscar a própria pele, provocando lesões. Os indivíduos que apresentam esses comportamentos geralmente beliscam o rosto, as mãos e os braços, mas uma série de outras partes do corpo também pode ser alvo da ação de se lesionar. Esse comportamento, com frequência, é realizado pela pessoa por um montante substancial de seu tempo, e condições privadas aversivas, como ansiedade e tédio, podem atuar como fatores desencadeantes do ato. Ademais, após realizar o comportamento de beliscar-se, com retirada da casca ou da pele, a pessoa pode sentir sensações agradáveis, como alívio. Cabe salientar que esta é uma condição que está relacionada a sofrimento, comprometimento ocupacional e social e com frequência requer a administração de tratamento farmacológico suplementar com antibióticos para manejo de processos infecciosos (APA, 2013).

Matos (1999) e Carr (1977) descreveram algumas possíveis funções do comportamento autolesivo, que dizem respeito ao acesso às consequências relevantes para o sujeito que emite esses comportamentos. Essas consequências podem ser sociais (como atenção, por exemplo), bens tangíveis, sensoriais (função autoestimulatória) ou de fuga/evitação do contato com estímulos aversivos. Segundo Ceppi e Benvenuti (2011), a identificação da consequência mantenedora do comportamento autolesivo possibilita o desenvolvimento de intervenções para alterar as contingências ambientais que estão relacionadas com o comportamento, com o objetivo de suprimi-lo e diminuí-lo.

A forma de tratamento dos SIB irá variar de acordo com a função identificada no contexto da avaliação comportamental. De acordo com Iwata et al. (2004), quando o SIB é mantido por reforçamento social positivo, intervenções com reforçadores não contingentes (atenção ou acesso a materiais e/ou alimento) são muito efetivas na sua redução. Da mesma forma, procedimentos de extinção (retirada de atenção) ou o procedimento de reforçamento diferencial de outros comportamentos (DRO, do inglês *differential reinforcement of other behaviors*) também são intervenções com bons resultados nesses casos. Iwata et al. (2004) também descrevem que, quando o SIB é mantido por reforço negativo (como forma de fuga e/ou esquiva de situações aversivas, especialmente as situações sociais), a remoção das demandas ou dos estímulos aversivos pode prevenir sua ocorrência. Nesses casos, a extinção (retirada de atenção) e procedimentos de *time-out* não demonstraram efeitos. Comportamentos autolesivos mantidos por reforçamento automático (consequências sensoriais) têm sua frequência reduzida na maioria dos clientes. Nesses casos, intervenções baseadas em reforço diferencial e interrupção da resposta também podem produzir bons resultados a depender do tipo de SIB e da história do cliente.

Cowdery et al. (1990), por exemplo, realizaram um estudo com uma criança de 9 anos de idade que apresentava comportamentos graves de autoescoriação na pele, que resultaram em lesões abertas pelo seu corpo. A análise funcional realizada antes da intervenção revelou que o comportamento autolesivo era mantido por reforçamento automático (Cowdery et al., 1990). O tratamento consistiu em um procedimento de DRO por reforçamento de fichas – se após um intervalo de tempo (inicialmente, de 2 minutos de duração e depois escalando para intervalos mais longos) o menino não realizasse nenhum comportamento de autolesão, receberia uma moeda, que poderia, ao final de cada sessão, trocar por itens tangíveis, como acesso a TV, *videogame* e salgadinhos. Na sessão 61, o menino não apresentou nenhum comportamento autolesivo durante o intervalo de 15 minutos. Ao final da terceira fase do tratamento, o procedimento de DRO com reforçamento de fichas passou a abranger todo o período em que o menino estava acordado durante o dia, e, pela primeira vez em dois anos, ele pôde receber alta do hospital para ir para casa, uma vez que seus comportamentos de autolesão diminuíram substancialmente, considerados de risco mínimo (Cowdery et al., 1990).

Os resultados positivos do estudo de Cowdery et al. (1990) e de vários outros estudos demonstram que, mesmo em casos em que o comportamento autolesivo tem uma grave apresentação, o uso de procedimentos apropriados pode reduzir sensivelmente sua frequência e beneficiar não apenas a pessoa que apresenta esses comportamentos, mas também seus acompanhantes e familiares. A seguir, descreveremos uma intervenção em que foi realizada a avaliação funcional e orientação de uma cuidadora para o manejo de comportamentos autolesivos em uma mulher com diagnóstico de TNCM. A intervenção foi realizada no primeiro semestre de 2020, durante o período de quarentena motivado pela pandemia de covid-19.

Relato de caso

Participantes

As participantes foram uma mulher com diagnóstico de TNCM e sua filha, que era a principal cuidadora. A cliente, aqui chamada pelo nome fictício de Rosana, tinha 77 anos, cursou o ensino fundamental (incompleto), era divorciada, aposentada, com renda entre um e dois salários-mínimos. Residia com sua filha Mariana (nome fictício), de 36 anos, com ensino superior completo em secretariado executivo, divorciada, desempregada, que cuidava de sua mãe em tempo integral, sem auxílio de terceiros. Mariana tinha um irmão de 52 anos, que morava em uma cidade a cerca de 400 quilômetros de onde ela e a mãe residiam, realizava visitas esporádicas e contribuía com um valor monetário mensal para a manutenção da mãe. Foram fornecidas poucas informações sobre ele, tanto por parte da cuidadora quanto pela cliente.

Na época da intervenção, Mariana participava de um grupo de apoio *on-line* para cuidadores de pessoas com TNCM conduzido pela segunda autora deste capítulo, no qual relatou a dificuldade de manejo do comportamento autolesivo de sua mãe. Devido à complexidade da demanda, foi oferecido acompanhamento individual externo ao grupo de apoio, realizado pela primeira autora do capítulo, sob supervisão da terceira.

História de vida relevante

Rosana nasceu e cresceu em uma fazenda situada em uma cidade de pequeno porte do interior do estado de São Paulo, onde morou e trabalhou na lavoura desde a infância. Na adolescência, casou-se e teve um filho, ficando viúva anos após o nascimento da criança. Envolveu-se em um novo relacionamento amoroso, que culminou em sua segunda gravidez, e foi abandonada pelo companheiro quando sua filha, Mariana, nasceu. Seu filho mais velho, ao atingir maioridade, mudou-se para outra cidade em busca de melhores oportunidades de emprego. Rosana criou sua filha sozinha, trabalhando na lavoura. Ao aposentar-se, mudou-se para uma casa em uma cidade vizinha, onde trabalhou durante alguns anos como empregada doméstica e, concomitantemente, cuidou de um irmão alcoolista, que anos depois veio a falecer.

Em 1998, sofreu um acidente vascular encefálico (AVE), seguido de repetidas isquemias, o que a deixou inapta para exercer seu trabalho como empregada doméstica. Em 2015, sofreu um AVE hemorrágico devido ao uso de um medicamento anticoagulante (*sic*). Em 2019, sofreu uma embolia pulmonar, ficou em internação hospitalar por algumas semanas e, nos meses subsequentes, realizou o restante do tratamento em casa, necessitando do auxílio diário de sua filha.

História de vida atual

Rosana mora com Mariana em casa própria. Tem diagnóstico de TNCM há cinco anos, e seus sintomas cognitivos atuais são não se localizar temporalmente, esquecer onde coloca objetos, fazer perguntas repetidamente, dentre outros. Rosana também apresenta incontinência urinária. Apesar das dificuldades, dialoga sem maiores dificuldades, mantendo um discurso coerente. No período anterior à quarentena, frequentava um Centro Dia do idoso três vezes por semana, por 8 horas, onde usufruía de atividades recreativas, socialização com outros idosos, atividades com terapeuta ocupacional, fisioterapeuta, educador físico e psicólogo. Também realizava acompanhamento individual com terapeuta ocupacional e fisioterapeuta de seu convênio médico duas vezes por semana. Aos sábados, visitava suas irmãs para o café da tarde.

Nos períodos em que Rosana estava envolvida com essas atividades, Mariana realizava trabalho autônomo fora de casa (fazia transporte de idosos para consultas médicas e outras atividades).

Devido à pandemia, todas as atividades que Rosana realizava externamente foram suspensas. Mariana deixou o trabalho para cuidar exclusivamente da mãe, e a renda da família diminuiu significativamente. A nova rotina de Rosana, antes repleta de atividades, restringiu-se a acordar às 7h30min e passar as manhãs e as tardes sentada na sala, em frente à televisão, fazendo crochê e bordado, interrompendo a programação apenas às 12h, às 15h30min e às 18h para realizar as refeições e ir ao banheiro, indo dormir sempre às 21h30min. Rosana fazia uso dos seguintes medicamentos: losartana 50 mg, nifedipina 20 mg, sertralina 50 mg, ácido acetilsalicílico adulto 500 mg, metformina 500 mg, donepezila 10 mg e atorvastatina 40 mg. Após a sétima sessão de observação e registro, iniciou o uso de quetiapina 50 mg, sob prescrição de sua médica neurologista.

Mariana relata que a frequência do comportamento autolesivo aumentou significativamente durante o período de quarentena.

História do comportamento-alvo

Mariana relatou que os comportamentos autolesivos de Rosana iniciaram após o AVE hemorrágico de 2015. A filha percebeu pequenas lesões na cabeça da mãe decorrentes do comportamento de arranhar a área, com aumento gradual da ferida ao longo dos anos. A cuidadora relatou não ter conhecimento de essa topografia de resposta ocorrer anteriormente ao AVE hemorrágico em nenhum outro momento da vida de Rosana.

O comportamento autolesivo de Rosana tinha como topografia arranhar sempre o mesmo local na cabeça, na região da testa e no início do couro cabeludo. A idosa engajava-se nesse comportamento de duas formas: ou levando a mão à cabeça eventualmente, arranhando a ferida por duas ou três vezes consecutivas e interrompendo o comportamento na sequência para se engajar em outra atividade (p. ex., continuar o crochê), ou arranhando a ferida até ela começar a sangrar, interrompendo o comportamento para dirigir-se ao banheiro para lavar a ferida.

As tentativas anteriores de manejo do comportamento não tiveram sucesso. Sob orientação da terapeuta ocupacional do Centro Dia, foi feita uma pulseira de miçangas para ser colocada no pulso de Rosana, para que o som da pulseira, ao ser movimentada em direção à cabeça, sinalizasse à cliente que estava levando a mão à cabeça, a fim de que ela interrompesse a cadeia do comportamento autolesivo. Essa estratégia foi utilizada durante um tempo no Centro Dia, mas não diminuiu a frequência do comportamento. Foram utilizadas pomadas para diminuir a ferida na cabeça, e lenços para proteção da área lesionada. O uso de turbantes apresentou sucesso parcial na função de evitar o comportamento de arranhar a cabeça, apenas por alguns momentos no período da manhã. No início da tarde, Rosana recusa-se a usar o adereço, voltando a emitir o comportamento.

Acompanhamento profissional

Durante o período da intervenção aqui relatada, Rosana recebia vídeos semanais com aulas de ginástica de um educador físico do Centro Dia do idoso que ela frequentava. A partir da quinta sessão de observação e registro, Rosana iniciou atendimentos *on-line* com um terapeuta ocupacional. Além do atendimento individual, Mariana participava de um grupo de apoio para cuidadores de idosos com demência, organizado pela segunda autora do capítulo.

Intervenção

A intervenção foi realizada exclusivamente na modalidade *on-line*, devido às restrições de contato pessoal decorrentes da pandemia de covid-19, por meio de videochamadas com a cuidadora pelo aplicativo Google Meets. Foram realizadas cinco sessões semanais, com duração de 1 hora cada, com os objetivos de: (a) coletar dados relevantes sobre o atual estado cognitivo da cliente, sua história de vida, a história do comportamento-alvo, rotina atual, levantamento de possíveis atividades reforçadoras que poderiam ser realizadas pela cliente e dados para realização da análise funcional do comportamento de automutilar-se; (b) organizar e discutir um plano de intervenção viável para a diminuição da frequência do comportamento autolesivo; (c) acompanhar a implementação da intervenção e seus resultados. Essas sessões foram gravadas com o consentimento da cliente para transcrição dos dados. Os vídeos foram deletados após as transcrições. Os objetivos específicos de cada sessão de intervenção estão descritos no Quadro 7.1.

Ao longo deste capítulo, serão utilizadas as expressões "sessões de intervenção" para nomear as sessões efetivamente realizadas por videochamada entre a terapeuta e a cuidadora (e, eventualmente, com a cuidadora e a cliente) e "sessões de observação e registro" para fazer referência às observações conduzidas pela cuidadora com a mãe para fins de registro de frequência do comportamento-alvo.

Instrumentos

Os instrumentos utilizados na coleta das informações foram:

- **Miniexame do Estado Mental (MEEM)** (Folstein et al., 1975). Trata-se de um teste para rastreamento da função cognitiva composto por 18 questões. O escore total do teste é de 30 pontos, e a nota de corte varia de acordo com o nível de escolaridade do participante, variando de 17 pontos para participantes analfabetos a 26 pontos para participantes com nove ou mais anos de escolaridade (Brucki et al., 2003).
- ***Functional Analysis Interview*** (O'Neil et al., 1997). Esse instrumento contém 38 questões com o objetivo levantar dados sobre o comportamento-alvo da intervenção (frequência, topografia, duração, magnitude,

Quadro 7.1
Objetivos das sessões de intervenção realizadas com a cuidadora Mariana

Sessão 1	Entrevista para coleta de dados sobre estado cognitivo, rotina e análise funcional do comportamento de automutilar-se da idosa.
Sessão 2	Levantamento de atividades reforçadoras disponíveis para a idosa e início da observação do comportamento de automutilar-se.
Sessão 3	Apresentação da análise funcional do comportamento de automutilar-se e plano de intervenção para a cuidadora.
Sessão 4	Acompanhamento da implementação e efeitos da intervenção.
Sessão 5	*Follow up*.

ocorrência conjunta com outros comportamentos); eventos ambientais que afetam o comportamento (medicações, condições médicas e físicas, padrão de sono, alimentação, rotina individual e da família, autonomia e suporte disponível); antecedentes imediatos que predizem o comportamento (momentos do dia, ambiente, pessoas, atividades e situações aversivas); consequências para o comportamento-alvo (o que o cliente obtém e/ou evita ao se comportar dessa maneira); comportamentos alternativos ao comportamento-problema; comunicação do cliente com outras pessoas; levantamento de reforçadores; e história do comportamento-alvo.

Delineamento da intervenção

A intervenção foi conduzida a partir de um delineamento de sujeito único do tipo AB. Esse delineamento mede o comportamento em duas condições distintas: linha de base e intervenção. Se houver diferenças entre as medidas nas duas condições, é possível que a intervenção seja responsável por essa mudança (Gast & Hammond, 2009). Esse delineamento foi preferido em detrimento de delineamentos mais robustos (como o de reversão ABAB, por exemplo) por questões éticas, uma vez que, caso fossem verificados resultados relevantes na diminuição do comportamento-alvo após a intervenção, uma volta à linha de base, com a retirada da intervenção, poderia trazer prejuízos para a cliente.

A variável dependente (VD) da intervenção foi o comportamento autolesivo de Rosana (levar a mão à cabeça, coçar e arranhar a ferida, com ou sem sangramento), e a variável independente (VI) foi definida após realizar análise funcional e compreender a função do comportamento de autolesionar-se, como o engajamento em atividades potencialmente reforçadoras. Foram conduzidas cinco sessões de intervenção, que serão descritas na sequência, e 13 sessões de observação e registro.

Descrição da intervenção

Sessão 1: Entrevista para coleta de dados sobre estado cognitivo, rotina e análise funcional do comportamento de automutilar-se. Na sessão de intervenção inicial, foram coletadas informações sobre história de vida, histórico da doença e do comportamento-alvo, rotina de vida atual e estado cognitivo de Rosana, e foi descrita a rotina da cuidadora. Inicialmente, a terapeuta estabeleceu *rapport* com Mariana e discutiu sobre as expectativas que ela tinha quanto à intervenção, esclarecendo que o comportamento de automutilação é complexo e que o objetivo da intervenção era compreender a função desse comportamento no ambiente em que ele ocorre para o planejamento de uma intervenção que diminuísse sua ocorrência.

Após o *rapport*, a terapeuta instruiu Mariana sobre a aplicação do instrumento MEEM com Rosana. Foi necessário que a cuidadora auxiliasse a terapeuta devido à aplicação em modalidade *on-line*. A terapeuta foi apresentada para Rosana e aplicou o teste com auxílio de Mariana. Rosana obteve 20 pontos no MEEM, o que indica comprometimento cognitivo (abaixo do ponto de corte de 22 pontos para sua escolaridade).

O restante da sessão de intervenção foi feito apenas com Mariana, com o objetivo de realizar a avaliação comportamental inicial por meio do instrumento *Functional Analysis Interview* (O'Neil et al., 1997). Com os dados obtidos nesse instrumento, foi possível analisar os contextos ambientais em que o comportamento autolesivo era emitido e as funções deste no contexto de vida e rotina da cliente. As análises funcionais molares e moleculares estão apresentadas no Quadro 7.2.

Quadro 7.2
Análise funcional do comportamento de automutilação de Rosana

	Antecedentes	Comportamento de Rosana	Consequência
Análise molar	*Situações que a desagradam, contrariam e frustram.*	*Colocar a mão na ferida na cabeça e arranhar.*	*Interrompe o estímulo aversivo. Reforço negativo.*
Análise molecular	Cuidadora pede que Rosana coloque o turbante.	Irritada, Rosana diz que não irá colocar o turbante; coloca a mão na ferida na cabeça e se arranha.	Cuidadora interrompe o pedido.
	Cuidadora pede que idosa se arrume mais rápido para saírem de casa (*antes do período da quarentena*).	Diz que não sairá, pois está atrapalhando Mariana; leva a mão à ferida na cabeça e se arranha.	Cuidadora fala pacientemente que idosa pode se arrumar sem pressa.
	Cuidadora e idosa fazendo álbum de fotografias; idosa não se lembra de quem está na foto.	Idosa, frustrada, diz que não lembra quem são essas pessoas. Leva a mão à cabeça e se arranha.	Cuidadora interrompe atividade do álbum de fotografias.
Análise molar	*Situações em que Rosana está ociosa.*	*Colocar a mão na ferida na cabeça e arranhar.*	*Reforço automático.*
Análise molecular	Idosa em frente à TV (não acompanhando a programação, devido ao declínio cognitivo decorrente da demência).	Coloca a mão na ferida na cabeça e se arranha.	Reforço automático.
	Idosa bordando ou fazendo crochê.	Nos intervalos entre os pontos da costura, coloca a mão na ferida e se arranha.	Reforço automático.

De acordo com a análise funcional, o comportamento-alvo acontecia em dois contextos distintos: quando a idosa estava ociosa (ou realizando atividades pouco significativas) e quando ela era contrariada ou frustrada. Nas situações em que Rosana estava ociosa, o comportamento autolesivo parecia adquirir função autoestimulatória, produzindo reforçamento automático. Mariana relatou que as situações em que Rosana não emitia o comportamento autolesivo eram situações nas quais ela estava realizando atividades que "prendiam sua atenção" (*sic*), como lavar louça, comer e exercitar-se. Em contrapartida, em momentos em que estava assistindo à TV ou fazendo crochê, a cliente emitia o comportamento autolesivo com alta frequência.

Em situações que pareciam ser aversivas para Rosana, como ser pressionada a realizar atividades muito rapidamente, não se recordar de informações relevantes para o momento ou ser impedida de realizar algo (p. ex., comer), o comportamento autolesivo parecia exercer a função de interromper a estimulação aversiva do ambiente (fuga). De modo geral, a estimulação aversiva que a cliente buscava interromper era produzida por Mariana, que a pressionava para realização de algumas tarefas ou a impedia de comer algo. Quando Rosana emitia o comportamento autolesivo, Mariana imediatamente cessava a estimulação aversiva, falando de forma mais calma, interrompendo a demanda ou mudando o foco da conversa, o que aumentava a probabilidade de Rosana comportar-se da mesma maneira no futuro.

Sessão 2: Levantamento de atividades reforçadoras disponíveis para a idosa e coleta da linha de base da intervenção. Na segunda sessão de intervenção, foram levantadas informações sobre atividades potencialmente reforçadoras para Rosana e que fossem possíveis de serem realizadas pela cliente e pela cuidadora em casa, em decorrência do isolamento social imposto pela quarentena. Essas informações foram coletadas a partir da hipótese, levantada na análise funcional, de que o longo período em que a cliente ficava sem atividades significativas, especialmente quando ficava em frente à televisão, era o contexto relevante para o aumento da frequência dos comportamentos autolesivos. Assim, uma possível intervenção seria alternar momentos em frente à TV com atividades que pudessem produzir reforçadores significativos para a cliente. Considerando que pessoas com TNCM apresentam muita dificuldade de se engajar em atividades diferentes das habituais sem ajuda externa, era necessário listar possíveis atividades que a cliente conseguia realizar e que, ao mesmo tempo, não causassem problemas na condução da rotina por parte da cuidadora.

A terapeuta listou algumas atividades potencialmente reforçadoras para a cliente e as apresentou para a cuidadora. Juntas, terapeuta e cuidadora avaliaram se as atividades poderiam ser de fato reforçadoras para a cliente, a viabilidade de implementá-las no ambiente doméstico e na rotina de vida de ambas (cliente e cuidadora) e os ajustes necessários devido à condição física e cognitiva de Rosana. As atividades reforçadoras elencadas foram: atividades de jardinagem vertical (uma vez que a cliente não conseguia ficar abaixada em virtude de sua condição física), pintura, desenho, ligações por vídeo com as irmãs, atividades de música (p. ex., cantar e assistir a vídeos de cantores favoritos), ginástica, vídeos de comédia no Youtube e atividades culinárias.

Além dessa discussão, a cuidadora foi instruída a realizar a observação sistemática do comportamento autolesivo da mãe durante três dias consecutivos, por 2 horas, especificamente durante o tempo em que ficava em frente à TV, sem a implementação da intervenção. Mariana deveria anotar a atividade que a mãe realizava durante a observação (p. ex., crochê) e a quantidade de vezes que emitia o comportamento de levar a mão à cabeça e tocar na ferida. Ao final das observações, a cuidadora deveria enviar as anotações para a terapeuta via aplicativo de texto para celular.

Sessão 3. Apresentação da análise funcional do comportamento autolesivo e plano de intervenção para a cuidadora. A terceira sessão de intervenção teve como objetivo apresentar a análise funcional do comportamento autolesivo de Rosana para a cuidadora e propor o plano de intervenção para que, juntas, pudessem discutir possíveis ajustes e sua implementação. A terapeuta apresentou a análise funcional para Mariana, relatando as funções de fuga/esquiva e reforçamento automático do comportamento autolesivo de Rosana. A cuidadora concordou com as análises e relatou outras situações exemplares dessas contingências.

Foram apresentados os seguintes planos de intervenção para a cuidadora.

1 Intervenção para comportamentos com função de fuga/esquiva: foi orientado para Mariana que, para os comportamentos de fuga e esquiva, a melhor estratégia seria a prevenção de sua ocorrência, em vez de tentar punir o comportamento autolesivo (p. ex., gritar, pedir que Rosana pare de se arranhar, brigar). Nessas situações, além de ineficaz, a punição já tinha mostrado ter o efeito contrário, uma vez que frequentemente aumentava a intensidade e a frequência com que os comportamentos autolesivos ocorriam. Mariana foi orientada e observar possíveis estímulos discriminativos que indicassem que a mãe estava ficando contrariada com alguma situação ou que indicassem que determinada tarefa excederia as possibilidades que a cliente tinha para realizá-las. Com isso, seria possível Mariana prevenir a ocorrência do estado de ansiedade ou irritação da cliente.
2 Intervenção para comportamentos que produzem reforçamento automático: como os comportamentos autolesivos que tinham como consequência o reforçamento automático ocorriam em situações em que Rosana estava realizando atividades pouco reforçadoras, o plano de intervenção teve como objetivo evitar a ocorrência desse comportamento por meio da implementação de atividades potencialmente reforçadoras em parte do tempo em que a cliente estava ociosa em frente à TV. A intervenção consistiu em solicitar para a cuidadora que intercalasse momentos em frente à TV com as atividades potencialmente reforçadoras discutidas na sessão de intervenção anterior. Foi pedido que a cuidadora observasse o comportamento da cliente por 2 horas durante três dias consecutivos, intercalando 30 minutos em frente à TV/crochê com 30 minutos de uma das atividades planejadas, e enviasse as informações para a terapeuta. Esperava-se, portanto, que a cuidadora observasse o comportamento da cliente em dois blocos de 30 minutos com atividades extras e dois blocos de 30 minutos em frente à TV.

Sessão 4. Acompanhamento da intervenção. A quarta sessão de intervenção teve como objetivo acompanhar o andamento da intervenção, analisar possíveis dificuldades na implementação e discutir as percepções da cuidadora ante a intervenção. Mariana relatou que o comportamento autolesivo da mãe diminuiu consideravelmente, tendo a menor frequência em muito tempo. Em contrapartida, Mariana relatou sentir-se culpada, pois percebeu que, se conseguisse deixar sua mãe o tempo todo em atividades reforçadoras, o comportamento autolesivo teria frequência próximo de zero. A terapeuta manejou esse sentimento de culpa, apontando para Mariana que essa possibilidade era inviável não só para ela como para qualquer outra pessoa que cuidasse de Rosana, ressaltando que o cuidado de uma pessoa com TNCM costuma gerar muita sobrecarga no cuidador, especialmente quando esse cuidador não tem a ajuda de outra pessoa, como era o caso dela. Enfatizou, ainda, que, como discutido na primeira sessão, o objetivo da intervenção era diminuir a ocorrência do comportamento, administrando-o em um nível que causasse o mínimo de prejuízo para a saúde da cliente, mas dificilmente seria possível extinguir toda a emissão. A terapeuta mostrou que Mariana estava fazendo o melhor possível e que, felizmente, estavam obtendo resultados positivos, aumentando a qualidade de vida da cliente e dela mesma.

Foi solicitado que Mariana continuasse realizando as sessões de intervenção intercalando 30 minutos de TV/crochê e 30 minutos de atividades reforçadoras, durante 2 horas, por quatro dias, e enviasse as anotações de frequência do comportamento-alvo para a terapeuta via aplicativo de texto para celular, para o acompanhamento dos resultados.

Sessão 5. *Follow up*. A última sessão de intervenção teve como objetivo discutir os aspectos positivos e negativos da intervenção, bem como conhecer as percepções da cuidadora e dar *feedback* sobre os resultados da intervenção. Mariana relatou que a intervenção teve efeito positivo no dia a dia de Rosana. Ela percebeu que, além de diminuir a frequência do comportamento autolesivo, também contribuiu com a melhora no humor da cliente e em sua socialização, que tinha agora uma rotina diária de ligação para conversar com as irmãs, além de realizar atividades de horta, desenho e ginástica. Mariana relatou novamente se sentir culpada por não conseguir propiciar atividades reforçadoras para a mãe o tempo todo, mas que reconhecia estar fazendo o possível para a melhora significativa de sua qualidade de vida. Foi discutida a importância de manter uma rotina com atividades reforçadoras para a mãe como manejo do comportamento autolesivo, a fim de evitar e/ou adiar a utilização de fármacos para o controle de comportamentos desafiadores. A terapeuta orientou Mariana a encontrar um equilíbrio entre as atividades de cuidado com Rosana e atividades de cuidado para si, para manejar a sobrecarga de ser cuidadora em tempo integral. Por fim, a terapeuta novamente reforçou o papel imprescindível que Mariana desempenhou com dedicação e esforço ao longo das intervenções.

Resultados da intervenção

As sessões de linha de base correspondem às observações de Mariana sobre a frequência do comportamento autolesivo de Rosana por três dias consecutivos, com duração de 2 horas, nas quais a cliente assistia à TV e/ou fazia crochê. A frequência do comportamento foi organizada em taxa de resposta (respostas por hora), uma vez que as observações às vezes duravam mais de 2 horas ou um pouco menos.

Pode-se observar, na Figura 7.1, que, nos três dias em que foram realizadas as observações na linha de base, a taxa de emissão do comportamento autolesivo foi de, em média, 11,3 respostas por hora. É preciso considerar que a duração do engajamento da cliente nesse comportamento era variável, como foi possível constatar em vídeo enviado pela cuidadora para a terapeuta. De modo geral, verificou-se nesse vídeo que o comportamento autolesivo ocorria em uma sequência previsível de repostas: a cliente fazia o crochê pegando um número variável de pontos, depois olhava em direção à TV, largava a agulha no colo, levava a mão à cabeça enquanto olhava em direção à TV e balançava o pé que estava sobre um banco, arranhava a ferida durante alguns segundos (ou até 1 minuto), às vezes coçava a orelha, depois voltava a pegar a agulha e se engajava novamente no crochê. Essa sequência, segundo a cuidadora, não apresentava mudanças significativas durante todo o tempo.

Os resultados referentes à observação durante a intervenção (oito sessões) foram coletados entre a terceira e a quinta sessões. Os dados referem-se a observações de 2 horas, sendo intercalados 30 minutos de atividades potencialmente reforçadoras (p. ex., atividades de jardinagem, desenho, ligações por vídeo com familiares) e 30 minutos em frente à TV e/ou fazendo crochê ou bordado. Observa-se que, ao longo dessas sessões, houve diminuição significativa da taxa de emissão do comportamento-alvo (média de 5,5 respostas por hora). Observa-se que, nos primeiros dias da observação, ocorreram as menores taxas (entre três e cinco respostas por hora) e que a taxa aumentou para cerca de sete a oito respostas por hora nas sessões seguintes. Nessas sessões, a observação foi feita em horário diferente daquele em que as demais observa-

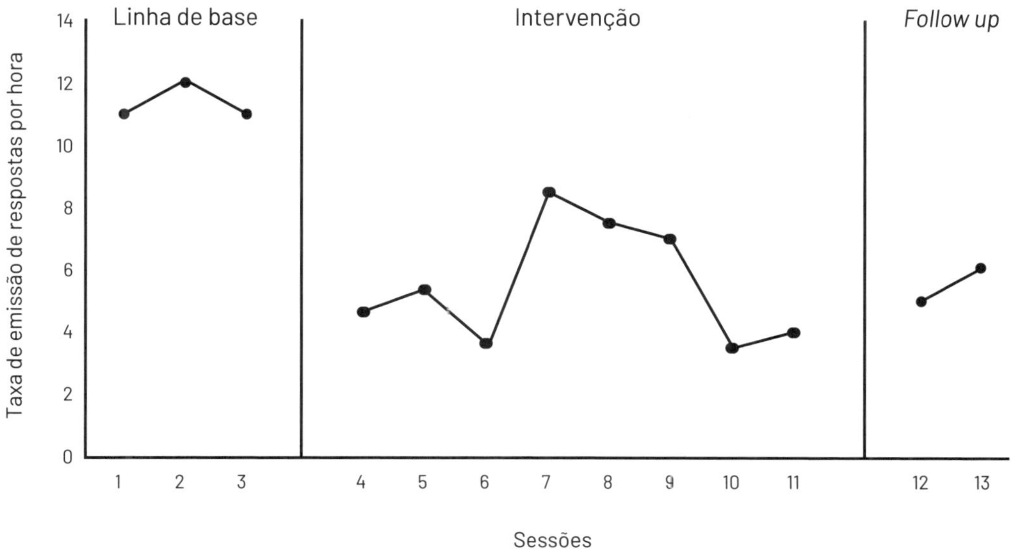

Figura 7.1
Taxa de emissão do comportamento autolesivo da cliente (número de respostas por hora) nas sessões de observação e registro feito pela cuidadora durante as fases de linha de base, intervenção e *follow up*.

ções foram feitas, sendo realizada no fim de semana, no período noturno, em atividades diferentes, o que pode explicar esse aumento.

Por fim, as duas últimas observações foram realizadas após a quinta sessão de intervenção (*follow up*). Observa-se que, mesmo sem as sessões de intervenção com a cuidadora, a taxa de emissão do comportamento-alvo manteve-se bem abaixo dos níveis da linha de base (em média, 5,5 respostas por hora). A Figura 7.2 apresenta a taxa de resposta do comportamento autolesivo em quatro sessões distintas, separadas por atividade: durante o tempo em que a cliente permanecia em frente à TV (colunas escuras) e durante o tempo em que realizava as atividades previstas no plano de intervenção (colunas claras). Essa análise foi realizada apenas durante essas quatro sessões porque foram as sessões em que a cuidadora apresentou o horário de início e fim de cada atividade realizada.

Pode-se observar claramente a diferença na taxa de emissão do comportamento autolesivo nas duas situações de observação. Já durante o tempo em frente à TV, a taxa de emissão do comportamento autolesivo foi de, em média, 8,5 respostas por hora, e a taxa de emissão das respostas durante as atividades do plano de intervenção foi de, em média, 0,75 resposta por hora. As atividades realizadas pela cliente seguindo o plano de intervenção foram: a) sessão 4: kirigami e ligação de vídeo; b) sessão 5: videochamada com as irmãs e kirigami; c) sessão 8: horta e culinária; e d) sessão 9: lista do mercado e café da tarde com as irmãs.

Discussão

De modo geral, pode-se verificar que a intervenção realizada com Mariana foi eficaz pa-

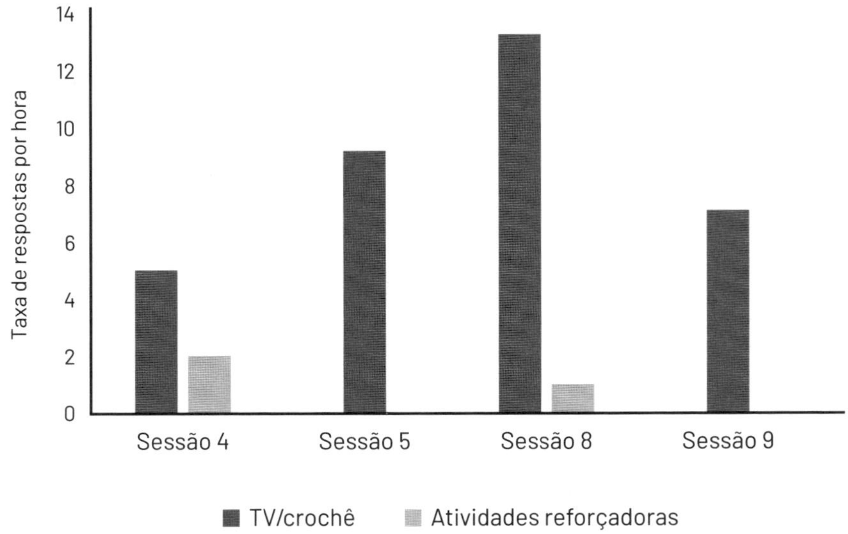

Figura 7.2
Taxa de emissão do comportamento autolesivo da cliente (número de respostas por hora) em quatro sessões de observação e registro feito pela cuidadora, separadas em relação à atividade sendo executada: durante o tempo em frente à TV e durante atividades do plano de intervenção.

ra a diminuição do comportamento autolesivo da cliente. Apesar da vasta literatura sobre intervenções para comportamentos autolesivos em crianças e adolescentes, não há (do nosso conhecimento) relatos de intervenções conduzidas com pessoas com diagnóstico de TNCM que apresentem esse tipo de sintoma comportamental. Geralmente, esse problema tem sido negligenciado pela literatura sobre intervenções não farmacológicas para pessoas com TNCM, e a conduta preferencial tem sido feita por meio da administração de tratamento farmacológico (Warnock et al., 1999). No entanto, é preciso considerar que o uso de medicamentos nesses casos pode ter um efeito iatrogênico importante (Fisher et al., 2007): além de diminuir a frequência de comportamentos considerados desafiadores pelos cuidadores, em geral, diminui a frequência de todos os outros comportamentos do idoso, podendo agravar sua dependência de cuidados intensivos (p. ex., passar a necessitar de ajuda em atividades rotineiras, como banho e alimentação), o que pode contribuir para a sobrecarga do cuidador. Nesse sentido, é importante destacar a importância de se buscar, inicialmente, intervenções não farmacológicas que possam controlar a ocorrência desses comportamentos desafiadores, buscando manter o quanto possível a independência da pessoa com TNCM.

O caso aqui apresentado tem alguns aspectos de interesse mais geral e que serão discutidos na sequência. O primeiro deles refere-se à importância de se realizar uma análise funcional que leve em conta todas as condições em que uma mesma topografia de resposta seja emitida, a fim de que seja possível compreender todas as possíveis funções que uma mesma resposta pode ter no repertório de um indivíduo. A segunda questão a ser discutida diz respeito ao tipo de intervenção escolhido para o caso estudado. Por fim, é importante discutir o papel do cuidador no manejo dos comportamentos desafiadores apresentados por pessoas com TNCM.

Ao realizar a análise funcional do comportamento autolesivo da cliente junto à cuidadora, foi possível observar que, apesar de apresentar a mesma topografia, o comportamento autolesivo de Rosana tinha duas funções distintas: a primeira, de fuga e/ou esquiva de eventos aversivos, e a segunda, de reforçamento automático. Comportamentos autolesivos frequentemente apresentam essas funções (Iwata et al., 1994) e são mantidos por reforço negativo e reforçamento positivo de natureza sensorial. Como intervenção para comportamentos autolesivos com função de fuga/esquiva, a cuidadora foi orientada a prevenir situações aversivas em que Rosana pudesse emitir o comportamento autolesivo para fugir ou se esquivar de eventos aversivos para ela. Além disso, foi orientado que Mariana evitasse tentar punir o comportamento autolesivo de Rosana, uma vez que os eventos aversivos dispensados por Mariana não tinham efeito supressor do comportamento autolesivo – ao contrário, aumentavam a intensidade e a frequência da emissão do comportamento-alvo. Isso ocorria porque o comportamento da cuidadora, ao brigar com a mãe ou pressioná-la a se comportar de formas que não conseguia, aumentava a condição aversiva, que favorecia a ocorrência do comportamento autolesivo (ansiedade, irritação e frustração), em vez de suprimir a resposta. Para além de todos os argumentos contrários ao uso de punição para o controle do comportamento (Sidman, 1995), é importante lembrar, na análise dos eventos antecedentes que estão relacionados à ocorrência de comportamentos desafiadores de pessoas com TNCM, que o manejo ambiental para a prevenção da ocorrência do comportamento é sempre a medida de controle preferencial (Fisher et al. 2007).

Além da função de fuga/esquiva dos comportamentos autolesivos, levantamos como hipótese que esses comportamentos eram mantidos por reforçamento automático. Essa hipótese tem sido levantada (e contestada) por alguns autores (para críticas, ver Carr, 1977), mas, em geral, tem sido citada como uma das causas mais frequentes de comportamentos autolesivos por pesquisadores da área (p. ex., Iwata et al., 1994). De acordo com Barros e Benvenuti (2012), o reforçamento automático seria aquele que independeria de qualquer mediação social para ter como efeito aumentar a frequência de dado comportamento. Iwata et al. (1994) acrescentam que essa contingência, em que o comportamento produz de forma direta e automática o reforçamento, é de difícil análise e que, em geral, é caracterizada quando não é possível a identificação de contingências sociais responsáveis pela manutenção do comportamento, ou seja, é uma hipótese levantada por eliminação de hipóteses alternativas.

Na análise funcional do comportamento autolesivo de Rosana, observou-se que este era emitido com alta frequência quando a cliente estava assistindo à TV e fazendo crochê, sem que houvesse qualquer interação social com a cuidadora ou com qualquer outra pessoa. A análise dos vídeos enviados pela cuidadora confirmou o relato obtido na entrevista: o comportamento autolesivo ocorria como parte de uma sequência de comportamentos emitidos em frente à TV, sem que sua frequência fosse aumentada ou diminuída pelas eventuais intervenções verbais da cuidadora (chamar a atenção para algum aspecto do programa da TV, fazer alguma pergunta ou iniciar uma conversa). A literatura da área tem indicado que, para o tratamento de comportamentos autolesivos mantidos por reforçamento automático, é necessário identificar reforçadores que possam concorrer com o reforçador automático (Barros & Benvenuti, 2012; Vollmer & Smith, 1996) e com o acesso a fontes alternativas de estimulação (Iwata et al., 1994). No entanto, é preciso que as fontes alternativas de estimulação sejam variadas, uma vez que uma única atividade alternativa pode produzir saciação e desinteresse por parte do cliente, favorecendo a ocorrência do comportamento autolesivo (DeLeon et al., 2000).

Levando em conta esses princípios, para os comportamentos autolesivos da cliente mantidos provavelmente por reforçamento automático, o plano de intervenção baseou-se em intercalar períodos em que a cliente ficava em frente à TV fazendo crochê/bordado com outras atividades que pudessem produzir reforçadores (incluindo reforçamento social proveniente da interação com a filha). Para isso, dois cuidados foram tomados. O primeiro é que a cuidadora pudesse oferecer uma ampla variedade de atividades para a cliente, a fim de que também houvesse uma variedade de reforçadores disponíveis ao longo do dia. É comum que familiares de pessoas com TNCM, ao identificarem uma atividade em que o familiar se engaje, ofereçam essa atividade diariamente e por um longo período de tempo, na tentativa de "distrair" o familiar e prevenir a ocorrência de outros comportamentos desafiadores. Os efeitos positivos da atividade, porém, duram pouco, e é comum que os cuidadores reclamem que seu familiar "enjoa fácil" dela. Esse tipo de situação foi relatado por Mariana, que contou que a mãe gostava de pintar figuras de mandala em livro, mas que parou de fazê-lo. Perguntada sobre a frequência com que essa atividade era oferecida à mãe, Mariana relatou que diariamente e por longos períodos. A cuidadora foi alertada sobre esse possível efeito de saciação de uma atividade única e sobre a necessidade de variabilidade de atividades ao longo do dia.

O segundo cuidado tomado na implementação da intervenção foi manter a atividade de TV para a cliente. Essa atividade, apesar de ser aquela que mais favorecia a ocorrência dos comportamentos autolesivos (ver Figura 7.2), era importante para a cuidadora, que tinha tempo de realizar atividades para si mesma (cuidar da casa ou mesmo distrair-se com alguma coisa). Como grande parte das pessoas com diagnóstico de TNCM, Rosana não conseguia se engajar sozinha na maior parte das atividades, necessitando, inclusive, de monitoramento para a realização de algumas delas. A inserção de um número maior de atividades na sua rotina tinha alto custo de resposta para Mariana, que necessitaria ficar disponível o tempo todo para realizá-las com a mãe. Esse custo de resposta deve ser sempre avaliado com cuidado pelo terapeuta, uma vez que é necessário que os planos de intervenção não sobrecarreguem ainda mais o cuidador e que prevejam de alguma forma um tempo disponível para que ele possa relaxar e cuidar de si. É possível que a taxa de emissão dos comportamentos autolesivos da cliente fosse ainda menor ou próximo de zero caso a intervenção fosse inteiramente composta por atividades reforçadoras, não intercaladas com a TV. Nas sessões de observação e registro realizadas por Mariana nos períodos em que Rosana estava fazendo atividades selecionadas no plano de intervenção, a emissão do comportamento autolesivo era zero ou próxima de zero. Entretanto, observando as condições disponíveis para Mariana, considerando a sobrecarga decorrente do cuidado integral da mãe, acrescida do estresse advindo do isolamento social voluntário no período de quarentena, avaliamos que seria inviável para a cuidadora manter-se engajada todo o tempo em atividades diversas com a mãe.

Outras variáveis podem ter interferido nos resultados da intervenção. Observou-se, por exemplo, que, na sessão 7 de observação e registro, a taxa de emissão do comportamento-alvo foi muito maior que nas demais sessões. Mariana relatou que, nesse dia, havia excesso de som na vizinhança, devido a uma festa em um estabelecimento em frente à sua casa, que pode ter contribuído para a agitação de Rosana e o consequente aumento de frequência do comportamento-alvo. Outra possível interferência foi a introdução do medicamento quetiapina, um antipsicótico utilizado para sintomas comportamentais de pacientes com demência (Forlenza et al., 2008). Esse medicamento pode ter contribuído para a diminuição da frequência do comportamento-alvo do repertório de Rosana. Essa hipótese, porém, encontra pouco apoio nos resultados obtidos, uma vez que, nos registros feitos pela cuidadora, a taxa de emissão do comportamento-alvo é notadamente menor durante a realização de outras atividades em comparação com os períodos em que ela estava assistindo à TV (Figura 7.2). Caso o medicamento fosse responsável pela diminuição na taxa de emissão do comportamento autolesivo, seria esperado que a frequência desse comportamento diminuísse em todos os períodos, e não apenas naqueles em que a cliente realizava atividades alternativas a assistir à TV.

A intervenção proposta apresentou resultados positivos na diminuição da taxa de emissão de comportamentos autolesivos da cliente atendida. Foi realizada uma intervenção não farmacológica, guiada pela formulação de uma análise funcional do comportamento-alvo para seu manejo, em uma situação pouco comum (atendimento *on-line*). Para a formulação e a implementação da intervenção, foram levadas em consideração as condições disponíveis para a cuidadora e a cliente, principalmente sob as delicadas contingências estabelecidas pelo isolamento social voluntário em meio à pandemia de covid-19, sendo necessário também oferecer suporte psicológico à cuidadora em relação a sentimentos como culpa e sobrecarga. É importante que terapeutas analítico-comportamentais tenham conhecimentos sobre como auxiliar cuidadores de pessoas com diagnóstico de TNCM a manejar comportamentos desafiadores, uma vez que as demências têm-se tornado cada vez mais frequentes em decorrência do envelhecimento da população. A literatura analítico-comportamental tem produzido extenso material de intervenção sobre essa problemática em relação a crianças e adolescentes com desenvolvimento atípico. Essa literatura pode ser adaptada com sucesso para casos de pessoas com TNCM, o que se constitui uma tarefa de grande relevância social para analistas do comportamento.

Referências

American Psychiatric Association (APA). (2013). *Diagnostic and statistical manual of mental disorders: DSM-5* (5th ed.). APA.

Associação Brasileira de Alzheimer (ABRAz). (2019). *O que é Alzheimer*. https://abraz.org.br/2020/sobre-alzheimer/o-que-e-alzheimer-2/

Barros, T., & Benvenuti, M. F. L. (2012). Reforçamento automático: Estratégias de análise e intervenção. *Acta Comportamentalia, 20*(2), 177-184.

Bonner, C. (2005). *Reducing stress-related behaviours in people with dementia: Care-based therapy*. Jessica Kingsley.

Brucki, S. M. D., Nitrini, R., Caramelli, P., Bertolucci, P. H. F., & Okamoto, I. H. (2003). Sugestões para o uso do mini-exame do estado mental no Brasil. *Arquivos de Neuro-Psiquiatria, 61*(3b), 777-781.

Canon, M. B. F., & Novelli, M. M. P. C. (2012). Identificação dos sintomas comportamentais e psicológicos em idosos moradores de uma instituição de longa permanência. *Revista de Terapia Ocupacional da Universidade de São Paulo, 23*(1), 72-80.

Caramelli, P., & Barbosa, M. T. (2002). Como diagnosticar as quatro causas mais frequentes de demência? *Brazilian Journal of Psychiatry, 24* (suppl 1), 7-10.

Carr, E. G. (1977). The motivation of self-injurious behavior: A review of some hypotheses. *Psychological Bulletin, 84*(4), 800-16.

Ceppi, B., & Benvenuti, M. (2011). Análise funcional do comportamento autolesivo. *Revista de Psiquiatria Clínica, 38*(6), 247-253.

Cohen-Mansfield, J. (2003). Agitation in the elderly: Definitional and theoretical conceptualizations. In D. P. Hay, D. T. Klein, L. K. Hay, G. T. Grossberg, & J. S. Kennedy (Eds.), *Agitation in patients with dementia: A practical guide to diagnosis and management* (pp. 1-21). APP.

Cohen-Mansfield, J. (2013). Nonpharmacologic treatment of behavioral disorders in dementia.

Current Treatment Options in Neurology, 15(6), 765-785.

Cowdery, G. E., Iwata, B. A., & Pace, G. M. (1990). Effects and side effects of DRO as treatment for self-injurious behavior. *Journal of Applied Behavior Analysis, 23*(4), 497-506.

DeLeon, I. G., Anders, B. M., Rodriguez-Catter, V., & Neidert, P. L. (2000). The effects of noncontingent access to single-versus multiple-stimulus sets on self-injurious behavior. *Journal of Applied Behavior Analysis, 33*(4), 623-626.

Delitti, M., & Derdyk, P. (Orgs.). (2008). *Terapia analítico-comportamental em grupo*. ESETec.

Fauth, E. B., & Gibbons, A. (2014). Which behavioral and psychological symptoms of dementia are the most problematic? Variability by prevalence, intensity, distress ratings, and associations with caregiver depressive symptoms. *International Journal of Geriatric Psychiatry, 29*(3), 263-271.

Fisher, J. E., & Swingen, D. N. (1997). Contextual factors in the assessment and management of aggression in dementia patients. *Cognitive and Behavioral Practice, 4*(1), 171-190.

Fisher, J. E., Drossel, C., Yury, C., & Cherup, S. (2007). A contextual model of restraint free care for persons with dementia. In P. Sturmey (Ed.), *Functional analysis in clinical treatment* (pp. 211-237). Academic Press.

Folstein, M. F., Folstein, S. E., & McHugh, P. R. (1975). Mini-mental state: Practical method for grading the cognitive state of patients for the clinicians. *Journal of Psychiatric Research, 12*(3), 189-198.

Forlenza, O. V., Cretaz, E., & Diniz, B. S. O. (2008). The use of antipsychotics in patients with dementia. *Revista Brasileira de Psiquiatria, 30*(3), 265-270.

Gast, D. L., & Hammond, D. (2009). Withdrawal and reversal designs. In D. L. Gast (Ed.), *Single subject research methodology in behavioral sciences* (pp. 235-236). Routledge.

Gerlach, L. B., & Kales, H. C. (2018). Managing behavioral and psychological symptoms of dementia. *Psychiatric Clinics of North American, 41*(1), 127-139.

Gil, G., & Busse, A. L. (2009). Avaliação neuropsicológica e o diagnóstico de demência, comprometimento cognitivo leve e queixa de memória relacionada à idade. *Arquivos Médicos dos Hospitais e da Faculdade de Ciências Médicas da Santa Casa São Paulo, 54*(2), 44-50.

Iwata, B. A., Pace, G. M., Dorsey, M. F., Zarcone, J. R., Vollmer, T. R., Smith, R. G., ... Willis, K. D. (1994). The functions of self-injurious behavior: An experimental-epidemiological analysis. *Journal of Applied Behavior Analysis, 27*(2), 215-240.

Kerr, D. (2007). Therapeutic interventions. In D. Kerr (Ed.), *Understanding learning disability and dementia: Developing effective interventions* (pp. 67-86). Jessica Kingsley.

Lopes, D. B., & Caixeta, L. (2012). O estresse dos cuidadores. In L. Caixeta (Org.), *Doença de Alzheimer* (pp. 239-249). Artmed.

Mace, N. L., & Rabins, P. V. (2006). Characteristic behavioral symptoms of dementia. In N. L. Mace, & V. P. Rabins (Eds.), *The 36-hour day: A family guide to caring for people with Alzheimer disease, other dementias, and memory loss in later life* (pp. 20-43). The Johns Hopkins University.

Matos, M. A. (1999). Análise funcional do comportamento. *Revista Estudos de Psicologia, 16*(3), 8-18.

McCurry, S. M., & Drossel, C. (2011). *Treating dementia in context: A step-by-step guide to working with individuals and families*. APA.

Novelli, M., Nitrini, R., & Caramelli, P. (2010). Cuidadores de idosos com demência: Perfil sociodemográfico e impacto diário. *Revista de Terapia Ocupacional da Universidade de São Paulo, 21*(2), 139-147.

O'Neill, R. E., Horner, R. H., Albin, R. W., Sprague, J. R., Storey, K., & Newton, J. S. (1997). *Functional assessment and program development for problem behavior: A practical handbook*. Brooks/Cole.

Organização Pan-Americana da Saúde (OPAS). (2017). *Demência: Número de pessoas afetadas triplicará nos próximos 30 anos*. https://www.paho.org/pt/noticias/7-12-2017-demencia-numero-pessoas-afetadas-triplicara-nos-proximos-30-anos

Organização Pan-Americana da Saúde (OPAS). (2018). *Envelhecimento e saúde*. https://www.paho.org/pt/envelhecimento-saudavel

Parmera, J. B., & Nitrini, R. (2015). Demências: Da investigação ao diagnóstico. *Revista de Medicina, 94*(3), 179-184.

Sidman, M. (1995). *Coerção e suas implicações*. Editorial Psy. (Original publicado em 1989).

Souza, Y. L. P., &, Schmidt, A. (2021). Characterization of behavioral symptoms of older adults with neurocognitive disorder by the report of informal caregivers. *Paidéia, 31*, e3130.

Teri, L., Logsdon, R. G., & McCurry, S. M. (2002). Nonpharmacologic treatment of behavioral disturbance in dementia. *The Medical Clinics of North America, 86*(3), 641-656.

Teri, L., Truax, P., Logsdon, R., Uomoto, J., Zarit, S., & Vitaliano, P. P. (1992). Assessment of behavioral problems in dementia: The revised memory and behavior problems checklist. *Psychology and Aging, 7*(4), 622-631.

van der Lee, J., Bakker, T. J. E. M., Duivenvoorden, H. J., & Dröes, R. M. (2014). Multivariate models of subjective caregiver burden in dementia: A systematic review. *Ageing Research Reviews, 15*, 76-93.

Volicer, L. (2018). Behavioral problems and dementia. *Clinics in Geriatric Medicine, 34*(4), 637-651.

Vollmer, T. R., & Smith, R. G. (1996). Some current themes in functional analysis research. *Research in Developmental Disabilities, 17*(3), 229-249.

Warnock, J. K., Burke, W. J., & Huerter, C. (1999). Self-injurious behavior in elderly patients with dementia: Four case reports. *The American Journal of Geriatric Psychiatry, 7*(2), 166-170.

Leitura recomendada

Cooper, J. O., Heron, T, E., & Heward, W. H. (2020). Differential reinforcement. In J. O. Cooper, T. E. Heron, & W. L. Heward. *Applied Behavior Analysis* (3rd ed., pp. 481-497). Pearson Education.

Capítulo 8

Psico-oncologia infantil: uma proposta de intervenção comportamental com crianças e pais

Gabriela Sabino
Maria Rita Zoéga Soares

O tratamento oncológico apresenta diversos estressores relacionados ao desconhecimento sobre a situação e à presença de procedimentos clínicos invasivos e dolorosos. A criança em tratamento contra o câncer deve se submeter a alterações na rotina diária, que podem tornar-se contingências para mudanças de padrões comportamentais relacionados a autonomia, controle e competência pessoal.

No contexto de tratamento infantil, é frequente a criança apresentar respostas de fuga e esquiva (rejeição à medicação, recusa a interagir com a equipe de saúde, choro, agressões físicas ou verbais), que podem dificultar o manejo profissional da situação. Para o sucesso do tratamento, os pacientes devem apresentar um papel ativo que indique adesão, o que influencia tanto o resultado quanto a redução de sintomas emocionais (Corrêa, 2014; Guimarães, 2013).

A dificuldade de adesão de pacientes ao tratamento pode ser considerada um dos desafios mais frequentes enfrentados por profissionais nesse contexto, especialmente por ser um tratamento invasivo, com efeitos colaterais, de longo prazo, com necessidade de alteração no estilo de vida. Para a criança com câncer, aderir ao tratamento é uma tarefa com alto custo de resposta, principalmente para cooperar na execução de procedimentos aversivos, que apresentam consequências dolorosas e incômodas (Malerbi, 2000; Santos, 2000).

Situações aversivas relacionadas ao tratamento oncológico podem ser variáveis determinantes para a apresentação de padrões comportamentais que podem provocar dificuldades em curto, médio e longo prazos. São comuns sintomas relacionados a estresse, ansiedade, depressão e medo. Outros comportamentos incluem apatia, déficits em habilidades sociais, comportamentos agressivos, dificuldades de concentração, transtorno do sono e transtorno alimentar (Dupont & Soares, 2005).

Mesmo durante o tratamento, a criança deve ser atendida em seus aspectos emocionais, necessidades sociais, pedagógicas e recreativas, visando ao bem-estar e à qualidade de vida. Tanto pacientes como familiares necessitam de suporte psicológico e orientação durante todas as fases de tratamento, desde o diagnóstico até o pós-tratamento.

Este capítulo apresenta uma proposta de intervenção no contexto de atendimento de tratamento contra o câncer com crianças e cuidadores, desenvolvida a partir de indicações obtidas por meio de revisão sistemática sobre estratégias em psico-oncologia infantil.

Considerações teóricas acerca da intervenção

Para a elaboração da proposta, foram utilizados dados obtidos em uma revisão sistemática sobre o tema psico-oncologia infantil. Tal revisão seguiu as etapas abordadas por Costa e Zoltowski (2014), como: 1) delimitação da questão de pesquisa "Como a psico-oncologia infantil avalia consequências psicológicas e realiza intervenções com crianças em tratamento e familiares?"; 2) escolha das fontes de dados pertinentes ao tema; 3) eleição das palavras-chave para a busca; 4) busca e armazenamento dos resultados; 5) seleção de artigos pelo resumo, de acordo com critérios de inclusão e exclusão; 6) extração dos dados dos artigos selecionados; 7) avaliação dos artigos; e 8) síntese e interpretação dos dados.

Participaram da pesquisa três discentes do Programa de Pós-graduação em Análise do Comportamento da Universidade Estadual de Londrina (UEL), que atuaram como pesquisador principal e juízes. Os discentes participaram das etapas de busca e análise e foram treinados previamente pelo pesquisador. O treinamento consistiu na apresentação dos objetivos da pesquisa e do método do trabalho e na aplicação das etapas.

Para a pesquisa, foram utilizadas as palavras-chave "psico-oncologia infantil" combinadas com "análise do comportamento", "comportamento", "saúde mental", "lúdico", "recursos", "cuidador", "mães" e "pais". A busca foi realizada nos idiomas português e inglês. Foram excluídos os artigos repetidos, os que não estavam disponíveis para a consulta, os que se referiam à aplicação de testes e os direcionados ao treinamento profissional especificamente. Como critério de inclusão para artigos recuperados, foram selecionados aqueles publicados entre 2015 e 2020, que incluíam aspectos relacionados aos sentimentos de crianças e familiares, assim como análise e intervenção.

Primeiramente, a busca foi realizada em dezembro de 2020, na base de dados INDEXPSI, mas não foram obtidos resultados para os critérios de seleção citados. Assim, nova busca foi feita na base de dados BV Saúde, mantendo-se os critérios de seleção estabelecidos anteriormente. Nessa oportunidade, foi possível obter 34 artigos para análise e recuperação de 27 desses artigos. Os resultados foram organizados por palavras-chave e estão apresentados na Tabela 8.1.

Entre os 34 artigos analisados, sete foram descartados por apresentarem estudos relacionados ao câncer em familiares, procedimentos realizados por médicos durante o tratamento ou por não apresentarem pelo menos um dos critérios de inclusão ao longo do artigo. Dos 27 artigos recuperados, 14 eram pesquisas de levantamento, seis eram trabalhos de revisão, quatro apresentavam intervenções com paciente ou família, dois avaliavam instrumentos de análise e um relatava o funcionamento de um hospital e seu protocolo de atendimento.

Para a avaliação dos artigos, foram analisados a teoria, os métodos e os resultados de

Tabela 8.1
Resultado de busca bibliográfica realizada na BVS Saúde

BVS Saúde	Encontrados	Analisados	Recuperados
Psico-oncologia infantil e análise do comportamento	0	0	0
Child psycho-oncology and behavior analisys	0	0	0
Psico-oncologia infantil e comportamento	4	1	1
Child psycho-oncology and behavior	19	12	9
Psico-oncologia infantil e saúde mental	11	2	2
Child psycho-oncology and mental health	27	11	9
Psico-oncologia infantil e lúdico	0	0	0
Child psycho-oncology and ludic	0	0	0
Psico-oncologia infantil e recursos	1	0	0
Child psycho-oncology and resources	4	0	0
Psico-oncologia infantil e cuidador	0	0	0
Child psycho-oncology and caregiver	7	2	2
Psico-oncologia infantil e pais	3	1	1
Psico-oncologia infantil e mães	0	0	0
Child psycho-oncology and parents	35	5	3
Total	68	34	27

estudos qualitativos, levando a uma síntese do fenômeno estudado (Costa & Zoltowski, 2014). A síntese foi organizada por meio de seis categorias temáticas: 1) aspectos psicológicos; 2) dados sociodemográficos; 3) instrumentos de coleta de dados; 4) estratégias de intervenção; 5) relação entre pais e crianças em tratamento; e 6) recursos para intervenção. As categorias e o número de artigos que apresentaram conteúdo sobre cada tema estão organizados na Tabela 8.2.

A categoria 1) "aspectos psicológicos" foi definida como condições emocionais relacionadas diretamente à situação oncológica. Foram recuperados artigos de levantamento (11), revisão (5), intervenção (4), relato de experiência em hospital (1) e análise de instrumento (1). Os "aspectos psicológicos" de pa-

Tabela 8.2
Categorias temáticas levantadas na busca bibliográfica

Categoria	Nº de artigos
1. Aspectos psicológicos	22
2. Dados sociodemográficos	18
3. Instrumentos de coleta de dados	14
4. Estratégias de intervenção	12
5. Relação entre pais e crianças em tratamento	9
6. Recursos para intervenção	1

cientes apresentados com maior frequência foram: estresse (5 artigos), alterações de humor (4) e incerteza, medo e ansiedade (2). Apenas um dos artigos abordou os sintomas de estresse pós-traumático, dificuldades relacionadas à memória, problemas em relacionamentos, vulnerabilidade, insônia ou hipersonolência, raiva, frustração, agressividade, irritabilidade, depressão, isolamento, propensão a abuso de substâncias na vida adulta e insatisfação com o corpo.

Com relação aos "aspectos psicológicos" dos pais, foram descritos estresse (5 artigos), medo e estresse pós-traumático (3), ansiedade, depressão, culpa, raiva, incerteza e preocupação (2). Um dos artigos citou vulnerabilidade, sobrecarga emocional, frustração, alteração de sono, insegurança, isolamento e alteração de dinâmica familiar.

A categoria 2) "dados sociodemográficos" referiu-se a informações sobre o público-alvo, como vínculo com o hospital (paciente, familiar ou profissional de saúde), sexo e país onde a pesquisa foi realizada. Essa categoria foi identificada em artigos de levantamento (13), intervenção (3), análise de instrumento (1) e revisão (1), que destacaram a tendência à apresentação de sintomas psiquiátricos em adultos sobreviventes de câncer. Todos os artigos apresentavam participantes de ambos os sexos.

Dentre esses artigos, foram identificados estudos com pais (10), sobreviventes de câncer (4), adolescentes em tratamento (2), profissionais de saúde (1) e crianças em tratamento (1). Apenas um estudo foi realizado com participantes brasileiros; os demais foram realizados nos Estados Unidos, na Alemanha, na Austrália, na Espanha, na Rússia e no Egito.

A categoria 3) "instrumentos de coleta de dados" referiu-se aos instrumentos de levantamento e análise de dados. A categoria foi verificada em artigos de levantamento (12), análise de instrumento (1) e artigo de intervenção (1). Foram considerados os instrumentos de avaliação emocional, coleta demográfica, hábitos alimentares, relacionamentos interpessoais e análise de sono. Os artigos apresentaram 33 escalas de análise quantitativa e quatro entrevistas elaboradas para artigos de estudo qualitativo. Para a análise de dados quantitativos, os estudos realizaram a correlação das escalas. Para a análise de dados qualitativos, três estudos utilizaram a teoria fundamentada, um a análise fenomenológica interpretativa (IPA) e um a análise de conteúdo.

A categoria 4) "estratégias de intervenção" referiu-se aos recursos descritos pelos autores como alternativas para promover a qualidade de vida e o bem-estar de pacientes e familiares. Foram identificados artigos de revisão (6), intervenção (4), análise de instrumento (1) e relato de experiência no hospital (1). Dentre as estratégias, a maioria dos autores forneceu sugestões de intervenção. Dentre os artigos dessa categoria, destacam-se os de Haegen e Luminet (2015), que recomendaram o suporte psicológico para o paciente e a família, considerando aspectos específicos relacionados ao tipo de câncer e ao estágio da doença. Além do suporte, Linehan et al. (2017) sugeriram o fornecimento de informação e apoio para realizar o rastreio e o manejo do estresse em todas as fases do tratamento.

A categoria 5) "relação entre pais e crianças em tratamento" referiu-se a descrições sobre interações, abordando suas possíveis consequências. Todos os trabalhos apresentaram questões relacionadas à influência do comportamento de pais sobre os filhos. El Malla (2017), Elliott et al. (2020), Kearney et al. (2015) e Wiener et al.(2015) indicaram que a saúde emocional de cuidadores teria impacto no sucesso do tratamento, uma vez que influenciaria as emoções, o enfrentamento e a adaptação da criança à situação oncológica. Segundo Williams et al. (2016), estressores relacionados ao câncer poderiam levar a mudanças nas práticas parentais e alterar comportamentos públicos e respostas emocionais de crianças.

Williams et al. (2015), Williams e McCarthy (2015) e Frizzo et al. (2015) afirmaram que intervenções direcionadas aos pais poderiam contribuir para o padrão comportamental infantil e favorecer a adesão ao tratamento e a recuperação. Ernst et al. (2020) complementaram que a demonstração de afeto e a coesão familiar podem aumentar as chances de a criança buscar apoio nos pais em situações difíceis, mesmo após a alta.

A categoria 6) "recursos para intervenção" referiu-se à apresentação de estratégias para o contexto. Steele et al. (2015) apresentaram um jogo indicado para promover a comunicação de emoções e reduzir o impacto emocional da doença. Recomendaram o uso de recursos de multimídia, com informações sobre a enfermidade e os procedimentos utilizados no hospital. Sugeriram o uso de livros e vídeos para a validação de sentimentos em relação à situação oncológica.

Determinadas estratégias podem possibilitar aumento de repertório comportamental de pais e de crianças, no sentido de favorecer a adesão ao tratamento. Adesão ao tratamento significa seguir as orientações dos profissionais de saúde, adotando comportamentos de prevenção, comparecendo às consultas médicas, colaborando durante os procedimentos, seguindo as instruções de autocuidado e tomando o medicamento conforme prescrito. Muitas intervenções médicas dependem da adesão do paciente, pois, sem essa classe de comportamentos, o tratamento se torna ineficaz (Alder et al., 2004).

Em relação ao paciente oncológico infantil, comportamentos de adesão são aqueles que envolvem respostas colaborativas no momento do procedimento médico, que permitem a participação ativa da criança. Comportamentos de não adesão surgem como resposta à exposição da criança a um evento ambiental aversivo, de caráter doloroso e invasivo. Sua emissão tem como consequência dificuldade na execução do procedimento, gerando aumento no tempo de exposição à contingência aversiva, potencialização dos efeitos colaterais do medicamento administrado (sensação de ardor maior no local da administração do fármaco) e necessidade de os profissionais adotarem posturas punitivas (elevação de voz e contenção física).

A partir dessas categorias levantadas, foi possível identificar aspectos relevantes a serem considerados para a elaboração de uma estratégia de intervenção em psico-oncologia infantil sob uma perspectiva analítico-comportamental. Ficou evidente a necessidade de abordar aspectos emocionais advindos do diagnóstico e do tratamento e buscar o bem-estar de pacientes e familiares. Esse procedimento buscou incentivar o trabalho na modalidade de grupo aberto, por ser uma alternativa viável para a condução em sala de espera no ambulatório. Procurou-se incluir recursos que incentivassem a comunicação sobre o impacto em relação ao diagnóstico e à adaptação à nova rotina. Priorizou-se a psicoeducação como alternativa para o acesso às informações sobre a enfermidade, o tratamento, os sintomas e as consequências emocionais. Optou-se pela elaboração de um material informativo pelo fato de poder ser consultado a qualquer momento, repetidas vezes, sem a necessidade da presença do psicólogo. Além disso, como Steele et al. (2015) sugeriram, a intervenção com crianças deve primar pela utilização de atividades lúdicas. Tais aspectos foram levados em consideração para o planejamento desta proposta de intervenção.

Descrição da proposta de intervenção

A partir das categorias levantadas na revisão bibliográfica, foi possível identificar aspectos relevantes a serem considerados para o desenvolvimento de uma estratégia de intervenção em psico-oncologia infantil que auxiliasse na adaptação à situação, no desenvolvimento de repertório de adesão e, consequentemente, na diminuição do sofrimento, tanto de pacientes como de pais. Levou-se em consideração principalmente os dados advindos das categorias levantadas 1) "aspectos psicológicos", 4) "estratégias de intervenção", 5) "relação entre pais e crianças em tratamento" e 6) "recursos para intervenção".

Em relação à primeira categoria, "aspectos psicológicos", considerou-se que uma estratégia de intervenção com crianças e pais deveria abarcar principalmente o estresse, a tristeza, a incerteza, a raiva, o medo e a ansiedade relacionada à situação. A intensidade desses sentimentos pode influenciar o enfrentamento do tratamento e dificultar a adaptação e a adesão.

A categoria "estratégias de intervenção" indicou a necessidade de desenvolver um recurso embasado em intervenções desenvolvidas por Arenas Rojas et al. (2016), Elliott et al. (2020) e Haegen e Luminet (2015), que apresentaram dimensões relacionadas às características da doença, às fases do tratamento e às atividades relacionadas. Os autores destacaram a importância de incluir a família, o acolhimento, o estabelecimento de vínculo, a expressão de emoções e a adesão. Linehan et al. (2017) sugeriram a realização do manejo do estresse em todas as fases do tratamento, além de fornecer informação e suporte psicológico.

A estratégia buscou também considerar questões presentes na categoria 5) "relação entre pais e crianças em tratamento", que se referiu às interações e às influências presentes no comportamento dos familiares sobre o paciente. El Malla (2017), Elliott et al. (2020), Ernst et al. (2020), Frizzo et al. (2015), Kearney et al. (2015), Wiener et al. (2015), Williams et al. (2015), Williams e McCarthy (2015) indicaram que a intervenção deveria incluir familiares porque a saúde emocional de cuidadores teria impacto no sucesso do tratamento, uma vez que contribui para o estabelecimento de um padrão comportamental infantil adaptativo, auxilia na construção de repertório para lidar com emoções intensas, colabora com o enfrentamento e favorece a adesão ao tratamento. Williams et al. (2016) indicaram que estressores relacionados ao câncer poderiam levar a mudanças nas práticas parentais, no sentido de alterarem comportamentos e respostas emocionais nas crianças. A demonstração de afeto e a coesão familiar podem aumentar as chances de que a criança busque apoio nos pais em situações difíceis, mesmo após a alta (Ernst et al., 2020).

Em relação à categoria (6) "recursos para intervenção", Steele et al. (2015) recomendaram o uso de recursos informativos sobre a doença e procedimentos clínicos, como a utilização de livros. Assim, identificou-se a necessidade de se desenvolver uma estratégia com respaldo analítico-comportamental, com o intuito de ampliar o repertório do paciente e de familiares para lidar com o contexto, em forma de comportamentos adaptativos ou que auxiliassem na adesão. Para tanto, organizaram-se contingências relacionadas ao fornecimento de informação sobre a situação, à compreensão e à promoção de condições favoráveis à adaptação ao tratamento. Buscou-se incluir alternativas distintas para o manejo da situação para atender a diferentes repertórios comportamentais, provenientes da complexidade das contingências que envolvem o câncer infantil, desde seu diagnóstico até o pós-tratamento.

A alternativa de intervenção buscou considerar sugestões para o fornecimento de informação, um dos principais determinantes dos comportamentos de adesão. A estratégia leva em consideração a preparação, a descrição do tratamento e o modo de se comportar na situação. Para o paciente infantil, a informação deve ser apresentada por meio de livros, brincadeiras e narrações de histórias (Amaral et al., 2016; Motta & Enumo, 2010; Soares & Amaral, 2009).

O fornecimento de informação é uma estratégia eficaz para o preparo para os devidos tratamentos e a adaptação ao contexto hospitalar. A compreensão da criança sobre a enfermidade e o tratamento pode alterar a probabilidade de ocorrência de comportamentos indicadores de sofrimento e é considerada um dos principais determinantes dos comportamentos de adesão (Alder et al., 2004; Costa 2001).

Portanto, fornecer informação é uma técnica relevante de intervenção no contexto da saúde, em especial da psico-oncologia pediátrica. Além de ser um direito do paciente, a psicoeducação faz parte do processo terapêutico. Bem-informado, o paciente evolui melhor e mais rapidamente e sofre menos. Disponibilizar informação é papel fundamental dos profissionais da saúde e, portanto, parte do trabalho do psicólogo, que deve utilizar seu conhecimento, como um especialista em aprendizagem, para que ela seja compreendida (Gorayeb, 2001).

A informação transmitida de forma adequada se constitui em uma ocasião para que o paciente oncológico infantil tenha oportunidade de aprender mais sobre a doença e o funcionamento de seu organismo, adquirir habilidades de enfrentamento e tornar-se um participante ativo quanto à tomada de decisões clínicas relacionadas ao tratamento. Essa condição pode propiciar sentimentos de segurança e diminuir a ansiedade, além de melhorar o comprometimento pessoal do paciente com o tratamento. Nesse caso, a criança pode se sentir mais tranquila ao perceber que compreende o que está acontecendo e expressar sentimentos em relação à situação (Soares et al., 2009).

Fornecer informação para crianças deve incluir a utilização de atividades lúdicas. Nesse período de desenvolvimento, a aprendizagem é mais eficaz quando envolve diversão. Portanto, esse tipo de recurso, quando utilizado no contexto hospitalar, vai além do incentivo à brincadeira e ao entretenimento, tornando-se uma alternativa educacional (quando incentiva o desenvolvimento e a aprendizagem) e terapêutica (quando ajuda a diminuir o estresse, o medo e a ansiedade) (Amaral et al., 2016).

O incentivo ao brincar é considerado uma das estratégias facilitadoras para a adaptação da criança à condição de hospitalização, permitindo que expresse sentimentos e aumente o repertório de enfrentamento da situação.

Pesquisas demonstram amplas vantagens decorrentes da inclusão de atividades lúdicas no contexto hospitalar, como aumento de comportamentos de adesão ao tratamento, melhor adaptação ao ambiente, redução no tempo de hospitalização e diminuição do caráter aversivo do hospital (Amaral et al., 2016; Costa et al., 2006; Hostert et al., 2014; Oliveira & Palmeira, 2018).

A partir dos dados apresentados na revisão, a estratégia de intervenção incluiu a utilização de material lúdico-informativo em formato de livro, intitulado *Estou com câncer e agora?*, descrito de forma mais pormenorizada por Sabino (2021). A estratégia buscou incluir recursos lúdicos como uma alternativa para facilitar a compreensão e a participação da criança. O recurso foi adaptado do livro *Estou doente, e agora?* (Casanova & Soares, 2009), com a inclusão de informações advindas dos *sites* do Instituto Nacional do Câncer (Inca), Oncoguia e Cancer.net.

A estratégia foi elaborada em forma de psicoeducação, recurso sugerido por Steele et al. (2015) como alternativa viável para facilitar a compreensão da informação nesse contexto. Os assuntos foram organizados em seis fascículos: "1) Entendendo o câncer"; 2) "Chegou a hora do tratamento, o que saber?"; "3) Atividades"; 4) "A volta para casa"; 5) "Glossário"; e 6) "Aos pais e profissionais". Tais temas referiam-se a aspectos específicos e aos distintos períodos do tratamento. As atividades foram elaboradas para a intervenção em grupo ou individual, sempre com a possibilidade de contar com a presença dos cuidadores. Deve-se primar pelo estabelecimento de vínculo de qualidade tanto com a criança quanto com a família, como salientaram Arenas Rojas et al. (2016), Elliott et al. (2020) e Haegen e Luminet (2015).

Serão descritas as atividades realizadas com os três primeiros fascículos. O objetivo do primeiro ("Entendendo o câncer") é auxiliar na comunicação do diagnóstico e apresentar informações que contribuam para a compreensão da situação e das mudanças que isso implicaria (físicas, emocionais e na rotina). Sugere-se que cada etapa de intervenção tenha a duração média de 1 hora (Quadro 8.1).

Sugere-se que a primeira etapa se inicie com a apresentação da equipe e da proposta e com incentivo para que os participantes (pais e crianças) também se apresentem. Espera-se, nesse contato, o estabelecimento do vínculo entre a equipe e os participantes, condição necessária para a aquisição de confiança, condução das atividades e participação. Devem ser informados os objetivos das atividades e o contexto no qual serão desenvolvidas (local, horário, tempo de duração). Em seguida, o fascículo "Entendendo o câncer" deve ser distribuído, e deve ser realizada sua leitura com pausas para o levantamento de dúvidas ao final de cada página. Em caso de não disponibilidade do material, sugere-se oferecer informação sobre a doença (células, câncer, composição do sangue, leucemia e linfoma), o diagnóstico (hemograma, mielograma) e o tratamento (quimioterapia) e adaptá-la ao nível de compreensão dos participantes. Deve-se incentivar que os participantes verbalizem suas dificuldades para que dúvidas sejam sanadas e se aumente a probabilidade de compreensão sobre o assunto. Além disso, deve-se buscar que pacientes e familiares apresentem relatos sobre sua própria experiência em relação ao tema discutido, no intuito de disponibilizar modelos de atuação para o grupo.

O terceiro fascículo, "Atividades", está integrado com o conteúdo de cada etapa da intervenção e permite a utilização de recursos lúdicos para auxiliar a compreensão e identificar dúvidas, sugestão fornecida por Steele et al. (2015). Aborda temas relacionados a diagnóstico, etapas do tratamento, dicas para lidar com sintomas, mudança na aparência, demonstração de sentimentos, comunicação, como se comportar e adesão aos procedimentos. Apresenta atividades para desenhar, pintar, completar, relacionar, marcar a correta/

Quadro 8.1
Descrição da primeira etapa da estratégia de intervenção – "Entendendo o câncer"

Duração	Atividade	Objetivo
5'	Apresentação da proposta.	Estabelecimento de vínculo. Informar sobre os objetivos das atividades e elas serão desenvolvidas (local, horário, tempo de duração). Apresentação do material.
25'	Discussão de conceitos relacionados a enfermidade diagnóstico e tratamento.	Demonstração de conteúdos sobre células, câncer, composição do sangue, exames (hemograma, mielograma), quimioterápicos, leucemia e linfoma.
20'	Identificação de dúvidas	Distribuição de material para desenhar (papel e lápis de cor) e do fascículo "Atividades".
10'	Encerramento	Exercício de respiração e relaxamento. Realização de resumo sobre a atividade desenvolvida. Apresentação do tema do próximo encontro.

incorreta, vestir, cruzadinhas, registrar sentimentos e dúvidas. Em caso de não se ter acesso ao material, sugere-se oferecer materiais (papel sulfite e lápis de cor) e incentivar que cada indivíduo se expresse livremente em relação aos temas mencionados.

O encerramento inclui a apresentação de um exercício de respiração e relaxamento, acatando as sugestões de Wiener et al. (2015), Clever et al. (2018) e Velez-Florez et al. (2018). Para aliviar o estresse e promover o bem-estar, deve-se incluir a realização de exercícios de respiração e relaxamento. É sugerido que os adultos também se submetam à atividade porque o modelo dos pais é um importante fator para a aprendizagem e o envolvimento da criança. Além disso, relaxar pode ser um recurso importante para ambos lidarem com situações estressantes, e tal repertório pode se generalizar para outros contextos. Um modelo de condução do exercício de respiração e relaxamento será apresentado a seguir. O exercício deve ser realizado de forma tranquila, adotando-se um tom de voz baixo e pausado. Os participantes são orientados a permanecerem sentados em uma posição confortável.

> "Feche os olhos e preste atenção na respiração... Observe como o ar entra e sai pelo nariz... Sinta como a barriga se mexe em cada respiração... Só preste atenção, não precisa mudar nada (aguardar cerca de 1 minuto). Agora, você vai imaginar um lugar de que goste muito. Um lugar no qual você se sente muito bem. Pode ser seu quarto, o quintal da sua casa, um jardim, o que você preferir. Tente sentir o cheiro, os ruídos, se lembrar das cores. Continue nesse lugar mais um pouquinho. Preste atenção no que você está sentindo... (Deixe que o participante explore por um tempo tal experiência). Volte a prestar atenção na sua respiração... Quando estiver pronto, abra os olhos bem devagar".

Após a condução, deve-se perguntar como foi a experiência e como os participiantes se sentiram. Pode ser interessante que se expressem tanto verbalmente como no papel. Sugere-se que tenham oportunidade de compartilharem com os outros participantes do grupo.

O encerramento deve incluir a realização de um resumo sobre as atividades desenvolvidas e a apresentação do tema da próxima etapa. Após a finalização das atividades da etapa, sugere-se que o profissional se disponibilize por um tempo para responder a possíveis demandas dos participantes do grupo.

A segunda etapa utiliza o segundo fascículo, intitulado "Chegou a hora do tratamento, o que saber?". Tem como objetivo oferecer descrições do tratamento e dos efeitos colaterais e fornecer modelos de como se comportar diante da situação. Considera-se que o conhecimento em relação ao tratamento pode predispor os pacientes a apresentarem respostas adaptativas em virtude da previsibilidade dos procedimentos utilizados e do esclarecimento de sua importância, o que pode aumentar a ocorrência de comportamentos de adesão.

A cooperação do paciente por meio dos comportamentos de adesão deve ser incentivada, pois gera benefícios e vantagens, como a redução da duração do tratamento e de sua complexidade. O aumento da frequência de comportamentos de adesão extrapola as vantagens para o paciente, sendo positivo também para os pais, que vivenciam menor sofrimento da criança, e para a equipe médica, que tem seu trabalho facilitado. Há também efeitos positivos para os demais pacientes que estão presenciando o procedimento médico, porque deixam de estar expostos a um ambiente negativo, em decorrência da diminuição da frequência de gritos e choro (Costa, 2001). O Quadro 8.2 descreve as atividades previstas para a segunda etapa.

Quadro 8.2
Descrição da segunda etapa da estratégia de intervenção "Chegou a hora do tratamento, o que saber?"

Duração	Atividade	Objetivo
5'	Apresentação da proposta.	Estabelecimento de vínculo. Informar como as atividades serão desenvolvidas (local, horário, tempo de duração). Apresentação do material.
25'	Discussão de conceitos relacionados a enfermidade, diagnóstico e tratamento.	Explanação sobre o funcionamento do tratamento e sua importância; cirurgia, radioterapia, quimioterapia, mucosite, cateter e internação. Dicas de autocuidado e prevenção de sintomas da doença e de efeitos colaterais do tratamento. Sugestões sobre como compartilhar sentimentos.
20'	Identificação de dúvidas.	Distribuição de material para desenhar (papel e lápis de cor) e do fascículo "Atividades".
10'	Encerramento.	Exercício de respiração e relaxamento. Realização de resumo sobre as atividades desenvolvidas nas etapas.

Como os grupos são abertos, e as etapas não necessariamente são desenvolvidas no mesmo dia e com os mesmos integrantes, sugere-se realizar a apresentação da equipe (nas duas etapas), a proposta e o incentivo para que os participantes (pais e crianças) se apresentem. Não é necessário que o participante tenha se submetido à primeira etapa para a realização da segunda. Assim, todos devem ser informados sobre os objetivos das atividades e o contexto no qual serão desenvolvidas (local, horário, tempo de duração).

Em seguida, deve ser distribuído o fascículo "Chegou a hora do tratamento, o que saber?" e realizada sua leitura, com o levantamento de dúvidas, para aumentar a probabilidade de compreensão sobre o assunto. Além disso, deve-se sugerir que os pacientes e familiares verbalizem sua própria experiência em relação ao tema discutido. Esse fascículo busca explicar o funcionamento do tratamento e sua importância e os conceitos de cirurgia, radioterapia, quimioterapia, mucosite, cateter e internação. Além disso, apresenta dicas de autocuidado, prevenção de sintomas e de como lidar com efeitos colaterais advindos do tratamento. Foi necessário incluir sugestões a respeito do compartilhamento de sentimentos e abordar atividades que estariam permitidas ao longo do tratamento e que deveriam ser realizadas na rotina, como brincadeiras e jogos.

Posteriormente, deve-se incluir o terceiro fascículo, "Atividades", que também está integrado ao conteúdo dessa etapa e que pode auxiliar na compreensão e no levantamento de dúvidas. Em caso de não disponibilidade do material, deve-se incentivar que os participantes se expressem verbalmente ou por meio de desenhos, utilizando os itens sugeridos na intervenção. O encerramento inclui a apresentação do exercício de respiração e relaxamento, descrito previamente.

Essa estratégia de intervenção tem demonstrado ser uma alternativa eficaz de atendimento psicológico no contexto de tratamento oncológico. Possibilita a troca de experiências, a compreensão do comportamento e a demonstração de sentimentos em relação à situação. Pode ser uma oportunidade para os pais atuarem no sentido de validarem emoções, demonstrarem empatia e aumentarem o vínculo, o que contribui para a diminuição da sensação de desamparo e de solidão das crianças.

Considerações importantes acerca da intervenção

O câncer infantil é considerado uma questão de saúde pública e de ampla relevância social. Compreender o contexto da área de psico-oncologia infantil é essencial para o planejamento de estratégias de intervenções que reduzam o impacto da doença, facilitem a adaptação e melhorem a adesão ao tratamento e a qualidade de vida, tanto de pacientes como de familiares.

A prática tem demonstrado que a intervenção em grupo com crianças, com a participação dos cuidadores, possibilita o suporte e a troca de experiências. Tem-se mostrado uma prática possível e eficaz no contexto de tratamento em hospitais, com resultados benéficos para ambos. Tanto a criança como os familiares necessitam de cuidados constantes e específicos em relação a desenvolvimento de repertório adaptativo à situação que promova a adesão. Esse tipo de estratégia pode ajudar no sentido de enfrentarem juntos as situações complexas em relação ao tratamento.

Alguns desafios podem ser encontrados para o uso desse tipo de intervenção no hospital. A própria instituição pode não ter estrutura ou profissionais suficientes para conduzir as atividades. Pais também podem demonstrar insegurança, sofrimento, apatia, além da falta de motivação e de tempo para participar de intervenções psicológicas. A elaboração de um material informativo e de estratégias de intervenção em grupo permite oferecer uma perspectiva viável para o contexto de tratamento ambulatorial. Busca disponibilizar informação e orientação que colabore com a aquisição de repertório comportamental compatível com a redução de estímulos aversivos, além de melhorar a capacidade de compreensão de pacientes e familiares sobre a situação.

A próxima fase do estudo pretende avaliar a eficácia de tal estratégia, no sentido de verificar se contribui para o desenvolvimento de comportamentos adaptativos relacionados ao enfrentamento da situação e à adesão ao tratamento. Espera-se que pesquisas futuras possam ampliar a compreensão sobre os efeitos da aplicação de estratégias sobre o comportamento de crianças e familiares no contexto de tratamento do câncer, no sentido de melhorar a qualidade de vida dos envolvidos.

Este capítulo buscou contribuir para uma reflexão acerca das possibilidades de atuação do psicólogo em oncologia pediátrica e apresentar uma alternativa de atuação nesse contexto. Espera-se demonstrar a necessidade de elaboração de recursos para a intervenção psicológica no contexto oncológico e contribuir para a humanização do atendimento hospitalar.

Referências

Alder, B., Porter, M., Abraham, C., & van Teijlingen, E. (2004). *Psychology and sociology applied to medicine* (2nd ed.). Churchill Livingstone.

Amaral, M., Soares, M. R. Z, & Gioia, P. S. (2016). Cancer information for children: Effect on adherence to intramuscular chemotherapy. *Psicooncología, 13*(2-3), 307-320.

Arenas Rojas, A., Torrado Val, E., & Garrido Fernández, M. (2016). Intervención familiar en diagnóstico reciente e inicio de tratamiento del cáncer infantil. *Apuntes de Psicología, 34*(2-3), 213-220.

Casanova, L. T., & Soares, M. R. Z. (2009). *Estou doente, e agora? Orientações para crianças com câncer.* EDUEL.

Clever, K., Schepper, F., Küpper, L., Christiansen, H., & Martini, J. (2018). Fear of Progression in Parents of Children with Cancer: Results of An Online Expert Survey in Pediatric Oncology. *Klinische Pädiatrie, 230*(3), 130-137.

Corrêa, B. A. (2014). *Elaboração de um manual de orientação a pais de crianças em tratamento oncológico* [Dissertação de mestrado]. Universidade Estadual de Londrina.

Costa, A. B., & Zoltowski, A. P. C. (2014). Como escrever um artigo de revisão sistemática. In S. H. Koller, M. C. P. P. Couto, & J. Von Hohendorff (Orgs.), *Manual de produção científica* (pp. 55-70). Penso.

Costa, A. L., Jr. (2001). *Análise de comportamentos de crianças expostas à punção venosa para quimioterapia* [Tese de doutorado]. Universidade de Brasília.

Costa, A. L., Jr., Coutinho, S. M. G., & Ferreira, R. S. (2006). Recreação planejada em sala de espera de uma unidade pediátrica: Efeitos comportamentais. *Paidéia, 16*(33), 111-118.

Dupont, D. L., & Soares, M. R. Z. (2005). A orientação de pais como condição facilitadora para a adaptação de crianças ao contexto hospitalar. *Pediatria Moderna, 41*(5), 260-262.

El Malla, H. (2017). Having a child diagnosed with cancer: Raising the challenges encountered by the caregivers at the pediatric oncology ward in Egypt. *Diseases, 5*(4), 36.

Elliott, D. A., Corneau-Dia, D. E., Turner, E., Barnett, B., & Parris, K. R. (2020). Caregiver mental health in pediatric oncology: A three-tiered model of supports. *Psycho-Oncology, 30*(2), 267-270.

Ernst, M., Brähler, E., Klein, E. M., Jünger, C., Wild, P. S., Faber, J., ... Beutel, M. E. (2020). What's past is prologue: Recalled parenting styles are associated with childhood cancer survivors' mental health outcomes more than 25 years after diagnosis. *Social Science & Medicine, 252*, 112916.

Frizzo, N. S., Quintana, A. M., Salvagni, A., Barbieri, A., & Gebert, L. (2015). Significações dadas pelos progenitores acerca do diagnóstico de câncer dos filhos. *Psicologia: Ciência e Profissão, 35*(3), 959-972.

Gorayeb, R. (2001). A prática da psicologia hospitalar. In M. L. Marinho & V. E. Caballo (Orgs.), *Psicologia clínica e da saúde* (pp. 263-278). UEL.

Guimarães, E. C. (2013). *Programa de orientação para professores para reinserção escolar de alunos com câncer* [Dissertação de mestrado]. Universidade Estadual de Londrina.

Haegen, M. V., & Luminet, O. (2015). Stress, psychosocial mediators, and cognitive mediators in parents of child cancer patients and cancer survivors: Attention and working memory pathway perspectives. *Journal of Psychosocial Oncology, 33*(5), 504-550.

Hostert, P. C. C. P., Enumo, S. R. F., & Loss, A. B. M. (2014). Brincar e problemas de comportamento de crianças com câncer de classes hospitalares. *Psicologia: Teoria e Prática, 16*(1), 127-140.

Kearney, J. A., Salley, C. G., Muriel, A. C. (2015). Standards of psychosocial care for parents of children with cancer. *Pediatric Blood Cancer, 62*(suppl 5), 632-683.

Linehan, K., Fennell, K. M., Hughes, D. L., & Wilson, C. J. (2017). Use of the distress thermometer in a cancer helpline context: Can it detect changes in distress, is it acceptable to nurses and callers, and do high scores lead to internal referrals? *European Journal of Oncology Nursing, 26*, 49-55.

Malerbi, F. E. K. (2000). Adesão ao Tratamento. In R. R. Kerbauy (Org.), *Sobre comportamento e cognição: Conceitos, pesquisa e aplicação, a ênfase no ensinar, na emoção e no questionamento clínico* (Vol. 5, pp. 148-155). ARBytes.

Motta, A. B., & Enumo, S. R. F. (2010). Intervenção psicológica lúdica para o enfrentamento da hospitalização em crianças com câncer. *Psicologia: Teoria e Pesquisa, 26*(3), 445-454.

Oliveira, T. N., & Palmeira A. T. (2018). As funções do brincar para criança hospitalizada. *Revista Psicologia, Diversidade e Saúde, 7*(1), 89-100.

Sabino, G. (2021). *Adesão ao tratamento oncológico infantil: Uma proposta de análise e de instrumento para intervenção* [Dissertação de mestrado]. Universidade Estadual de Londrina.

Santos, A. R. R. (2000). Psicooncologia pediátrica em um hospital-escola. In R. R. Kerbauy (Org.), *Sobre comportamento e cognição: Conceitos, pesquisa e aplicação, a ênfase no ensinar, na emoção e no questionamento clínico* (Vol. 5, pp. 139-147). ARBytes.

Soares, M. R. Z., & Amaral, M. (2009). Livro de histórias: Uma proposta de intervenção com o paciente oncológico infantil. In R. C. Wielenska (Org.), *Sobre comportamento e cognição: Desafios, soluções e questionamentos* (Vol. 24, pp. 132-135). ESETec.

Soares, M. R. Z., Sabião, L. S., & Orlandini, T. F. (2009). A criança hospitalizada: A importância da informação. *Pediatria Moderna, 45*(4), 156-159.

Steele, A. C., Mullins, L. L., Mullins, A. J., & Muriel, A. C. (2015). Psychosocial interventions and therapeutic support as a standard of care in pediatric oncology. *Pediatric Blood Cancer, 62*(suppl 5), 585-618.

Velez-Florez, G., Velez-Florez, M. C., Mantilla-Rivas, J. O., Patarroyo-Rodríguez, L., Borrero-León, R., & Rodríguez-León, S. (2018). Mind-body therapies in childhood cancer. *Current Psychiatry Reports, 20*(8), 58.

Wiener, L., Viola, A., Koretski, J., Perper, E. D., & Patenaude, A. F. (2015). Pediatric psycho-oncology care: Standards, guidelines, and consensus reports. *Psychooncology, 24*(2), 204-211.

Williams, L. K., & McCarthy, M. C. (2015). Parent perceptions of managing child behavioural side-effects of cancer treatment: A qualitative study. *Child: Care, Health and Development, 41*(4), 611-619.

Williams, L. K., Lamb, K. E., & McCarthy, M. C. (2015). Parenting behaviors and nutrition in children with leukemia. *Journal of Clinical Psychology in Medical Settings, 22*(4), 279-290.

Williams, L. K., McCarthy, M. C., Burke, K., Anderson, V., & Rinehart, N. (2016). Addressing behavioral impacts of childhood leukemia: A feasibility pilot randomized controlled trial of a group videoconferencing parenting intervention. *European Journal of Oncology Nursing, 24*, 61-69.

Leituras recomendadas

Instituto Nacional de Câncer (INCA). (2020). *Estimativa 2020: Incidência de câncer no Brasil.* INCA.

Ministério da Saúde (2017). *Protocolo de diagnóstico precoce do câncer perdiátrico.* https://www.inca.gov.br/sites/ufu.sti.inca.local/files//media/document//protocolo-de-diagnostico-precoce-do-cancer-pediatrico.pdf

Nussbaum, R. L., McInnes, R. R., & Willard, F. W. (2016). *Thompson & Thompson: Genética médica* (8. ed.). Elsevier.

Veit, M. T., & Carvalho, V. A. (2010). Psico-oncologia: Um novo olhar para o câncer. *O Mundo da Saúde, 34*(4), 526-530.

Capítulo 9

O luto humano como processo: considerações conceituais e a prática clínica analítico-comportamental

Nione Torres
Kellen Martins Escaraboto Fernandes

"Eu não me esqueço do que eu vivi, do amor que sobrevive em mim. Me mantém vivo, amor que eu recebi. Guardarei no peito até o fim..."

(Paulo Miklos, por meio da música Estou pronto, retrata o processo de dor e a retomada de sua vida após a perda por morte de sua esposa).

Este capítulo busca expor alguns fundamentos conceituais que embasam a compreensão do comportamento de enlutar-se a partir dos estudos sobre o fenômeno vínculo e de pesquisas realizadas pelo modelo analítico-comportamental. Também objetiva descrever uma intervenção realizada com uma criança e sua família com o ensejo de poder contribuir para a formação de terapeutas que rastreiam uma trajetória com evidências clínicas ao mesmo tempo que possam dar suporte às pessoas que sofrem intensamente – tal como ocorre na dor do luto.

Introdução

O viver pressupõe o estabelecimento de vínculos e, ao mesmo tempo, as experiências de perda desses vínculos, que todos os seres humanos vivenciam. Aqui se está referindo, em especial, à morte – uma experiência inevitável que faz parte do jogo da vida. A morte é considerada um evento natural que gera, naquele que ficou, importante vulnerabilidade diante do mundo, devido ao fato de que ela modifica significativamente o ambiente daqueles que ficaram. A perda por morte produz intenso sofrimento, denominado processo de luto (Oliveira, 2014; Torres, 2010). O luto é considerado um fenômeno universal que ocorre a partir da perda de uma pessoa significativa.

Primeiramente, cumpre assinalar que, até então, parece não existir uma única teoria que consiga abranger o fenômeno luto (notadamente por morte) e suas consequências para a vida do ser humano. Nesse sentido, percebe-se carência de dados científicos que embasem tanto a teoria quanto a prática clínica com relação a esse tema, notadamente no que tange à Análise do Comportamento, mesmo considerando o pilar robusto validado por sua efetividade diante das demandas comportamentais do ser humano demonstrado por essa abordagem. Tanto é assim que, ressalta-se, a sistematização dos estudos relacionados ao tema tem sido um desafio aos profissionais analistas do comportamento que atuam nessa área. No que se refere a esse estudo, as autoras buscaram se fixar nas evidências clínicas oriundas da Análise do Comportamento, sem deixar de levar em consideração aspectos de outras teorias que também contribuíram para que fossem possíveis intervenções mais efetivas nessa área.

Para os filósofos, é inegável que a realidade da morte e do luto é uma experiência-limite que um ser humano é capaz de vivenciar. Ela é premente que, de forma súbita, retira a pessoa do dia a dia e a confronta intensamente com o próprio "ser". Considera-se, assim, a morte como um evento traumático que minará a credibilidade do ser humano com relação à segurança, ao valor e ao controle pessoal e, por si só, será suficiente para gerar graves dificuldades emocionais (Parkes, 2009). Nessa medida, o luto pode ser visto como um processo de transformação, visto que é considerado uma das poucas experiências que trazem ao ser humano um esvaziar, um expandir e um transformar.

O modelo analítico-comportamental demonstra que comportamento é a característica maior dos seres vivos – é possível, inclusive, nomeá-lo como a própria vida. Assim, tudo que o organismo faz constitui comportamento, seja ele privado, seja ele público (Skinner, 1953) – ele é um organismo comportante. Vale ampliar esse conceito identificando-o como uma relação do organismo com o ambiente, este que remete ao conjunto de tudo aquilo que afeta o responder do organismo (Tourinho, 1999). Daí o entendimento do conceito de comportamento social – de que outros organismos também farão parte do ambiente e de que as situações em que a emissão e o reforçamento do comportamento de um indivíduo dependem, por assim dizer, do comportamento de outro (Banaco et al., 2013). Segundo esses autores, "um sistema social se mantém enquanto há liberação de reforçadores de uma pessoa em relação a outra ou do ambiente comum por estarem juntas" (Banaco et al., 2013, p. 18). Complementando, Hoshino (2006) e Torres (2010) assinalam que os indivíduos podem apresentar função de estímulo discriminativo, estímulo reforçador e operação estabelecedora, tanto para reforçadores sociais quanto para acesso a outros reforçadores. A função de estímulo do outro seria estabelecida de acordo com a história de vida do organismo e, com sua morte, deixaria de fazer parte do ambiente do enlutado, que perderia os reforçadores gerados dessa relação (Torres, 2010).

Tal afirmação é complementada por Hoshino (2006), quando identifica o fenômeno luto como um processo natural do organismo diante do rompimento unilateral de um vínculo, desencadeando a perda de um contexto gerador de reforços. Ou seja, a morte provoca uma significativa mudança comportamental na vida daquele que ficou, uma vez que as contingências de reforçamento vigentes se alteram na vida da pessoa. Surge, então, um período de intenso sofrimento emocional que afetará o bem-estar físico e emocional do enlutado de forma negativa, aspectos visivelmente constatados por meio de respostas, tanto públicas quanto privadas, diretamente relacionadas ao evento da perda, aos quais a comunidade verbal dá o nome de "luto".

Fundamenta-se, nesse sentido, que o comportamento humano, no que se refere à forma de ser e de agir, é visto como selecionado por aspectos biológicos, pelas consequências das nossas próprias ações e pelos processos culturais. Dado que o luto humano é um processo resultante da relação que se estabelece entre o organismo e seu ambiente, a influência desses aspectos estará presente nesse enfrentamento. Assim, o primeiro nível, a *filogênese*, manifesta-se por meio de encadeadas mutações biológicas preservadas por conta do valor adaptativo, o que favorecerá a sobrevivência de quem ficou; o segundo nível, a *ontogênese*, provê o repertório construído por meio dos contextos socioverbais com os quais o ser humano irá lidar diante das perdas ou dos rompimentos de vínculos; e o terceiro nível, a *cultura*, estabelece como a comunidade enxerga o fenômeno morte (finitude da vida, crenças religiosas, tipos de rituais, etc.) (Oliveira, 2014).

Em conjunto, é possível notar que o modelo de seleção e variação por consequências molda todo e qualquer comportamento e, consequentemente, a maneira como cada ser humano reage à vida e, nesse caso, à morte, e que, a partir desse olhar, o luto será determinado de acordo com o repertório comportamental do indivíduo, que se estabelece por meio dos três níveis de seleção expostos.

O papel do vínculo e sua influência na experiência do comportamento de enlutar-se

O vínculo sob o ângulo analítico-comportamental deve ser visto como de fato um comportamento, de tal modo que todos os processos descritos por analistas do comportamento são prementes para entender esse fenômeno. Entretanto, faz-se necessária uma observação mais minuciosa no contexto social, pois este é um comportamento que envolve um ser humano em contato com outro ser humano. Assim, pode-se dizer que as contingências que envolvem esse comportamento levam: a) a uma tendência de aproximar-se e permanecer próximo da pessoa com a qual se está vinculado; b) assim como a comportamentos que evitam o afastamento dessa pessoa (Oliveira, n.d.).

Em relação ao primeiro item, observa-se que as contingências de reforçamento positivo produzidas por meio do outro são responsáveis pelo comportamento de se manter próximo a esse outro. E, nesse processo, podem fazer parte as sensações de prazer, segurança, amor e alegria. Em relação ao segundo item, as contingências de reforços negativos estão ligadas ao comportamento de evitar que o outro se afaste e são acompanhadas pelo sentimento, principalmente, de alívio. Entretanto, em uma situação na qual as contingências não foram eficientes para evitar o afastamento, observam-se sentimentos de medo, tristeza e ansiedade (Oliveira, n.d.).

Ampliando um pouco mais esse cenário, pode-se dizer que tal perda pressupõe modificação de um contexto ambiental que anteriormente gerava bem-estar (Hoshino, 2006) e que, conforme já assinalado, essa modificação foi gerada pela perda como resultado de a pessoa deixar de ter o que tinha (na maioria das vezes, algo ou alguém do ambiente com quem tinha vínculo afetivo). As contingências da interação foram, portanto, drasticamente modificadas. A ausência da fonte de reforços e os efeitos da perda súbita costumam ser graves, notadamente quando a fonte reforçadora perdida mantinha uma proporção razoável de repertório comportamental do indivíduo (Dougher & Hackbert, 2003). Em outras palavras, é possível dizer que os reforçadores que permeavam essa relação eram mantenedores, em grande parte, do repertório daquele que ficou e, com a sua morte, entrarão em extinção. Hoshino (2006) assinala a importância de se analisar essa contingência considerando o vínculo e a perda como estímulos antecedentes, as reações ao luto como comportamentos, e o sofrer e a recuperação como consequência.

Dessa forma, enxerga-se a questão de grande relevância na vivência do luto, qual seja, o papel dos vínculos na vida do ser humano. Seres humanos não sentem falta de algo/de alguém se não tiverem proximidade com este algo/este alguém. Assim, o vínculo está presente quando os comportamentos de duas pessoas se influenciam reciprocamente e resultam em sentimentos de afetividade. Ou seja, é um relacionamento no qual as pessoas que interagem se reforçam mutuamente.

> Vínculo é o nome que se dá aos comportamentos e sentimentos que emergem numa relação [...] entre (duas) pessoas e que são produzidos quase exclusivamente por contingências reforçadoras e, eventualmente, por contingências aversivas mínimas, manejadas *por um em favor do outro* [...] Os comportamentos, assim instalados a partir do outro, produzem principalmente consequências reforçadoras, propiciando sentimentos a elas relacionados, como: bem-estar, alívio, liberdade, segurança, etc., diminuindo sentimentos relacionados com contingências coercitivas, como: medo, ansiedade, culpa, etc. (Queiroz & Guilhardi, 2001, p. 474)

Nesse *continuum* teórico, apontam-se os relevantes estudos de Bowlby, como citado em Golse (1998), que argumentam que o comportamento de apego – considerado pelo autor como uma forma especial de vinculação – é o resultado de uma necessidade inata de aquisições que, por sua vez, apresenta duplicidade de funções: a) função de proteção: segurança trazida pelo adulto capaz de defender o bebê vulnerável contra toda agressão; b) função de socialização: o apego desloca-se, na trajetória dos ciclos da vida, dos pais às pessoas. Ou seja, tal vinculação promoverá o desenvolvimento de laços afetivos estabelecidos inicialmente na infância com esses pais e, posteriormente, na vida adulta, com o parceiro e outros adultos que estão em seu entorno, seguido aos estranhos e, por fim, a grupos cada vez maiores.

Dessa forma, é possível pensar que o vínculo entre duas pessoas, reforçado pelo apego, é a primeira aquisição filogenética, que apresenta como função adaptativa garantir, mediante reforçamento, que as necessidades de uma e de outra pessoa sejam atendidas, o que irá contribuir, certamente, para a sobrevivência. Os achados de Bowlby trouxeram luz ao processo de luto – como se este fosse uma resposta à separação –, além de culminarem no entendimento importante das fases pelas quais o enlutado vivenciará o sentido da resolução desse processo (Golse, 1998). Por conseguinte, a qualidade do padrão de vinculação estabelecido entre o enlutado e o ente amado poderá determinar a qualidade dos recursos disponíveis para o enfrentamento e a elaboração das perdas ao longo da vida.

Em revisões de pesquisa sobre esse tema, Stroebe e Schut (2001) identificam determinantes envolvidos no processo de luto. Dentre eles, apontam quatro tipos de fatores de risco: a) vulnerabilidade pessoal do enlutado (sua história pessoal de amor e perda); b) relação com a pessoa perdida (história individual de amor e de perda e a história de vida ao lado da pessoa que morreu – ou seja, a vinculação existente); c) eventos e circunstâncias que levaram a pessoa à morte, bem como a morte em si; d) suporte social do enlutado.

Compreender o vínculo inicial entre cuidador e criança tem grande relevância para o estudo do apego, uma vez que pode dar à psicologia, como ciência, respostas a questões por ela investigadas, notadamente no que se relaciona ao desenvolvimento infantil e aos padrões de comportamento estáveis de um indivíduo, ou seja, a formação de sua personalidade.

O comportamento de enlutar-se: compreendendo o processo

Quando a pessoa faz o enfrentamento do conjunto de reações aversivas e da irreversibilidade da perda de reforçadores – e, eventualmente, o ganho de alguns outros –, ela está vivenciando o processo de enlutamento, algo considerado como uma experiência viva, uma vez que o enlutado entrará em contato com as contingências da perda. Esse experienciar se dá mediante a vivência das fases (etapas) do luto.

Os estudos de Bowlby (1990) sobre o tema apontam quatro fases do luto que irão levar à resolução do processo:

1 Entorpecimento ou choque: quando a pessoa recebe a notícia da perda e apresenta uma condição de choque e negação da realidade, fica desesperada, há explosões de aflição. Apresenta um estado de torpor (anestesia de sentimentos), além de comportamentos como atordoamento, desamparo, imobilização, choro, negação e raiva. Pode durar horas/semanas, pois dependerá do vínculo com aquele que se foi, da faixa etária e da ocorrência da morte.
2 Anseio e busca da pessoa perdida: é marcada pelo desejo de recuperar o ente querido, de trazê-lo de volta. Há buscas frequentes e espera pela figura perdida; o enlutado passa a ter sonhos com ela e muita inquietação. Compreende que houve a morte. Surgem manifestações de insônia, assim como estado de vigília com sentimentos de inquietação e de raiva. O enlutado pode permanecer por um longo período nessa segunda fase.
3 Desorganização e desespero: o enlutado deixa de buscar o ente querido, reconhecendo a imutabilidade da perda. A ansiedade e a culpa tornam-se mais intensas, o que pode levar o enlutado a comportamentos de desespero e de desorganização. Sentimentos de raiva e tristeza são comumente encontrados nessa fase, uma vez que a pessoa se sente tanto abandonada pela pessoa que partiu quanto incapacitada. Surgem comportamentos de desinteresse e isolamento, desamparo ou depressão.
4 Reorganização: não há mais luta do enlutado contra o evento em si. Inicia-se o processo de aceitação (e será permanente). O enlutado adapta-se às novas habilidades e funções diante da vida e aos "ganhos" trazidos pela perda; aprende a conviver com a ausência do ente amado. Saudade sempre existirá; a dor tão intensificada, não mais. Inicia-se, a partir de então, uma trajetória de reconstrução da vida à luz das realidades atuais. Dá sentido à perda, construindo um legado ou redimensionando valores.

Cabe salientar a importante similaridade existente entre essas fases do luto e o processo de extinção operante (Keller & Schoenfeld, 1968), conceituado como um processo ou procedimento de enfraquecimento da relação entre a resposta e a consequência por meio da suspensão do reforçador contingente à emissão da resposta; desse modo, a consequência será a diminuição da frequência de respostas daquela classe de comportamentos operantes, especificamente (Borges & Cassas, 2012). O não reforço de uma resposta gera uma extinção operante e, ao mesmo tempo, uma reação, que pode ser nomeada como "frustração" ou "cólera".

Note-se o exemplo dessa similaridade: Skinner (1978) descreve em um experimento que um pombo que não recebeu os costumeiros reforços fica, com alta frequência e magnitude, girando no entorno do disco, arrulhando, batendo asas e apresentando comportamentos emocionais. O organismo humano mostra efeitos semelhantes. Se uma criança, ao andar em seu triciclo, não recebe resposta pelas pedaladas, ela para de pedalar e, certamente, começa a demonstrar acentuado comportamento emocional. Quando essa resposta emocional se esvai, a criança volta ao triciclo, assim como o pombo retorna ao disco. E, à medida que outras respostas não forem reforçadas, outros episódios emocionais poderão ocorrer.

É possível observar, por meio da curva apresentada na Figura 9.1, as similaridades entre as fases do luto descritas e o processo ou procedimento de extinção operante.

Na Figura 9.1, pode-se verificar, no decorrer do processo do fenômeno, o surgimento de subprodutos, como: a) aumento da frequência da resposta que produzia o reforçador; b) importante variação no padrão de responder; c) respostas de padrão agressivo; e, por fim, d) enfraquecimento do comportamento operante. Constata-se também toda uma classe de respostas em processo de extinção. Assim, no luto como processo, a classe de respostas também deverá diminuir de frequência no repertório do enlutado para que haja continuidade de sobrevivência (embora se saiba que, quanto mais reforçada for a classe de respostas na história desse organismo que ficou, mais dificuldade haverá para eliminá-la do seu repertório).

Também se observa, na Figura 9.1, a presença significativa de comportamentos públicos e privados que ocorrem, tanto no animal quanto no humano, quando da sua experiência de luto. Assinala-se que não se está distanciando do fato de que o comportamento privado denominado "cognição" (falta de atenção, descrença, confusão, preocupações exageradas, pensamentos obsessivos, etc.) também está muito presente nesse vivenciar.

Destaca-se que cada fase do luto pode apresentar características diferentes para aqueles que passam pelo processo. As fases podem acontecer em qualquer ordem (o enlutado pode passar por diferentes fases em um mesmo dia) e têm uma característica singular: a de se sobrepor – não são, portanto, necessariamente, bem delineadas ou lineares. As fases do luto podem durar mais ou menos tempo e ser interpretadas por fatores ambientais e sociais, entre outros. Por sua vez, o enlutado pode ter passado por todas as fases do seu luto e, mesmo assim, quando se deparar com um estímulo (como ver uma fotografia, um vídeo, um lugar, um alimento ou reen-

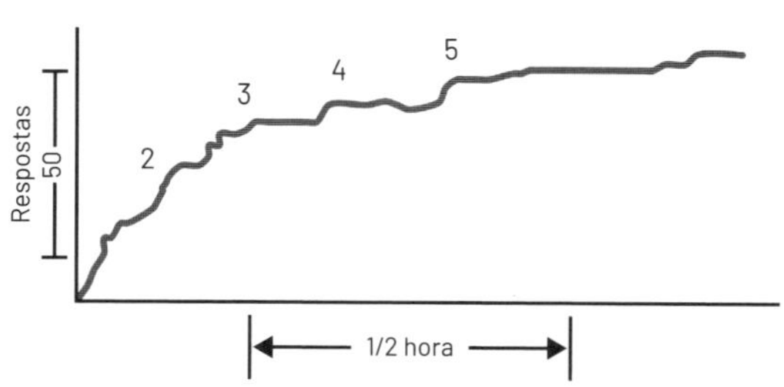

Fase do luto	Fase da curva E.O
1. Entorpecimento	1. *Burst* (jorro de respostas: atordoamento, desespero, raiva, etc.)
2. Anseio e busca	2. Agressividade adjuntiva (morde a barba, movimenta-se desesperadamente)
3. Barganha	3. Variabilidade comportamental
4. Desorganização	4. Diminuição da taxa de respostas de depressão
5. Reorganização	5. Retorno ao nível operante (adaptação)

Figura 9.1
Fases do luto e a curva de extinção operante.
Fonte: Adaptada de Keller & Schoenfeld (1968).

contrar um amigo em comum), novamente pode apresentar comportamentos encobertos, como pesar, tristeza e saudade.

Vale esclarecer que não é possível precisar quanto tempo dura o processo de luto. Há um tempo necessário para realizar o movimento de voltar o foco para outros aspectos da vida novamente. Na perda de um familiar próximo, dificilmente a resolução se dá em menos de um ano, e esse período é considerado crítico. Menciona-se, ainda, a questão de que o luto é um processo inevitável de resolução de uma perda e que todas as pessoas que perdem um ente querido tendem a passar por esse processo. E, exatamente pelo fato de ser um processo inevitável de resolução de uma perda geradora de mudanças profundas na vida daquele que ficou, estará presente um vasto leque de sentimentos e emoções que invadirão o viver do enlutado, que, no seu conjunto, vão interferir no seu funcionamento, comportamentalmente falando.

Dessa maneira, é possível notar: a) respostas emocionais intensificadas, como tristeza, desespero, incredulidade ou negação, raiva, culpa, saudades, choque, arrependimento, vazio, preocupação e alívio, e, com frequência, períodos de tristeza e de angústia, assim como sentimentos acentuados de culpa, raiva, revolta com a realidade presente; e b) outros comportamentos que se apresentam com intensidade e frequência, como desorganização das rotinas diárias, agitação para agir ou para pensar, dores, dificuldades para dormir, perda de apetite, náusea ou problemas gastrintestinais, dores de cabeça, tensão muscular e sensação de pânico.

Aqui, abre-se um parêntese: no que tange às respostas emocionais citadas geradas pela dor da perda, um comportamento muito presente nas pessoas enlutadas, e que geralmente levará a sofrimento emocional mais prolongado, muitas vezes severo, é o comportamento de se esquivar de sentimentos, emoções, pensamentos e lembranças. A esse aspecto dá-se o nome de "esquiva experiencial" – considerada, a partir de evidências clínicas, a fonte dos problemas emocionais encontrados no contexto terapêutico. O ser humano, ao se esquivar do que sente ou pensa, não estará evitando a situação aversiva original, e sim o efeito que ela gera (Lucena-Santos et al., 2015). No processo de luto, é possível notar a frequência desses comportamentos na pessoa enlutada, que, ao evitar ou escapar das sensações oriundas da dor da perda, fará estas se dissiparem apenas temporariamente, surgindo, no lugar, uma sensação de alívio (Saban, 2015). Esse reforço negativo fará a pessoa evitar tais emoções e/ou sentimentos, porém o evento original – a morte do ente querido – continuará presente.

A proposta terapêutica denominada Terapia de Aceitação e Compromisso (*Acceptance and Commitment Therapy* – ACT), desenvolvida por Hayes e Wilson (1994), mostra um caminho para lidar com a esquiva experiencial. A ACT tem como objetivo promover a redução do sofrimento existente por conta, basicamente, de uma limitação das ações do ser humano, que, segundo Saban (2015), fica preso ao tentar se esquivar do que pensa e sente. Isso se dá porque o contexto socioverbal em que está inserido ensina que o problema está nos sentimentos, nas emoções e nos pensamentos; assim, são eles que deverão ser eliminados, e não o problema em si, que foi o que gerou esses comportamentos emocionais (Saban, 2015).

Ressalta-se, ainda, que fatores como a previsibilidade e a imprevisibilidade podem afetar a reação ao luto, traduzindo-se na diferença de uma morte tranquila, na perda de uma pessoa idosa ou na interrupção trágica e repentina da vida de uma pessoa jovem em pleno desenvolvimento, ou mesmo uma criança, o que poderá alterar acentuadamente as reações de luto de amigos e familiares sobreviventes.

O fenômeno luto não é apenas tido como uma experiência avassaladora; é também um processo único, singular, e constatar essa singularidade pode gerar o entendimento de como as diferenças individuais tornam-se evidentes no que tange ao experienciar de perdas e, em especial, na adaptação da perda por morte (Worden, 2013).

Esse olhar leva à reflexão de que, embora cada pessoa vivencie as fases do luto a partir de seu repertório comportamental e, ao final dele, estará em condições de retomar sua vida (evidentemente, com alterações de várias contingências), o viver esse processo não tem como finalidade esquecer aquele que lhe foi importante, e sim tão apenas aprender a viver apesar da perda. Dessa forma, comportamentos privados, como saudade e/ou sentir a ausência daquele que partiu (além de muitos outros), continuarão sendo experienciados; no entanto, agora o enlutado aprendeu a conviver com essa ausência, retornando à trajetória de sua própria vida.

Uma resposta desadaptativa de luto: o luto complicado

Embora a maioria dos enlutados recupere-se de sua perda dentro de um lapso de tempo visto como razoável, outros podem apresentar uma resposta desadaptativa duradoura ao luto, com surgimento de exacerbação de problemas físicos, emocionais e sociais – o chamado "luto complicado". Trata-se, na verdade, de um luto intenso e persistente, caracterizado principalmente por comportamentos de esquiva do processo, ou seja, o enlutado não entra em contato com sentimentos, pensamentos e emoções (as chamadas "esquivas experienciais", já mencionadas) gerados pela perda. E, como sabemos, ao tentar não sentir/pensar o que está sentindo/pensando, o resultado é que, inevitavelmente, sentirá/pensará mais ainda. A pessoa não conseguirá ressignificar a perda, o que, por sua vez, trará como consequência dificuldades significativas para que retome a própria vida. Waller et al. (2016) explicitam que o luto complicado geralmente atinge entre 10 e 15% das pessoas enlutadas. Acrescenta-se a isso o aspecto de que, por conta de agravamento do sofrimento emocional, potencializa-se de forma significativa o risco de gerar transtornos emocionais, como transtornos depressivos, transtorno de estresse pós-traumático, transtorno de ansiedade de separação, uso abusivo de drogas lícitas e ilícitas, entre outros.

Nesse tipo de luto, surge uma gama de reações, como o sofrimento que se prolonga significativamente, que é persistente, apresenta acentuado sentimento de vazio, saudades (Mancini et al., 2015) e desejo de estar/ver a pessoa perdida, pensamentos sobre morte, lembranças dolorosas, emoções, sentimentos de raiva, descrença, ansiedade, depressão, culpa, amargura, alta frequência de respostas de evitação com relação ao ente amado e perda de interesse pela vida de forma prolongada (Torres, 2020). Constatam-se, ainda, fadiga, distúrbios do sono, falta de apetite e agitação motora. Alguns enlutados podem apresentar mais sintomas físicos (dor) e taxas mais altas de patologias e incapacidade. Obviamente, todo esse contexto de dor e sofrimento interferirá na capacidade de funcionamento do enlutado, afetando as áreas de sua vida.

Perda dos pais e o processo de luto

Da mesma forma que a perda de um filho pode produzir intenso sofrimento, a perda da figura materna ou paterna pode aumentar significativamente o estresse na vida de um indivíduo, sendo considerada, inclusive, um fator de risco na vida de uma criança ou de um adolescente (Maia & Williams, 2005), podendo comprometer sua saúde, seu bem-estar ou desempenho social e aumentar a probabilidade de desenvolvimento de um transtorno emocional ou comportamental (Garmezy, 1985). Nesse sentido, estudos demonstram que conduzir o comportamento de enlutar-se a uma resolução é encontrar formas para viver com a dor da perda, ao mesmo tempo que é possível desenvolver um repertório de comportamentos com vistas a tornar a vida mais valiosa e com significado.

Considerações teóricas acerca da intervenção

De acordo com Skinner (1978, p. 348):

> A coleção de fatos é apenas o primeiro passo em uma análise científica. Demonstrar as relações funcionais é o segundo. Quando as variáveis independentes estão sob controle, essas relações levam diretamente ao controle da variável dependente. No caso presente, controle significa terapia. Uma ciência do comportamento adequada deveria dar talvez uma contribuição maior para a terapia do que para o diagnóstico. Os passos que devem ser dados para corrigir uma determinada condição de comportamento seguem-se diretamente de uma análise dessa condição. Se podem ser efetivados depende, é claro, de se saber se o terapeuta tem controle sobre as variáveis relevantes.

Ter um olhar da ciência comportamental no processo do comportamento de enlutar-se é ir além de rastrear os pressupostos que embasam filosoficamente os trabalhos dos analistas do comportamento; é conduzir, desde o início, uma prática terapêutica que dê ênfase a uma avaliação funcional ideográfica, minuciosa e contínua dos comportamentos apresentados pelo enlutado. Borges & Cassas (2012) sinalizam que essa avaliação funcional segue alguns passos: a) obter dados do cliente; b) selecionar, a partir dessa coleta, os comportamentos-alvo; c) operacionalizar esses comportamentos; d) selecionar e aplicar as intervenções; e e) avaliar o resultado das estratégias implementadas com vistas à melhora do cliente.

Nesse processo, e à luz dessa ciência, a lente de aumento necessária para a compreensão do caso, mostrando processos comportamentais da vida do cliente de forma mais ampla e, ao mesmo tempo, mais aprofundada é a chamada "análise de contingência". Segundo os autores citados, ela é considerada uma ferramenta teórico-prática, no sentido de que é norteada pelos conceitos oriundos da Análise do Comportamento (teórica); simultaneamente, ela dá o importante suporte para encaminhamento dos processos apostos tanto na avaliação quanto na intervenção (prático). Destaca-se que conceituar o caso e planejar o tratamento é um processo ativo que envolve tanto o profissional quanto o cliente.

O papel do terapeuta é essencial no transcorrer de todo o processo, um suporte significativo para a eficácia do trabalho desenvolvido. Para tanto, compreende-se que o foco pessoal do terapeuta precisará estar relacionado à sua autoconsciência (aqui, entendida como a capacidade de atender às necessidades do cliente enlutado e de seu ambiente), juntamente com seu autocuidado (que minimiza possíveis efeitos físicos e emocionais a longo prazo). Ambos os aspectos podem e devem ser ampliados pela habilidade do terapeuta de validar e amparar a experiência emocional do cliente e suas dificuldades nas crises implacáveis da sua vida, transmitindo a ideia clara de que ele não está sozinho, e, ao mesmo tempo, ensinar habilidades no sentido de ele se perceber apto para o enfrentamento das novas contingências.

Quanto aos objetivos a serem alcançados na prática clínica do luto, notam-se: a) compreender o processo de luto em suas fases e duração; b) analisar funcionalmente o comportamento de enlutar-se; c) bloquear a esquiva experiencial: evocar e vivenciar sentimentos/lembranças relacionados ao ente querido, contatando com contingências da perda; e d) ensinar habilidades para aceitar a realidade da perda e promover a reorganização da vida no presente e na ausência do ente querido.

A Terapia Analítico-comportamental Infantil e o processo de intervenção com crianças enlutadas

O trabalho do terapeuta infantil é peculiar, principalmente quando relacionado a crianças e famílias que sofrem a perda de um ente querido. Algumas particularidades diferenciam-no do processo com adultos, seja no que se refere às estratégias utilizadas para a intervenção, seja no que diz respeito às habilidades do terapeuta. Sua prática não está desvinculada dos pressupostos filosóficos e teóricos que sustentam o Behaviorismo, principalmente no que se refere à visão de homem e do comportamento como interação entre organismo e ambiente (Skinner, 2003). As dificuldades que são vivenciadas pelas crianças e pelas suas famílias são entendidas a partir das circunstâncias em que ocorrem (Skinner, 2003), e não se pode deixar de levar em consideração a história de aprendizagem desses indivíduos, as particularidades inerentes ao processo de desenvolvimento e o grupo sociocultural do qual eles fazem parte, seja a família, seja a escola, e outros grupos ou agências de controle (Rossi et al., 2020).

O luto infantil é compreendido como uma classe de comportamentos complexos, selecionados pelas suas consequências (Skinner, 2003). Significa dizer que o nível de compreensão da criança sobre o que é a morte e sobre como lidar com a perda está relacionado ao modo como a família aprendeu a se comportar nessas situações, e isso pode variar de acordo com a cultura, os valores e os costumes de determinado local (Quinteiro, 2010). Também está vinculado à forma como esses indivíduos lidam com os diferentes estressores que, na maioria das vezes, estão direta ou indiretamente relacionados a essa situação, sejam mudanças financeiras, sejam de grupo social, de escola ou de cidade, por exemplo. Além disso, muitas das dificuldades que levam pais e cuidadores a procurarem a ajuda do psicoterapeuta podem estar ligadas a um controle tanto excessivo quanto inconsistente desse ambiente, que pode estabelecer excessos ou déficits comportamentais, favorecendo o desenvolvimento e a manutenção de respostas desadaptativas, que podem causar sofrimento.

Um exemplo muito interessante do desenvolvimento de respostas que podem causar sofrimento é o comportamento de falar sobre a morte de alguém ou o relato do medo de morrer. A depender do contexto social em que a criança está inserida, esses comportamentos poderão ser punidos (Oliveira, 2014), ou poderão ser ensinadas alternativas comportamentais que envolvam evitação e esquiva da dor e do sofrimento. A experiência clínica permite observar que é comum as crianças escutarem dos adultos relatos como "só as pessoas velhas é que morrem", "você não precisa pensar sobre isso agora, ainda é criança" ou "demorará muito tempo para que isso aconteça". No entanto, esta não é a realidade experienciada por nós, seres humanos, e ainda mais pelas crianças, não só porque a morte é um processo natural que está presente na vida de qualquer indivíduo, mas também porque as crianças geralmente estão em contato com diferentes informações e vivências que podem lhes mostrar o contrário.

Toda essa ambivalência entre a comunicação estabelecida pelos pais e cuidadores e as contingências presentes no ambiente infantil pode favorecer o aparecimento de comportamentos desadaptativos, uma vez que evita que a criança adquira repertório adequado para compreender o que é a morte e para que possa aprender a expressar o que pensa e como se sente diante dessa situação.

Quinteiro (2010) destaca que, em determinados contextos, as crianças podem aprender a emitir outros comportamentos, expressando sensações de medo ou comportamentos irritadiços, choro, pesadelos ou até resistência a permanecerem sozinhas. Outros comportamentos podem estar relacionados ao que é denominado "esquiva experiencial", e a criança pode apresentar, por exemplo, apatia, diminuição da comunicação verbal ou resistência a entrar em contato com contingências que envolvem medo, sofrimento ou angústia. Tais dificuldades sinalizam prováveis consequências que se estabelecem em um contexto em que, geralmente, já existe muita dor e sofrimento, o que, na maioria das vezes, impede a família de resolver o problema ou ajudar as crianças a apresentarem comportamentos que lhes permitam enfrentar o medo e a dor.

Esse contexto reforça o quanto os eventos ocorridos na infância contribuem de maneira determinante para o desenvolvimento biopsicossocial (Papalia & Olds, 2000) do indivíduo, e, tendo em vista que as famílias não ensinam um repertório para lidar com situações difíceis e/ou aversivas, o estresse gerado pela perda de alguém próximo ou significativo pode se tornar um fator de risco para o desenvolvimento saudável da criança (Maia & Willians, 2005), configurando-se, inclusive, no que é chamado de "luto complicado", aqui já definido e complementado por Oliveira (2014) como a dificuldade de aceitar a perda no transcorrer do tempo, de modo a intensificar o estado emocional de sofrimento e trazer prejuízos significativos para a vida da criança enlutada. Cabe ao psicoterapeuta infantil ensinar a família e a criança a fazerem enfrentamentos da situação de perda, auxiliando no processo de elaboração do luto. A ele também cabe a ajuda para que esses indivíduos criem novos repertórios para viver com a dor da morte e o sofrimento provocado pela ausência da pessoa amada, bem como possam vivenciar outras contingências que produzam outros reforçadores, que podem ajudar a tornar a vida da criança valiosa e com significado.

Como o processo de intervenção com crianças e famílias enlutadas é diferenciado, utilizaremos um exemplo de uma intervenção realizada com uma criança e sua família para ilustrar as etapas de um processo terapêutico e para que possam ser discutidas quais habilidades o psicoterapeuta deve aprender para que tenha condições de desenvolver esse tipo de trabalho. Vale destacar que os exemplos utilizados não se constituem em regras sobre a Terapia Analítico-comportamental Infantil, e sim em um modelo de intervenção que foi desenvolvido e adaptado para as necessidades do caso atendido, tendo como base o modelo triádico* de atendimento com crianças (Regra, 2000).

Relato do caso

M. é uma criança do sexo masculino e, na ocasião do atendimento, tinha 8 anos de idade. Residia com o pai e a avó (que estava junto da família temporariamente) e tinha um irmão que estava com 4 anos. Estudava em uma escola particular e residia em condomínio fechado. Já passou por um processo psicoterapêutico há seis meses com outro terapeuta, porém a família decidiu pela interrupção, por não perceber melhoras em relação às dificuldades da criança.

* Esse modelo relaciona-se à participação efetiva da criança no processo terapêutico, mediado pela intervenção ou orientação de pais, professores ou outras pessoas que fazem parte de seu cotidiano (Silvares, 1995).

Iniciando o processo terapêutico com a família

O eixo do trabalho do psicólogo infantil é definido a partir das entrevistas iniciais com os pais, ou os responsáveis pela criança, e tem como principal objetivo compreender a relação entre organismo e ambiente no que se refere à aprendizagem e à manutenção não só dos comportamentos-problema ou queixas, como também de outros comportamentos apresentados pela criança e pelos indivíduos com quem ela convive (Regra, 2000). É por esse motivo que, muitas vezes, o psicólogo precisa coletar informações não só com os pais ou os responsáveis pela criança; ele precisa acessar professores, avós, outros profissionais que atendem ou já atenderam a criança ou até realizar observações na escola, por exemplo. Por meio de uma investigação cuidadosa, em que o psicoterapeuta realiza uma escuta atenta e uma observação minuciosa, é que se fará a descrição e a interpretação das relações funcionais entre comportamento e ambiente (Matos, 1999) para definir as melhores estratégias comportamentais a serem utilizadas para alcançar o bem-estar psicológico (Del Prette, 2006).

Conte e Regra (2000) destacam aspectos que, sempre que possível, deveriam ser abordados em uma entrevista comportamental com os pais ou os responsáveis e que serão exemplificados por meio deste caso.

Queixa principal para identificação do problema: a família procurou atendimento porque M. estava apresentando comportamentos de medo e recusa (ficar sozinho no escuro, dormir em seu quarto, tomar banho sozinho, ficar tanto em casa quanto na escola) e falta de interesse em realizar atividades que antes gostava muito de fazer (como a prática de futebol, por exemplo).

Histórico da queixa para identificação de eventos críticos, desencadeadores, mantenedores, competitivos, tentativas de solucionar o problema, reações da criança, habilidades e déficits parentais: M. começou a apresentar comportamentos de medo e recusa a permanecer sozinho dois meses após a morte da mãe, que faleceu em consequência de câncer. Durante os dois anos em que ela esteve em tratamento, os pais pouco conversavam sobre a doença, pois entendiam que deveriam evitar que a criança sofresse. Só disseram a M. que a mãe estava doente, que faria um tratamento e que logo ela ficaria bem. Mesmo quando a mãe raspou os cabelos, em consequência da quimioterapia, ela usou perucas, para evitar que os filhos percebessem ou pensassem que havia uma situação grave acontecendo. A rotina da criança foi mantida, e, mesmo quando o quadro da mãe se agravou e ela precisou ser hospitalizada, os pais evitaram que M. soubesse de qualquer aspecto ou contingência experienciada pela família (disseram às crianças que a mãe tinha ido viajar para fazer um tratamento e que logo retornaria). Nessa fase já terminal da doença, a avó paterna mudou-se para a casa de M., e havia um combinado entre os adultos de que, se eles sentissem vontade de chorar, deveriam fazê-lo em um local reservado, para que as crianças não percebessem qualquer tipo de sofrimento. Antes de a mãe falecer, as crianças não se despediram dela (ela não quis que eles a vissem debilitada), e, no dia do falecimento, um tio foi buscar M. na escola e contou para ele que a mãe havia morrido. M. chorou, e o tio o levou para a sua casa, para que ele pudesse ficar com os primos e com o irmão (brincando e se distraindo). Quando foi perguntado a M. se ele queria participar do velório e ver a mãe pela última vez, ele se recusou. A família atendeu seu pedido, e ele permaneceu na casa do tio, junto com seu irmão, por mais 20 dias.

Durante o tempo em que a criança estava em outra residência, o pai não sabia como deveria se comportar com os filhos, principalmente como poderia minimizar o sofrimento que eles poderiam estar apresentando ou vir a apresentar diante da perda. Procurou a ajuda de uma psicóloga, que o orientou a trazer as crianças de volta para casa e sugeriu ao pai que convidasse todos os amigos da escola de M. para que eles estivessem presentes no retorno e para que criassem um contexto de festa por ele estar voltando para casa. O pai atendeu prontamente às orientações da profissional, e, depois de aproximadamente um mês, M. começou a apresentar os comportamentos de medo e recusa a ficar sozinho ou de realizar as atividades que tanto gostava. Os comportamentos-queixa mantiveram-se e intensificaram-se, até que o pai foi orientado a procurar ajuda de outro profissional.

Variáveis organísmicas para identificar variáveis orgânicas potencialmente relacionadas à queixa: não foram identificadas.

Ambiente e contexto atual para identificar antecedentes e consequentes atuais da queixa e como o contexto é favorável ou não para a criança e a família: a família vivia em um contexto de cuidado, amparo e proteção, evitando que M. entrasse em contato com qualquer situação potencialmente aversiva. Quando a criança relatava que estava com medo, o pai ficava junto dela ou permitia que ela dormisse em sua cama, por exemplo. Em relação à escola, diante de recusa, choro e evitação de dificuldades, como tarefas ou provas, o pai sempre procurava ajudá-lo ou acabava levando-o para casa, lugar onde, de acordo com a percepção do pai, ele se sentia mais seguro. M. também não praticava mais os esportes que antes gostava e não falava sobre a mãe. Quando o pai ou algum familiar pronunciava o nome dela ou contava alguma história sobre ela, M. se afastava e ia jogar *videogame*, sem demostrar nenhuma emoção.

Recursos e comportamentos do cliente (para verificar os recursos pessoais do cliente que podem ajudar na superação do problema): o pai descrevia M. como uma criança carinhosa e muito inteligente.

Fontes de gratificação para identificar os eventos que podem consequenciar positivamente os comportamentos apropriados da criança: o pai dizia que ele gostava de conversar e receber atenção, que aceitava brincar quando chamado e que conversava bastante.

Expectativas quanto à terapia: o nível de expectativa em relação à terapia era alto, haja vista que tinham passado por outro processo terapêutico e não conseguiram observar melhoras. O pai gostaria que ele se sentisse mais seguro e confiante, que conseguisse ficar sozinho e que retomasse as atividades escolares e esportivas.

Iniciando o processo terapêutico com a criança

As sessões iniciais são fundamentais para o estabelecimento do vínculo terapêutico e servem como ponto de partida para a coleta de informações com a criança acerca do que ela entende sobre as dificuldades que foram relatadas na entrevista com os pais e/ou os responsáveis e para avaliar se existe diferença em relação à percepção da criança. É importante que ela entenda que não vai à terapia para brincar, mas que as atividades lúdicas fazem parte do processo terapêutico e podem ajudar tanto o psicoterapeuta quanto ela a entenderem e expressarem melhor o que sentem e pensam. Compartilhar ou não com a criança os objetivos da terapia requer uma análise caso a caso (Rossi et al., 2020), e, quando o terapeuta opta por fazê-lo, deve se comportar de maneira cuidadosa, discriminando adequadamente pistas verbais e não verbais apresentadas pela criança sobre o que falar, quanto falar e como falar, a fim de que se torne uma figura reforçadora e que estabeleça uma relação de confiança e honestidade com a criança. A seguir, pode-se observar um relato de interação entre a terapeuta (T) e a criança (M), quando esta optou por conversar sobre os motivos que a traziam à terapia logo na primeira sessão:

> *T: M, você sabe por que o papai trouxe você aqui?*
>
> *M: Porque você é uma psicóloga.*
>
> *T: E você já sabe o que os psicólogos fazem? (Demonstrando interesse para a criança.)*
>
> *M: Eles ajudam as crianças.*
>
> *T: Isso mesmo, M. Você é muito esperto! (T. descreve características apontadas anteriormente pela família, com a expectativa de que seja reforçadora para a criança, e tenta manter a conversa para que, por aproximações sucessivas,* possa falar sobre as dificuldades que trouxeram a criança para a terapia.) E você consegue dizer por que precisa da minha ajuda?*
>
> *M: Eu tenho medo de escuro e de ficar sozinho. Também não tenho mais vontade de jogar futebol (T. percebe que ele não fala sobre a morte da mãe, conforme apontado pela família, mas opta por reforçar o relato das dificuldades percebidas pela criança.)*
>
> *T: Puxa, deve ser algo muito ruim para você! Eu também já tive medo do escuro quando eu era criança. (T. valida o relato do medo e faz uma autorrevelação,** com o objetivo de favorecer o vínculo e aproximar-se um pouco mais da meta, que é falar sobre a morte da mãe.)*
>
> *T: Você consegue me dizer como se sente quando percebe que está com medo? (T. tenta incentivá-lo a falar um pouco mais sobre coisas difíceis ou aversivas para observar se ele apresenta, no contexto terapêutico, o padrão descrito pela família, que é se esquivar. T. também tenta coletar mais informações e dar continuidade à interação.)*
>
> *M: Eu fico assim, tremendo (balança as mãos), e fico pensando que sou um banana, porque as pessoas falam que as crianças que têm a minha idade e têm medo de escuro são bananas (sinônimo de covarde).*
>
> *T: Puxa, isso é mesmo ruim! E quando as pessoas dizem isso para você, você*

* Aproximações sucessivas constituem-se em uma série de passos nos quais se exige gradualmente a emissão de respostas cada vez mais próximas de um comportamento-alvo (Sampaio & Roncati, 2012).

** A autorrevelação pelo terapeuta pode consistir em compartilhar suas crenças, emoções e sentimentos em relação a determinados aspectos da sua vida pessoal ou em relação ao que acontece na terapia, desde que tal comportamento seja terapêutico na intervenção que está sendo realizada (Kohlemberg & Tsai, 2001).

sente...? (Esperando que M. complete a frase.)

M: Triste.

T: M, eu acho que também ficaria triste se alguém dissesse isso para mim. Que bom que você está conseguindo me contar algo tão importante para você! (T. tenta validar não só o sentimento da criança como também o relato de situações difíceis.)

M: (Acena com a cabeça, concordando com a terapeuta.)

T: Tem alguma outra coisa que o deixa muito triste, M.?

M: Tem sim. Quando meus amigos brigam comigo eu fico bem triste. (T. percebe que o relato provavelmente era um comportamento de esquiva da criança, pois seus olhos, neste momento, encheram-se de lágrimas, e ela olhou para a janela, tentando não manter contato visual.)

T: Eu concordo com você, M! Brigar com os amigos é uma situação que pode nos deixar tristes, mas eu acho que tem outras coisas que fazem a gente sentir uma tristeza gigante. (T. abre os braços para demonstrar o tamanho da tristeza.)

M: (Balança a cabeça, concordando com T.)

T: (Como T percebeu o aceno de cabeça da criança, resolveu aproximar-se um pouco mais do assunto relacionado à morte da mãe.) O papai me contou que a sua mãe ficou muito doente e morreu.

M: (Abaixa a cabeça e começa a chorar.)

T: (Coloca a mão no ombro de M e aproxima-se mais dele.) Eu estou percebendo que isso o deixa muito triste, não é mesmo? Eu estou aqui para ajudá-lo com isso também! Quer me contar um pouquinho sobre isso? (Tentando manter o vínculo e sinalizando empatia e escuta empática.)

M: (Depois de algum tempo, ainda chorando) Eu não quero falar sobre isso! Me deixa muito triste! (Ainda de cabeça baixa.)

T: Tudo bem, não precisamos falar sobre isso agora, mas eu quero que saiba que aqui você pode falar sobre as coisas que o deixam triste, e, em algum momento, quando você se sentir preparado, poderemos conversar sobre isso. Tudo bem para você? (A terapeuta opta por não dar continuidade ao assunto, haja vista que o objetivo da sessão era o desenvolvimento de vínculo, e não o relato sobre a perda da mãe, mas sinalizou que o objetivo da terapia era ajudá-lo em relação a essa dificuldade, estabelecendo, de maneira sutil, um contexto para a aproximação e o vínculo, ao mesmo tempo que descreve para a criança a necessidade de falar sobre um assunto difícil.)

É importante destacar que, à medida que a criança reconhece o terapeuta como uma audiência não punitiva, tenderá cada vez mais a verbalizar ou apresentar comportamentos anteriormente punidos pela comunidade socioverbal. Nesse sentido, as sessões iniciais com a criança permitiram o delineamento de novos procedimentos terapêuticos. É preciso, nesse primeiro momento, ter muito cuidado para levantar hipóteses adequadas em relação ao caso e transformar os dados coletados em uma avaliação funcional que possa subsidiar as próximas intervenções (Brandão & Melo, 2020).

Realizando uma avaliação funcional em relação aos comportamentos-queixa relatados pelos pais e percebidos nas primeiras sessões com a criança

Esse estágio inicial, composto por algumas sessões, tem como principal objetivo realizar a formulação de uma avaliação funcional que permita, ao terapeuta, uma compreensão mais aprofundada sobre os comportamentos-queixa e o planejamento das condutas terapêuticas. De acordo com Matos (1999), essa avaliação deve ser subsidiada por análises funcionais completas, que envolvem observação, suposição e verificação, visando à produção de uma definição funcional do comportamento (Fonseca & Pacheco, 2010).

Alguns autores descrevem aspectos básicos para a realização de uma análise funcional do comportamento (Fonseca & Pacheco, 2010; Matos, 1999): a) identificar aspectos comportamentais; b) definir precisamente o comportamento de interesse; c) identificar eventos ambientais; d) identificar relações ordenadas entre variáveis ambientais e o comportamento de interesse; e) identificar e descrever o efeito comportamental; e f) formular predições sobre os efeitos de manipulações dessas variáveis e desses outros comportamentos sobre o comportamento de interesse.

Em relação ao caso de M, existia uma necessidade de definir com precisão o comportamento de interesse, uma vez que a queixa apresentada pelo pai (medo de ficar sozinho e recusa a realizar atividades antes reforçadoras) era diferente do comportamento de interesse (esquiva diante de situações aversivas ou avaliadas pela criança como difíceis, que passou a ser intensificada e refinada após a morte da mãe). Essa diferenciação só foi possível após a observação do comportamento da criança em sessão e a realização de análises funcionais em relação a esses comportamentos. O Quadro 9.1 apresenta um exemplo de análise funcional do comportamento da criança a partir de observações clínicas.

É importante destacar que o Quadro 9.1 é um exemplo sobre como aliar a teoria à prática, e seria impossível, nesse momento, descrever todas as análises funcionais que foram realizadas a partir da avaliação com o pai de M e das sessões iniciais com a criança. Porém, é importante salientar que a análise funcional dos comportamentos, tanto do cliente quanto da terapeuta, é uma habilidade que o profissional deve apresentar ao longo de todo o atendimento. No que concerne ao caso exemplificado, a partir das análises, foi possível compreender com mais clareza o que estava acontecendo, identificando que as respostas de medo de ficar sozinho, de dormir sozinho e de ficar na escola estavam restritas a esses contextos, e que os adultos que dele participavam interpretavam tais comportamentos como uma fragilidade da criança e os justificavam em virtude da morte da mãe. Os adultos também reforçavam tais comportamentos com atenção e sinalizavam proteção, evitando que M se expusesse a qualquer evento aversivo. Aliás, esse padrão de evitação e esquiva foi ensinado ao longo de toda a história da criança, intensificando-se a partir da doença até a morte da mãe.

Tanto a criança quanto a família estavam passando pelo processo caracterizado como luto complicado, uma vez que era possível identificar todos os fatores de risco envolvidos no processo de luto (Stroebe & Schut, 2001): a vulnerabilidade pessoal da criança enlutada e sua relação com a pessoa perdida, a mãe, com quem estabelecia um vínculo forte e significativo, além de ser a principal fonte reforçadora da criança (a mãe brincava, leva-

Quadro 9.1
Exemplo de análise funcional dos comportamentos-queixa da criança relatados pelo pai e observados durante as sessões iniciais com a terapeuta

Antecedente(s)	Resposta(s)	Consequência(s)	Observação da terapeuta
T propõe um jogo novo, que M ainda não conhece.	M diz que não quer jogar, que o jogo é chato, e pede para jogar um jogo que ele já conhece.	M sente alívio por não precisar jogar um jogo que não conhece (fuga); T reforça positivamente (R+) o comportamento de não enfrentamento de M ao ceder e permitir que joguem o jogo que ele conhece.	Apesar de observar um comportamento de fuga de uma situação que M considera difícil, T percebe que ele consegue relatar que não quer fazer algo, ou seja, apresenta repertório para dizer o que quer ou não quer fazer.
T sinaliza que precisa sair da sala para pegar um material que esqueceu (tendo como objetivo observar o comportamento da criança quando fica sozinha).	M, inicialmente, fica sentado na cadeira e, depois de alguns minutos, levanta-se e vai até o armário de brinquedos. Escolhe um jogo de sua preferência e, quando T retorna, propõe jogá-lo.	T agradece por M ter esperado sozinho na sala e diz que por esse motivo, podem jogar o jogo que ele escolheu (R+); reforça positivamente o comportamento da criança, que sorri. T reforça positivamente o comportamento de escolha do jogo (R+), descrevendo a M que ela gosta quando ele faz escolhas. Ele pede para escolher outro jogo quando terminam a partida.	T pergunta para a criança como ela se sentiu ao esperar por ela. A criança descreve que ficou bem. Então, T pergunta para M por que não consegue ficar sozinho em casa ou na escola, e ele responde que em casa e na escola ele sente medo,* não conseguindo ainda diferenciar ou descrever para T que aspectos estão relacionados a esse "sentir medo".

* O medo infantil é uma classe de respostas que pode englobar comportamentos respondentes e operantes, eliciados ou emitidos diante de eventos ou situações aversivas. A aquisição e a manutenção desses comportamentos podem ocorrer em função de diferentes variáveis antecedentes e consequentes, conforme o contexto familiar de cada criança." (Quinteiro, 2010, p. 324)

va à escola, fazia as tarefas com ele, levava aos jogos, além de disponibilizar todo o cuidado físico relacionado à higiene e à alimentação da criança). Em relação aos eventos e às circunstâncias que levaram a pessoa à morte, percebe-se que, por mais que tivesse havido tempo (4 anos) entre a descoberta da doença e a morte da mãe, os eventos aversivos relacionados à situação nunca foram adequadamente trabalhados, fazendo a criança apresentar, em alguns momentos, comportamento de negação da realidade (característica da fase 1 do luto) e, em outros, de fuga e esquiva. Por mais que a criança tivesse suporte social, era importante observar que todos na família estavam passando por um sofrimento intenso que afetava o bem-estar físico e emocional do grupo.

As principais características do cliente foram identificadas em uma hierarquia de importância clínica,* as quais também foram organizadas em princípios comportamentais e compreendidas a partir da história de contingências da criança. Outros dados importantes, e que foram registrados, estavam relacionados à observação dos comportamentos da criança, tanto em contexto clínico quanto em casa ou na escola. O Quadro 9.2 é um exemplo de formulação do caso de M.

A formulação do caso permite ao terapeuta organizar e iniciar o processo de intervenção. Para tal, o terapeuta, conhecedor do universo lúdico e manejador do comportamento infantil (Brandão & Melo, 2020), deverá apresentar habilidades para planejar as sessões com a criança e com a família, determinando a intervenção apropriada. As estratégias também deverão ser selecionadas, para que seja possível modificar as variáveis relacionadas à instalação e à manutenção de comportamentos-alvo e, consequentemente, reduzir o comportamento-problema e suas variáveis mantenedoras. Também é preciso planejar e prever quais condições podem proporcionar a generalização e a manutenção das modificações comportamentais efetuadas (Fonseca & Pacheco, 2010).

O trabalho com a família pode ocorrer por meio de orientação parental, treinamento ou sessão com pais ou cuidadores da criança, porém não há uma regra sobre peridiocidade ou sobre como devem ser os encontros. O que o terapeuta deve ter como objetivo, de acordo com Rossi et al. (2000), é auxiliar a família na implementação de estratégias de controle mais saudáveis para a criança e para o grupo. Não cabe ao terapeuta julgar atitudes e comportamentos apresentados pelos pais; pelo contrário, deve ser apresentada uma postura de comprometimento e de colaboração, lembrando que os objetivos e as responsabilidades estão sendo compartilhados com pessoas que também estão sofrendo, enlutadas pela perda de um ente querido.

Também é importante destacar que as etapas de um processo de intervenção são divisões didáticas que visam a auxiliar o clínico a organizar seu trabalho, mas, na prática, podem ocorrer concomitantemente ao longo do processo de análise, afinal, o comportamento é plástico e multideterminado (Follette et al., 1999; Leonardi et al., 2012; Oliveira et al., 2005).

Ao planejar a intervenção e programar em que comportamentos e de que forma intervir, a terapeuta optou por elencar o ensino de um repertório que envolvia, na Fase 1 (quatro sessões), reconhecer e descrever sentimentos. As estratégias utilizadas foram livros, jogos e outras atividades que tinham como objetivos principais identificar as próprias emoções, entender de onde vieram ou por que estão acontecendo e observá-las, tentando não as evitar ou suprimir. Como nessa fase inicial do tratamento M apresentava esquiva para falar de emoções negativas, T optou por não inserir no contexto das conversas ou atividades emoções que pudessem ter conotação aversiva para a criança, como falar sobre a morte da mãe, a não ser que ela as relatasse espontaneamente, o que não aconteceu. À medida

---

* A hierarquia dos comportamentos pode ser estabelecida pelo terapeuta levando em consideração algum tipo de critério, por exemplo, de comportamentos mais simples a mais complexos, ou dos comportamentos que a criança considera mais fáceis de modificar até os mais difíceis. A criança e a família podem participar do processo de escolha, a depender de cada caso. No caso de M, a hierarquia foi estabelecida com a ajuda do pai.

Quadro 9.2
Formulação comportamental do caso de M

Identificação das características do cliente em uma hierarquia de importância clínica	Compreensão das características de acordo com a história de contingências do indivíduo	Dados de observação do cliente que podem contribuir para a compreensão dos comportamentos	Organização dessas características em princípios comportamentais
Fase 1 Dificuldades para identificar e descrever sentimentos (necessidade de ampliação do repertório de entrada da criança) - cinco sessões.	A família conversava e incentivava a criança a descrever seus sentimentos, porém os pais costumavam se adiantar e interpretar todas as reações da criança, tentando, assim, suprir suas necessidades e evitar o contato com sensações ou situações potencialmente aversivas.	M aprendeu a identificar e descrever sentimentos, porém suas descrições eram pouco detalhadas, e sempre descrevia sentimentos avaliados por ela como pouco aversivos, como alegria ou amor. Porém, ao descrevê-los, não conseguia relatar por que se sentia assim. Descrevia sentimentos alegres como "bons" ou "legais" e não conseguia fazer um relato completo, como "ganhei um brinquedo novo e me senti feliz", por exemplo.	Restrição ambiental (os pais se antecipavam em descrever o que a criança sentia e não a incentivaram a observar e descrever seus sentimentos. Esse comportamento parental não permitiu ampliação do repertório e, consequentemente, de variabilidade comportamental).
Fase 2 Dificuldades para descrever sentimentos avaliados pela criança como aversivos - quatro sessões.	Os pais sempre evitaram falar sobre problemas ou sobre qualquer situação que pudesse provocar algum nível de aversividade para a criança. Quando mudaram de cidade, por um ano, e a criança precisou trocar de escola e deixar os amigos, os	M sempre evitava falar sobre situações difíceis ou aversivas, ou pouco descrevia sobre como se sentia nas situações. Quando T perguntava sobre sua semana e se havia acontecido alguma coisa ruim ou difícil, M sempre respondia que não ou	M apresentava comportamentos de fuga e esquiva.

Quadro 9.2
Formulação comportamental do caso de M

Identificação das características do cliente em uma hierarquia de importância clínica	Compreensão das características de acordo com a história de contingências do indivíduo	Dados de observação do cliente que podem contribuir para a compreensão dos comportamentos	Organização dessas características em princípios comportamentais
	pais disseram a ela que estavam viajando (passeando) e que logo voltariam para casa, evitando que ela entrasse em contato com a realidade.	que não conseguia se lembrar.	
Fase 3 3.1 Dificuldades para descrever situações do cotidiano (agradáveis e aversivas). 3.2 Dificuldades para relacionar sentimentos avaliados pela criança como aversivos aos eventos do cotidiano. 3.3 Dificuldades para interagir comunicando-se verbalmente com adultos e crianças - seis sessões.	A família não costumava conversar sobre o dia, sobre as atividades realizadas, e havia poucos momentos de interação. O pai descreve a mãe como uma pessoa mais quieta e que conversava pouco com os filhos. Quando M era mais novo, ao precisar interagir com um adulto, ele sussurrava o que queria dizer no ouvido da mãe, que comunicava a mensagem para a outra pessoa. Quando chegavam em casa, cada um se direcionava para sua área de interesse, e, quando faziam atividades juntos, davam preferência a atividades com pouca interação, como assistir à TV ou a filmes, por exemplo. O irmão era pequeno, e M só tinha contatos fora da família com alguns amigos da escola.	A criança apresentava um repertório de descrição extremamente pobre sobre sentimentos ou eventos do cotidiano. Interagia pouco em sessão e só respondia as perguntas que eram feitas pela terapeuta com respostas breves. Observou-se, tanto na clínica quanto na escola, que M interagia muito pouco com outras crianças (verbalmente). Em algumas sessões, escolheu brinquedos e brincou sozinho. Perguntava, por exemplo, se não tinha um *tablet* e, quando o equipamento era disponibilizado, jogava só. Por mais que T perguntasse sobre o jogo, ele não respondia, ou o fazia brevemente.	Restrição ambiental e déficit no repertório. Pouca interação verbal não favorecia o desenvolvimento do repertório. Comportamento de fuga e esquiva durante as sessões iniciais com T quando ela fazia perguntas gerais ou específicas, tentando interagir com M. O comportamento de brincar sozinho foi modelado ao longo da história da criança. Estabelecimento de autorregras, como "não gosto de brincar junto" ou "eu só brinco com meus amigos na escola". O comportamento foi posteriormente analisado como fuga para interação social e esquiva (pensar na morte da mãe).

➥

Quadro 9.2
Formulação comportamental do caso de M

Identificação das características do cliente em uma hierarquia de importância clínica	Compreensão das características de acordo com a história de contingências do indivíduo	Dados de observação do cliente que podem contribuir para a compreensão dos comportamentos	Organização dessas características em princípios comportamentais
		Quando T escolhia um brinquedo ou uma atividade que precisava ser compartilhada, o nível de interação (intensidade, frequência) aumentava, porém o tipo de interação ainda era muito restrito (falava pouco, conversava respondendo as perguntas da terapeuta).	
Fase 4 4.1 Necessidade de aprender a tolerar emoções avaliadas pela criança como aversivas e descrevê-las ao terapeuta (falar dos medos, das situações difíceis vivenciadas no cotidiano). 4.2 Conversar sobre a morte da mãe com a terapeuta – oito sessões.	Quando a mãe precisou fazer quimioterapia, usava uma peruca para que M não percebesse que ela estava sem cabelo. Não contaram para a criança que o estado da mãe havia se agravado.	Quando perdia em algum jogo competitivo, não queria jogar novamente. Dizia que o jogo era chato e pedia para trocar de atividade.	Apresentava comportamento de recusa diante de situações que avaliava como chatas ou difíceis (medo de não conseguir, sensação de frustração diante da condição de perder em um jogo, por exemplo). Dificuldade para entrar em contato com situações difíceis e tolerar a aversividade provocada por elas. Comportamento de fuga e/ou esquiva de pensamentos, sentimentos ou lembranças relacionados à mãe.

Quadro 9.2
Formulação comportamental do caso de M

Identificação das características do cliente em uma hierarquia de importância clínica	Compreensão das características de acordo com a história de contingências do indivíduo	Dados de observação do cliente que podem contribuir para a compreensão dos comportamentos	Organização dessas características em princípios comportamentais
Fase 5 5.1 Fazer enfrentamentos de situações cotidianas consideradas difíceis ou aversivas sozinho. 5.2 Conversar sobre a morte da mãe com o pai, o irmão e a avó. 5.3 Fazer pedidos ao pai e à avó que considera importantes (no que concerne à mãe) – seis sessões.	Não houve despedida da mãe antes de ela falecer. M não participou do velório e do enterro da mãe (ficou brincando na casa do tio). Quando voltaram para casa, foi incentivado a convidar os amigos, a fim de evitar sentimentos ou sensações desagradáveis. Diante de provas ou atividades avaliadas como difíceis, o pai disponibilizava ajuda ou evitava que ele ficasse tolerando qualquer aversividade. Dormia no quarto com o pai.	Apresentava recusa a experimentar jogos ou atividades que não conhecia. Dizia que eram chatos, sem nem ter entrado em contato com a atividade ou experimentado a situação proposta.	Repertório pobre para comportamentos de enfrentamento, fazer pedidos ou solicitações. Dificuldade para entrar em contato com situações difíceis e tolerar a aversividade provocada por elas. Comportamento de fuga e/ou esquiva de pensamentos, sentimentos ou lembranças relacionados à mãe.

que o vínculo entre a terapeuta e a criança se fortalecia, foram inseridas atividades que tinham como objetivo fazer a criança identificar e descrever sentimentos avaliados por ela como aversivos (Fase 2 do tratamento, que durou, aproximadamente, quatro sessões). Também foram inseridas, nas atividades, palavras como "medo", "raiva", "saudade" e "tristeza", e a família foi orientada a incentivar e permitir a expressividade da criança, além de reforçar comportamentos adequados, envolvendo tentativas de enfrentamento para as situações de que ela descrevia sentir medo.

Na Fase 3 do tratamento (seis sessões), foram trabalhadas as dificuldades para descrever situações do cotidiano (agradáveis e aversivas) e para relacionar sentimentos avaliados pela criança como aversivos aos eventos do cotidiano. O diálogo a seguir é um exemplo de como a terapeuta, cuidadosamente, inseriu conversas sobre situações ou sentimentos aversivos, tendo como ponto de partida a própria interação terapêutica:

T: M, hoje eu tenho uma proposta bem legal para fazer com você (tentando estabelecer uma condição antecedente para que a criança participe da atividade). Eu também vou participar, ok? Eu tenho aqui dois cartões coloridos. Em um deles está escrito "coisa chata", e no outro, "coisa legal". Nós iremos sorteá-los e teremos que contar uma coisa legal e uma coisa chata que aconteceu ao longo da nossa semana, ok?

M: E se eu não lembrar da coisa chata? (tentando se esquivar da condição de relato sobre algo aversivo ou ruim.)

T: Ah, M, eu duvido que não tenha acontecido nada de chato na sua semana (com expressão de acolhimento). Na minha semana - não, no meu dia - às vezes, acontece um milhão de coisas chatas (tentando dar modelo para a criança e dessensibilizando-a). Não precisa me contar uma coisa "mega chata"... pode ser só uma coisa chatinha. Combinado? (Incentivando a participação da criança.)

M: Tá bom. Acho que de uma coisa chatinha eu lembro (aceitando participar da atividade).

A família também foi orientada sobre a necessidade de validar sentimentos de medo e de ser honesta com a criança, aceitando seus medos sem julgamentos e explicando por que ocorrem, para ajudá-la a alterar as regras que tinha construído em relação a eles, além do desenvolvimento de repertório alternativo para enfrentá-los.

Somente na Fase 4 do tratamento, que teve a duração de oito sessões – quando foram trabalhadas habilidades de tolerância em relação às emoções avaliadas pela criança como aversivas –, foi possível iniciar com a criança algumas conversas sobre a perda de alguém que ela tanto amava. Inicialmente, a terapeuta ajudou a criança a adquirir repertório adequado para compreender o que é a morte e expressar pensamentos e sentimentos, recebendo apoio e atenção. Foram utilizados alguns livros, como *Começo, meio e fim* (Beto, 2014). A criança, no início, estabeleceu relações com animais e elementos da natureza (p. ex., o ciclo de vida das borboletas), até que fosse possível a relação com as pessoas e a mãe. Nesse momento da intervenção, ela expressou para a terapeuta que tinha medo de ficar doente e morrer, da mesma forma que aconteceu com a mãe. A terapeuta validou o relato da criança, acolhendo seu sentimento de medo, porém foi honesta e verdadeira quando ela lhe perguntou se algumas crianças morrem. A terapeuta explicou que sim, que isso infelizmente poderia fazer parte da vida de algumas crianças, e que era muito triste quando acontecia. Também conversaram sobre os fatores de risco e proteção que poderiam aumentar ou diminuir a probabilidade de isso acontecer, e, ao final da interação, a criança relatou sentir alívio por ter contado algo que nunca havia dito a ninguém.

Outra intervenção foi utilizada quando M relatou que tinha medo de crescer e se esquecer da mãe. A terapeuta validou o sentimento de medo da criança, mas procurou ajudá-la a desenvolver um novo repertório, que valorizava o enfrentamento e o contato com as lembranças agradáveis para a manutenção da relação entre a mãe e o filho. A dinâmica utilizada foi chamada pela terapeuta de "Curativos para o coração" (Figura 9.2). Consistia em utilizar uma caixa de adesivos para curativos e, em cada adesivo, escrever uma atividade que ele e a mãe costumavam realizar juntos. Quando a criança sentisse saudade ou medo de esquecer a mãe, deveria sortear um curativo e realizar a atividade proposta, prestando atenção em suas emoções. Algumas das atividades foram realizadas em contexto terapêutico, e a criança relatou, inicialmen-

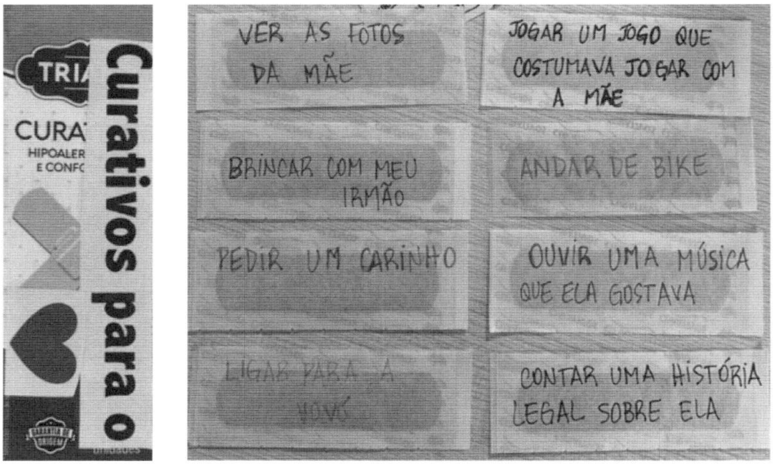

Figura 9.2
Imagens de estratégia lúdica utilizadas durante a intervenção com a criança.

te, sentir medo ou tristeza. A terapeuta a incentivou a continuar, ajudando-a a tolerar os sentimentos avaliados por ela como negativos, e, à medida que ela permanecia na atividade, a terapeuta descrevia os seus comportamentos de enfrentamento, valorizando sua coragem e determinação. Depois de algum tempo, a criança passou a relatar sentimentos de saudade e alegria quando lembrava da mãe ou fazia algo que gostava com ela. Também pediu para o pai para retornar para o futebol, uma vez que esta era uma atividade que costumava realizar na presença da mãe, que a acompanhava em todos os treinos.

Durante a Fase 4 e o início da Fase 5 da intervenção, o cachorro de M ficou muito doente. Estava velho e, após algumas semanas, morreu. A família foi orientada pela T a permitir que M cuidasse dele, que o levasse com o pai ao veterinário e medicasse, e, quando o cachorro se foi, foram estabelecidas todas as condições para que a família, junto da criança, experienciasse todos os rituais (de acordo com o que acreditavam) referentes à perda do animal, evitando o uso de metáforas que de alguma forma pudessem confundir a criança. M colocou seu bichinho em uma caixinha de madeira, que comprou com o pai, e escreveu uma cartinha, que fez junto com a terapeuta, para que ele (o cachorro) levasse para a sua mãe. Na cartinha, escreveu que sentia muita saudade e que pensava nela todos os dias. A morte do cachorro permitiu que M aprendesse comportamentos alternativos para enfrentar situações aversivas ou semelhança funcional com a situação original. Algumas semanas depois, M pediu ao pai para ver o local onde a mãe estava (cemitério) e pediu para a terapeuta ir com ele até lá. A terapeuta, junto da família, visitou o túmulo da mãe e, com M, chorou emocionada e aliviada por perceber que a criança estava enfrentando, além da perda, sua maior dificuldade: seguir em frente e permitir-se ter o direito a uma vida valorosa.

O processo de alta e de *follow up* foi estabelecido a partir do momento em que M passou a dormir sozinho em seu quarto, relatando que se sentia seguro e que conseguia enfrentar seus medos e dificuldades. Atualmente, M tem 20 anos. O pai construiu uma nova família e, todos os anos, no Dia das Mães, encaminha uma mensagem carinhosa para a terapeuta.

Considerações finais

Este capítulo pretendeu trazer a compreensão, a partir de aspectos teóricos e evidências científicas, de que perdas por morte de pessoas com quem se estabeleceu um vínculo importante – ou seja, uma interação geradora de reforços – produzem mudança comportamental significativa nas vidas daqueles que ficaram, uma vez que é factual a alteração drástica das contingências de reforçamento ocorrida nas vidas dessas pessoas. Buscou-se, também, neste capítulo, ampliar alguns olhares de relevância no que tange à prática clínica do atendimento ao enlutado, embora ainda exista importante preocupação com a produção de evidências com relação ao trabalho sobre luto. As lacunas ainda são perceptíveis, notadamente no que tange às práticas recomendadas para o luto complicado.

Pesquisas observaram que a formação do laço social, como um fenômeno psicológico, começou a ser explicada de maneira integrada e científica por Bowlby (Gomes, 2011). Segundo Bowlby (1951), é importante e necessário para o desenvolvimento emocional da criança que ela estabeleça uma relação íntima com sua mãe nos primeiros anos de vida. Na continuidade de suas pesquisas, o autor apresentou seu trabalho enfatizando os efeitos prejudiciais da separação materna no desenvolvimento infantil. Nesse estudo, encontrou evidências entre a intensidade da aflição de crianças ao serem separadas de suas mães e a extensão dos transtornos que apresentavam após regressarem.

Outros olhares sobre o fenômeno vínculo mostraram que este parece ter como função preservar o ser humano de possíveis contingências aversivas. Dessa forma, muito provavelmente será ele – o vínculo – a grande influência no modo de enfrentamento quando essa proteção é ameaçada por perdas traumáticas (no caso, a morte), que assolam significativamente a segurança do indivíduo e daqueles que são suas fontes de prazer e bem-estar – qual seja, o amor (Parkes, 2009).

Notadamente, para a teoria analítico-comportamental, o desenvolvimento do vínculo, na qualidade de um fenômeno psicológico, acontece a partir de comportamentos e características selecionados pela filogênese da espécie. Aqui, constatam-se a sensibilidade às consequências das respostas emitidas por dito organismo e, no *continuum* dessa sensibilidade, a história ontogenética, em que os comportamentos são selecionados por ambos os ambientes, o físico e o social. Tais questões acabam por vir ao encontro do entendimento de que o comportamento humano, no que se refere à forma de ser e de agir, é visto como selecionado por aspectos biológicos, pelas consequências das nossas próprias ações e pelos processos culturais. Dessa forma, o luto humano é visto como um processo resultante da relação que se estabelece entre o organismo e seu ambiente, e a influência desses aspectos estará presente nesse enfrentamento. E mais, o processo de seleção e variação por consequências modelará e moldará a maneira como cada ser humano reage à vida e, nesse caso, à morte; assim, o luto será determinado de acordo com o repertório comportamental do indivíduo, produzido pelos níveis de seleção expostos.

Vale ressaltar que compreender os fenômenos vínculo e luto a partir desse enfoque facilita, de maneira importante, a comunicação científica com as demais áreas de conhecimento no que se refere ao processo de enlutar-se, ao mesmo tempo que possibilita caminhos para reduzir o impacto negativo do luto na vida daqueles que aqui ficaram.

Assim, este capítulo, alinhando-se com estudos na área, procurou enfatizar as intervenções clínicas que possam auxiliar o enlutado no processo de resolução do seu luto, uma vez que ele precisará aprender formas de viver com a dor da perda, ao mesmo tempo que, nessa trajetória, será necessário encontrar outros propósitos que tornem a vida mais valiosa e com significados. *A priori*, as intervenções clínicas aqui descritas partiram de metas específicas, como impedir que o luto complicado se desenvolva ou mesmo se acentue, reduzindo, assim, a intensidade do sofrimento do enlutado ou melhorando as respostas patológicas ao luto, se estas já foram desenvolvidas, o que poderá reduzir sensivelmente os riscos à saúde a longo prazo.

Cabe ressaltar, ainda, que uma das funções do terapeuta nesse processo de enlutamento é buscar ferramentas baseadas em evidências clínicas que possam: a) auxiliar as pessoas enlutadas no sentido de diminuir a experiência de sua dor; b) enfatizar seus recursos e potencialidades; c) dar suporte, de forma especialmente cuidadosa e respeitosa, ao processo vivido pelo seu cliente, buscando um olhar ampliado e atento para a ressignificação da perda e, portanto, a continuidade da vida na ausência do ente querido.

Ao finalizar, é preciso que a comunidade científica esteja ciente do grande desafio que continua existindo para os profissionais que atuam na área do luto e, em especial, em casos de luto que se apresentam substancialmente intensos e estão associados a riscos de desenvolvimento de transtornos psicológicos e problemas fisiológicos, como o que se tratou neste capítulo.

Referências

Banaco, R. A., Nico, Y. C., & Kovac, R. (2013). A relação de casal frente aos novos padrões sociais. In C. Zeglio, I. Finotelli Jr., & O. M. Rodrigues Jr. (Orgs.), *Relações conjugais: Discutindo alternativas para melhor qualidade de vida* (pp. 17-26). Zagodoni.

Beto, F. (2014). *Começo, meio e fim*. Rocco.

Borges, N. B., Cassas, F. A. (2012). Glossário. In N. B. Borges, & F. A. Cassas (Orgs.), *Clínica analítico-comportamental: Aspectos teóricos e práticos* (pp. 294-310). Artmed.

Bowlby, J. (1951). Maternal care and mental health. *Bulletin of the World Health Organization, 3*, 355-533.

Bowlby, J. (1990). *Apego e perda* (Vol. 1, 2. ed.). Martins Fontes. (Obra original publicada em 1969).

Brandão, L. C., & Melo, M. H. S. (2020). O terapeuta analítico comportamental da infância. In A. S. U. Rossi, I. M. P. Linares, & L. C. Brandão (Orgs.), *Terapia analítico comportamental infantil* (pp. 27-37). Centro Paradigma Ciências do Comportamento.

Conte, F. C. S., & Regra, J. A. G. (2000). A psicoterapia comportamental infantil: Novos aspectos. In E. F. M. Silvares (Org.), *Estudos de caso em psicologia clínica comportamental* (Vol. 1, pp. 79-136). Papirus.

Del Prette, G. (2006). *Terapia analítico-comportamental infantil: Relações entre o brincar e comportamentos da terapeuta e da criança* [Dissertação de mestrado]. Universidade de São Paulo.

Dougher, M. J., & Hackbert, L. (2003). Uma explicação analítico-comportamental da depressão e um relato de um caso utilizando procedimentos baseados na aceitação. *Revista Brasileira de Terapia Comportamental e Cognitiva, 5*(2), 167-184.

Follette, W. C., Naugle, A. E., & Linnerooth, P. J. (1999). Functional alternatives to traditional assessment and diagnosis. In M. J. Dougher (Org.), *Clinical behavior analysis* (pp. 99-125). Context.

Fonseca, R. P., & Pacheco, J. T. B. (2010). Análise funcional do comportamental na avaliação e terapia com crianças. *Revista Brasileira de Terapia Comportamental e Cognitiva, 12*(1-2), 1-19.

Garmezy, N. (1985). Stress-resistant children: the research for protective factors. In J. E. Stevenson (Org.), *Aspects of Current Child Psychiatry Research*. Pergamon.

Golse, B. (1998). *O desenvolvimento afetivo e intelectual da criança* (3. ed.). Artmed.

Gomes, A. A. (2011). *A teoria do apego no contexto da produção científica contemporânea* [Dissertação de mestrado]. Universidade Estadual Paulista Júlio de Mesquita Filho.

Hayes, S. C., & Wilson, K. G. (1994) Acceptance and commitment therapy: Altering the verbal support for experiential avoidance. *The Behavior Analyst, 17*(2), 289-303.

Hoshino, K. (2006). A perspectiva biológica do luto. In H. J. Guilhardi, & N. C. Aguirre (Orgs.), *Sobre o comportamento e cognição: Expondo a variabilidade* (Vol. 17, pp. 313- 316). ESETec.

Keller, F. S., & Schoenfeld, W. N. (1968). *Princípios de psicologia*. Herder (Obra original publicada em 1950).

Kohlemberg, R. J., & Tsai, M. (2001). *Psicoterapia analítica funcional: Criando relações terapêuticas intensas e curativas.* ESETec.

Leonardi, J. L., Borges, N. B., & Cassas, F. A. (2012). Avaliação funcional como ferramenta norteadora da prática clínica. In N. B. Borges, & F. A. Cassas (Orgs.), *Clínica analítico-comportamental: Aspectos teóricos e práticos* (pp. 105-109). Artmed.

Lucena-Santos, P., Gouveia-Pintos, J., & Oliveira, M. S. (2015). Primeira, segunda e terceira geração de terapias comportamentais. In P. Lucena-Santos, J. Gouveia-Pinto, & M. S. Oliveira (Orgs.), *Terapias Comportamentais de terceira geração: Guia para profissionais* (pp. 29-58). Sinopsys.

Maia, J. M. D., & Williams, L. C. A. (2005). Fatores de risco e fatores de proteção ao desenvolvimento infantil: Uma revisão da área. *Temas em Psicologia, 13*(2), 91-103.

Mancini, A. D., Sinan, B., & Bonanno, G. A. (2015). Predictors of prolonged grief, resilience, and recovery among bereaved spouses. *Journal of Clinical Psychology, 71*(12), 1245-1258.

Matos, M. A. (1999). Análise funcional do comportamento. *Estudos de Psicologia, 16*(3), 8-18.

Oliveira, D. F. (2014). *Terapia do luto: Contribuições e reflexões sob a perspectiva da análise do comportamento* [Trabalho de conclusão de curso]. Universidade de São Paulo.

Oliveira, K. L., Noronha, A. P. P., Dantas, M. A., & Santarem, E. M. (2005). O psicólogo comportamental e a utilização de técnicas e instrumentos psicológicos. *Psicologia em Estudo, 10*(1), 127-135.

Oliveira, W. (n.d.). *Vínculo terapeuta-cliente: reflexões segundo uma posição analítico-comportamental.* ITECH.

Papalia, D. E., & Olds, S. W. (2000). *Desenvolvimento Humano.* Artmed.

Parkes, C. M. (2009). *Amor e perda: As raízes do luto e suas complicações.* Summus.

Queiroz, P. P., & Guilhardi, H. J. (2001). Integração de contingências em ambiente clínico e natural para o desenvolvimento de repertório de comportamentos e discriminação de sentimentos. In H. J. Guilhardi, M. B. B. P. Madi, P. P. Queiroz, & M. C. Scoz (Orgs.), *Sobre comportamento e cognição: Expondo a variabilidade* (Vol. 7, (pp. 453-475). ESETec.

Quinteiro, R. S. (2010). O medo de morte na infância: um estudo de caso. In A. C. C. R. de-Farias (Org.), *Análise comportamental clínica: Aspectos teóricos e estudos de caso* (pp. 321-333). Artmed.

Regra, J. A. G. (2000). Formas de trabalho na psicoterapia infantil: Mudanças ocorridas e novas direções. *Revista Brasileira de Terapia Comportamental e Cognitiva, 2*(1), 79-101.

Rossi, A. S. U., Linares, I. M. P., & Brandão, L. C. (2020). Introdução à terapia analítico comportamental infantil. In A. S. U. Rossi, I. M. P. Linares, & L. C. Brandão (Orgs.), *Terapia analítico comportamental infantil* (pp. 39-49). Centro Paradigma Ciências do Comportamento.

Saban, M. T. (2015). O que é terapia de aceitação e compromisso? In P. Lucena-Santos, J. Gouveia-Pinto, & M. S. Oliveira (Orgs.), *Terapias Comportamentais de terceira geração: Guia para profissionais* (pp. 179-216). Sinopsys.

Sampaio, T. P. A., & Roncati, A. C. K. P. (2012). Algumas técnicas tradicionalmente utilizadas na clínica comportamental. In N. B. Borges, & F. A. Cassas (Orgs.), *Clínica analítico-comportamental: Aspectos teóricos e práticos.* Artmed.

Silvares, E. F. M. (1995). O modelo triádico no contexto de terapia comportamental com famílias. *Psicologia: Teoria e Pesquisa, 11*(3), 235-241.

Skinner, B. F. (1953). *Science and human behavior.* MacMillan.

Skinner, B. F. (1978). *O comportamento verbal.* Cultrix. (Obra original publicada em 1957).

Skinner, B. F. (2003). *Ciência e comportamento humano* (11. ed.). Martins Fontes. (Obra original publicada em 1953).

Stroebe, M., & Schut, H. (2001). Meaning making in the dual process model of coping with bereavement. In R. A. Neimeyer (Ed.), *Meaning reconstruction & the experience of loss.* APA.

Torres, N. (2010). Luto: A dor que se perde com o tempo (...ou não se perde?). In M. R. Garcia, P. R. Abreu, E. N. P. Cillo, P. B. Faleiros, & P. Piazzon (Orgs.), *Sobre comportamento e cognição: Terapia cognitivo comportamental* (Vol. 27, pp. 385- 393). ESETec.

Torres, N. (2020). *Vivenciar um adeus sem despedida: A dor do luto na COVID-19 (Parte 1).* https://comportese.com/2020/07/27/vivenciar-um-adeus-sem-despedidas-a-dor-do-luto-na-covid-19-parte-i.

Tourinho, E. Z. (1999). Privacidade, comportamento e o conceito de ambiente interno. In R. A. Banaco (Org.), *Sobre comportamento e cognição: Aspectos teóricos, metodológicos e de formação em análise do comportamento e terapia cognitivista* (2. ed., Vol. 1, pp. 217-229). ARBytes

Waller, A., Turon, H., Mansfield, E., Clark, K., Hobden, B., & Sanson-Fisher, R. (2016). Assisting the bereaved: A systematic review of the evidence for grief counselling. *Palliative Medicine, 30*(2), 132-148.

Worden, J. W. (2013). *Aconselhamento do luto e terapia do luto: Um manual para profissionais da saúde mental* (4. ed.). Roca.

Leitura recomendada

Nascimento, D. C., Nasser, G. M., Amorim, C. A. A., & Porto, T. H. (2015). Luto: uma perspectiva da teoria analítico-comportamental. *Psicologia Argumento, 33*(83), 446-458.

Capítulo 10

O atendimento a pacientes em cuidados paliativos – o que a análise do comportamento tem a dizer

Flávia Nunes Fonseca
Lorena Bezerra Nery

A Psicologia da Saúde constitui campo de contribuição da Psicologia que surgiu em consonância com o movimento de ampliação do conceito de saúde, em que se propõe o modelo biopsicossocial e observa-se cada vez mais um afastamento do modelo biomédico. Isso significa a mudança de foco de uma visão redutora e puramente biológica da saúde para uma perspectiva global e integral do indivíduo, que considera a saúde mais do que puramente ausência de doença. Partindo da perspectiva biopsicossocial, portanto, a Psicologia da Saúde busca investigar o papel das variáveis psicológicas sobre a manutenção da saúde e o desenvolvimento de doenças, bem como comportamentos associados à promoção da saúde e ao adoecimento. Nesse sentido, para uma análise adequada, torna-se imprescindível levar em consideração fatores sociais, culturais e ambientais (Almeida & Malagris, 2011).

O perfil demográfico do Brasil e de outros países, principalmente da América, da Europa, da Oceania e parte da Ásia, tem-se modificado nos últimos anos em decorrência de fatores como o processo de urbanização, as medidas de saúde pública, os avanços da ciência e da medicina e a adoção de novos estilos de vida. A mortalidade infantil tem diminuído, ao passo que se observam o aumento da expectativa de vida da população e uma mudança do perfil de morbimortalidade: há diminuição da incidência de doenças infectocontagiosas e da mortalidade relacionada a elas, bem como aumento da frequência de doenças cardiovasculares, neoplasias e doenças crônico-degenerativas e de óbitos causados por essas enfermidades (Instituto Nacional de Câncer [INCA], 2014; Prata, 1992). Dessa maneira, o desenvolvimento da medicina moderna, com novas terapêuticas e métodos diagnósticos, tem contribuído para que se viva por mais tempo com condições crônicas e, por vezes, avançadas. Experiências prolongadas de adoecimento envolvendo limitações e dependência antes da morte também têm-se tornado cada vez mais frequentes (Agar & Phillips, 2015; Payne & Lynch, 2015).

Diante das atuais perspectivas e dos novos desafios ao trabalho desenvolvido nos contextos de saúde, há diferentes possibilidades de atuação para o psicólogo da saúde, e os cuidados paliativos são uma área em ascensão. De acordo com a Organização Mundial da Saúde (OMS), cuidado paliativo é definido como uma abordagem que melhora a qualidade de vida de pacientes e familiares que enfrentam problemas associados a doenças que ameaçam a vida por meio da prevenção e do alívio do sofrimento. Para atingir esse objetivo, é necessário buscar identificação precoce, avaliação correta e tratamento da dor e de outros problemas físicos, psicossociais ou espirituais (World Health Organization [WHO], 2002).

Trata-se de uma abordagem em equipe multiprofissional, em caráter interdisciplinar, e o psicólogo é apontado como profissional integrante da equipe mínima de cuidados paliativos no Brasil (Academia Nacional de Cuidados Paliativos [ANCP], 2012; Maciel, 2012). Ademais, levando-se em consideração as mudanças no perfil demográfico da população e os aspectos epidemiológicos anteriormente apontados, verifica-se que demandas relacionadas a enfrentamento do adoecimento, finitude da vida e luto cada vez mais fazem parte do contexto de atuação também do psicólogo clínico (p. ex., Alckmin-Carvalho & Pereira, 2019).

Dessa forma, justifica-se a importância da abordagem dos temas adoecimento, qualidade de vida, cuidados paliativos e morte sob a perspectiva da Análise do Comportamento. Este capítulo tem como objetivo apresentar discussão da temática tendo como base conceitos basilares do Behaviorismo Radical e propor possíveis estratégias de intervenção fundamentadas na Terapia Analítico-comportamental. Assim, espera-se fornecer subsídios para analistas do comportamento que atuem tanto no contexto da Psicologia da Saúde como no da Psicologia Clínica.

Cuidados paliativos

A despeito dos avanços tecnológicos que levaram ao aperfeiçoamento dos cuidados médicos e à potencialização de seus resultados, algumas enfermidades ainda envolvem condições que resultam em morte. Os cuidados paliativos apresentam-se como uma abordagem holística direcionada a pacientes de todas as idades que experimentam sofrimento intenso relacionado à sua condição de saúde, proveniente de doença grave, especialmente (mas não exclusivamente) a pessoas em final de vida. Uma doença grave pode ser caracterizada como uma condição em que há alto risco de morte, impacto negativo na qualidade de vida e na funcionalidade e/ou sobrecarga em termos de sintomas, tratamentos ou estresse do cuidador (Radbruch et al., 2020). São abrangidos diferentes cenários de cuidado: atendimento domiciliar, ambulatorial ou hospitalar. O paradigma dos cuidados paliativos é o cuidado, e não a cura (Rodrigues, 2004).

Nesse contexto, destaca-se a importância do cuidado humanizado e individualizado aos pacientes e às suas famílias. A abordagem dos cuidados paliativos está baseada em princípios, e não em protocolos. Trabalha-se no sentido de oferecer suporte para que pacientes possam viver da forma mais ativa possível até sua morte, o que demanda avaliação e intervenção para controle de problemas e sofrimento em todas as dimensões: física, psicológica, social e espiritual. Respeitam-se os valores e a autonomia dos pacientes, e a comunicação eficaz é priorizada para que seja possível a tomada de decisão e o estabelecimento de objetivos terapêuticos adequados. Não se pretende propor intervenções que venham a adiar ou acelerar a morte, reconhecendo-se, assim, a morte como um processo natural. A proposta de cuidado deve incluir o apoio às famílias para o desenvolvimento de estratégias de enfrentamento durante o tratamento do paciente e diante da perda do ente querido (Arantes, 2020; Matsumoto, 2012; Radbruch et al., 2020; Sepúlveda et al., 2002).

Atualmente, busca-se combater a visão de que cuidados paliativos são indicados "quando não há mais nada a fazer". Reconhece-se que os princípios dos cuidados paliativos deveriam ser colocados em prática o mais cedo possível no caso de qualquer doença crônica ameaçadora da vida. Essa mudança de concepção está relacionada à compreensão de que problemas no fim da vida têm sua origem no início da trajetória da doença. Sintomas ou outros problemas não tratados precocemente serão mais difíceis de ser atenuados ou solucionados no fim da vida (Sepúlveda et al., 2002). Fica evidente, pois, a importância da atuação dos profissionais de saúde no sentido de identificar as necessidades dos pacientes em cuidados paliativos. Dessa maneira, é possível planejar um apoio mais adequado, com possibilidade de identificar e prevenir dificuldades. A seguir, serão abordados aspectos psicológicos relevantes no contexto do atendimento a pacientes em cuidados paliativos.

As dimensões do sofrimento

Em circunstâncias de adoecimento, paciente e familiares se deparam com perdas em diferentes níveis com as quais é preciso lidar sem muitas vezes haver repertório comportamental compatível para responder às mudanças. Em termos biológicos, uma doença avançada pode levar a deterioração física, perda de funções e prejuízos cognitivos, por exemplo. Sintomas físicos mal controlados estão intimamente relacionados a *distress* psicológico, caracterizado por uma ampla gama de reações emocionais. As emoções podem variar entre manifestações avaliadas como compatíveis com o contexto e sintomas mais severos e clinicamente significativos que atendem a critérios diagnósticos principalmente para transtornos de ajustamento, ansiedade ou depressão. Relatos de desejo de antecipar a morte e ideação suicida podem ser observados e merecem atenção, pois, muitas vezes, caracterizam-se como expressão de sofrimento não paliado (Cherny, 2015; Mehnert, 2015). Um dado interessante é que frequentemente há redução de sintomas psiquiátricos à medida que se obtém controle adequado da dor (Mystakidou et al., 2006).

Para além disso, considerando a dimensão social, é possível identificar outras mudanças concretas, como demissão do emprego/perda da capacidade laboral e redução do poder aquisitivo. Há interrupção de planos e sonhos concomitantemente à drástica mudança de rotina, com maior tempo gasto em atividades relacionadas ao cuidado com a saúde (consultas, exames, internações), sendo necessário o envolvimento em tomada de decisões quanto a escolhas de tratamento e manejo da doença. Faz-se necessário compreender que tais perdas se relacionam a questões que vão além do material. O contexto envolve experiências de dependência e redução da autonomia, as quais trazem mudanças nos papéis ocupacionais desempenhados, bem como grandes transformações nas relações sociais com amigos e familiares (Matsumoto, 2012; Mehnert, 2015; Rodríguez-Prat et al., 2019; Strada, 2018). No que se refere aos possíveis impactos nas relações, de acordo com Arantes (2019), o adoecimento pode levar a um contexto de desgaste ou de fortalecimento dos vínculos afetivos ao longo das diferentes etapas da doença e do tratamento. Assim, dependendo das funções que a pessoa exerce na família e em seus círculos sociais, momentos importantes serão marcados por vínculos bons ou ruins, fáceis ou difíceis, de amor, de tolerância ou de ódio. Desse modo, as experiências afetivas que o paciente terá ao longo do processo de adoecimento afetarão também pessoas próximas, e a rede de apoio poderá facilitar ou dificultar sua adaptação às transformações demandadas nesse momento de sua vida.

Além da atenção às diversas perdas e às novas demandas associadas ao adoecimento, a compreensão da dimensão psicológica do sofrimento passa pela identificação da avaliação e da atribuição de significado pelo paciente e pela família sobre o diagnóstico, o prognóstico, a experiência de estar doente e a proximidade da morte. É preciso, ainda, conhecer a história pregressa de cada indivíduo vinculada a questões de saúde e doença. A literatura elenca reações emocionais frequentemente observadas nesse cenário, o que se mostra relevante como ponto de partida para a avaliação dos casos particulares atendidos. São apontadas como reações comuns: tristeza, raiva, angústia, desesperança, sentimento de inutilidade, de desvalorização, de perda da identidade e de perda de dignidade. São descritos, ainda, medos e preocupações relacionados a diferentes questões: sofrimento ou causar sofrimento aos entes queridos, dor, abandono, solidão, dependência, não ter suas decisões respeitadas, ser visto como vulnerável ou fraco, bem como medo da morte em si e do que acontece após a morte (Mehnert, 2015; Rodríguez-Prat et al., 2019; Saporetti et al., 2012; Strada, 2018).

Dessa maneira, identifica-se a necessidade de explorar ainda o sofrimento em âmbito espiritual. Apesar de ser fato que faz parte do cotidiano, a morte tem potencial para gerar angústia, visto que tem entre seus atributos mistério e incerteza (Caputo, 2008; Kovács, 1992). Arantes (2019) destaca que, diante do diagnóstico de uma doença grave e incurável, a perspectiva da morte anunciada traz a possibilidade potencializada de elaboração do sentido da própria vida, mas também pode trazer sofrimento na hipótese de não haver tempo suficiente para se encontrar esse sentido. Nesse contexto, frequentemente o indivíduo busca a essência da vida, um propósito que torne valorosa a sua existência e a sua história, à medida que ela se aproxima do fim. Contudo, nesse processo de busca, os pacientes podem apresentar *distress* relacionado a questões existenciais envolvendo ansiedade diante da perspectiva da morte, sensação de desapontamento, remorso, ruptura do senso de identidade, chegando até mesmo a questionamentos sobre o valor da continuidade da vida (Cherny, 2015; Kübler-Ross, 2003; Peres et al., 2007). Handzo e Puchalski (2015) sugerem categorias a serem investigadas na avaliação da dimensão espiritual: culpa, desesperança, preocupações sobre a morte e o pós-morte, conflito com o sistema de crenças, perda de fé ou dúvidas a respeito da fé até então praticada, preocupações sobre sentido e propósito da vida, preocupações acerca da relação com o divino, conflito entre as crenças religiosas e o tratamento indicado pela equipe de saúde, conflito/afastamento da comunidade religiosa.

Intervenções do psicólogo

O psicólogo tem papel fundamental no acompanhamento de pessoas com doenças que ameaçam a vida, tendo em vista a concepção de que não há um organismo biológico independente de fatores psicossociais (Nunes, 2012). Em cuidados paliativos, fala-se no conceito de dor total, que foi proposto por Cicely Saunders na década de 1960 e salienta a necessidade de se considerarem aspectos psicológicos, sociais e espirituais além dos fatores orgânicos para a compreensão da dor (Saunders, 1996). A atuação do profissional psicólogo precisa ser flexível e sensível às necessidades do paciente em cada momento, considerando, por exemplo, a fase da doença, o prognóstico, as limitações físicas e as restrições de tempo (no que se refere tanto à duração de cada atendimento como à duração do acompanhamento como um todo, que pode, inclusive, se resumir a um único encontro) (Mehnert, 2015; von Blanckenburg & Leppin, 2018). Além da psicoterapia, outros formatos de intervenção com a participação do psicólogo são possíveis: reuniões familiares, grupo de apoio a cuidadores, terapia breve, suporte e orientações à equipe de saúde (Nunes, 2012; Saporetti et al., 2012).

von Blanckenburg e Leppin (2018) realizaram uma revisão de literatura com o propósito de identificar os estudos mais recentes sobre intervenções psicológicas no contexto de cuidados paliativos. Os autores ressaltam que os protocolos não são claros sobre quais instrumentos de avaliação ou intervenções psicológicas são mais adequados para a utilização com esse público e que o campo de pesquisa sobre o impacto das intervenções utilizadas precisa ser mais desenvolvido. No que diz respeito à abordagem de sofrimento emocional, os estudos disponíveis demonstram efeitos que variam entre discretos e significativos no uso de intervenções baseadas em Terapia Cognitivo-comportamental e em *Mindfulness** para a redução de ansiedade e depressão. Questões espirituais e as relativas ao sofrimento existencial têm sido contempladas a partir de abordagens centradas no sentido** e na Terapia da Dignidade***. Houve destaque, ainda, para o uso de intervenções voltadas para o suporte social, discussões sobre o fim da vida e planejamento avançado de cuidados como estratégias possíveis para lidar com aspectos sociais relacionados ao sofrimento.

Mehnert (2015) descreve objetivos terapêuticos pertinentes em se tratando do acompanhamento de pacientes em cuidados paliativos. É destacado o foco no suporte para lidar com as emoções estressantes e na promoção de recursos e habilidades já existentes para o enfrentamento do adoecimento. Dessa maneira, possíveis objetivos terapêuticos incluem: desenvolvimento de estratégias de enfrentamento adaptativas, adequação da com-

* *Mindfulness* é uma forma de observar a própria experiência, de manter-se plenamente conectado com as experiências proporcionadas pelo momento presente. As práticas de atenção plena são realizadas na cultura oriental há séculos, frequentemente por meio de diferentes formas de meditação. Mais recentemente, diferentes métodos de exercitar a atenção plena têm sido adotados também na cultura ocidental devido aos seus notáveis benefícios psicológicos e às suas contribuições no tratamento de sintomas relacionados ao sofrimento emocional. As práticas de atenção plena não se restringem aos exercícios de meditação tradicionais, podendo ser realizadas durante as mais diversas atividades diárias, com foco em desenvolver, de forma livre de julgamentos, consciência da experiência proporcionada pelos eventos no momento em que eles acontecem, aceitação, desapego, conexão com o presente, auto-observação de pensamentos, sentimentos e sensações (Hayes et al., 2004; Hayes & Smith, 2005).

** Intervenções baseadas no sentido de que propõem a discussão aberta de temas existenciais e buscam fornecer suporte para que os pacientes enfrentem as perdas e o luto, redefinam objetivos de vida, reconheçam suas conquistas e lidem com arrependimentos relacionados a oportunidades perdidas no passado com o objetivo de promover um senso de sentido e propósito, bem como qualidade de vida. Exemplos de abordagens são a Psicoterapia Centrada no Sentido (Thomas et al., 2014) e a intervenção Manejando o Câncer e Vivendo com Sentido (CALM) (Rodin et al., 2018).

*** A Terapia da Dignidade tem como objetivo promover o bem-estar espiritual e emocional, a qualidade de vida e o senso de sentido e propósito a partir do foco na revisão e reflexão de eventos importantes da vida do paciente. Os resultados das entrevistas são compilados no formato de um documento, que pode ser composto por memórias, valores e mensagens, o qual é entregue para o paciente para que possa compartilhar com entes queridos (Chochinov et al., 2011; Mehnert, 2015).

preensão e das expectativas, fortalecimento das relações interpessoais, mobilização de recursos pessoais e familiares, redução do impacto de sintomas psicológicos (p. ex., ansiedade e depressão), manutenção de metas de vida, promoção de aceitação, preservação do senso de dignidade, identificação de sentido da vida, fortalecimento da autoestima, identificação de realizações e legado do paciente, redução de sentimento de isolamento e solidão, abordagem de sentimentos de dor e tristeza relacionados às perdas e às despedidas. Em concordância com o que foi descrito no estudo de von Blanckenburg e Leppin (2018), Mehnert (2015) aponta o uso da abordagem Cognitivo-comportamental, da Psicoterapia Centrada no Sentido, da Terapia da Dignidade e de intervenções baseadas em *Mindfulness*, adicionando ainda o uso de intervenções com relaxamento e visualização.

Após discussão das demandas frequentemente observadas e das intervenções psicológicas mais comumente descritas na literatura, serão apresentadas, a seguir, possibilidades de compreensão da temática com base nos princípios da Análise do Comportamento.

A visão da análise do comportamento

A Análise do Comportamento tem como objeto o estudo do comportamento, ou seja, das interações organismo-ambiente (Todorov, 1989). A causalidade, nessa perspectiva, é compreendida a partir de um modelo selecionista, segundo o qual, dentro de uma ampla faixa de possibilidades, os padrões comportamentais de cada indivíduo são selecionados, mantidos e fortalecidos por eventos antecedentes e consequentes. Dessa maneira, as explicações causais são dadas em termos de relações interativas entre o indivíduo e o ambiente. Essa visão considera a causalidade ao longo do tempo; portanto, não há um evento único ou uma causa que produz linear e diretamente um efeito comportamental, e sim relações funcionais, de modo que o comportamento é considerado uma variável dependente em relação aos eventos ambientais, os quais seriam variáveis independentes. Nesse sentido, o comportamento é função de condições ambientais. A probabilidade de ocorrência de um comportamento no futuro é determinada pelas condições contextuais antecedentes e consequências por ele produzidas (Chiesa, 2006; Fonseca & Nery; 2018; Marçal, 2010; Nery & Fonseca, 2018; Skinner, 1981; Todorov, 1989).

Denominam-se "contingências de reforço" as inter-relações decorrentes de pelo menos três aspectos: 1) a ocasião em que ocorre uma resposta; 2) a resposta; e 3) as consequências por ela produzidas. Segundo Skinner (2003), uma formulação adequada da interação entre um organismo e o ambiente deve conter esses três termos.

No contexto do modelo selecionista de causalidade, Moore (2008) propõe que, de acordo com a filosofia do Behaviorismo Radical, o ambiente seleciona características comportamentais da mesma forma que seleciona características morfológicas, segundo a noção de evolução pela seleção natural proposta por Darwin. Há três níveis de seleção do comportamento por suas consequências: o filogenético, o ontogenético e o cultural. No nível filogenético, são selecionados repertórios comportamentais inatos, importantes à sobrevivência da espécie em determinado ambiente. No nível ontogenético, por sua vez, o ambiente cria repertórios ou modifica repertórios existentes de comportamentos aprendidos ao longo da história de vida de cada indivíduo. A unidade de análise utilizada para descrever comportamentos individuais no nível ontogenético é a contingência de reforçamento, que mostra relações funcionais entre o comportamento operante e o ambiente com o qual o indivíduo interage. O operante é definido como um grupo de respostas, que podem ter topografias diferentes e que constituem uma classe funcional por produzirem uma consequência comum (Glenn, 2005). E, complementando, no que se refere ao nível cultural, comportamentos são selecionados quando o ambiente cria práticas culturais ou modifica aquelas já existentes (Skinner, 1981).

Uma análise do comportamento dos indivíduos diante do adoecimento e da possibilidade da morte envolve reflexões nesses três aspectos. A partir do diagnóstico de uma doença, há exposição das pessoas a diferentes tipos de estimulação aversiva, incluindo estímulos dolorosos e ameaças à integridade física, por exemplo. No que se refere ao nível filogenético, a eliciação de dor por determinados estímulos do ambiente e a sensibilidade dos indivíduos à dor são características selecionadas ao longo da evolução da espécie. A sensação dolorosa indica que há estimulação nociva ao organismo, e a sensibilidade à dor pode ter a função de proteção. Ademais, comportamentos de fuga e esquiva de estimulação aversiva têm valor adaptativo e foram importantes para a sobrevivência da espécie. Respostas reflexas que sinalizam desconforto por meio de choro, por exemplo, também foram selecionadas, na medida em que aumentariam a probabilidade de um bebê receber cuidados de adultos. Dessa forma, o aspecto filogenético contribui para a compreensão de determinadas respostas de pessoas doentes diante da estimulação aversiva relacionada ao adoecimento, desde alguns comportamentos reflexos até padrões comportamentais de fuga e esquiva (Conte, 2010; Hünziker, 2010; Pierce & Cheney, 2004; Skinner, 2003).

O aspecto filogenético, porém, não é suficiente para a Análise do Comportamento. Considerando o âmbito ontogenético, é preciso investigar de que forma a história de reforçamento individual influenciará a maneira como o adoecimento e a proximidade concreta da morte são enfrentados. Conforme sinalizado anteriormente, essa investigação envolve o levantamento de dados sobre a experiência prévia no que se refere a saúde, doença e sofrimento, bem como a linha de base, ou seja, o repertório comportamental inicialmente disponível para lidar com as demandas e perdas das contingências de adoecimento. Destaca-se, portanto, que, para cada indivíduo, a qualidade de vida no adoecimento e a dignidade ao morrer podem envolver aspectos diferentes: há quem aprecie estar cercado de pessoas queridas, outros preferem o afastamento de suas redes sociais no momento em que se deparam com a deterioração de sua saúde, optando, por exemplo, por dormir e/ou se isolar de contato com outras pessoas como forma de esquiva de enfrentar a própria finitude; alguns buscam atividades reforçadoras que podem ainda ser realizadas, como ler, ouvir música, encontrar amigos, conversar, comer coisas saborosas e até mesmo atividades prazerosas, mas que oferecem risco de agravamento de sua condição de saúde, como consumir álcool e tabaco; há também aqueles que se engajam na resolução de questões de ordem prática, por exemplo, documentos e preferências em relação ao velório/sepultamento. No que se refere ao ambiente, alguns preferem passar seus últimos dias em casa, outros se sentem mais seguros no contexto hospitalar (Kovács, 1998). A perspectiva da Análise do Comportamento propõe que as escolhas descritas são determinadas pela história de vida e pelas contingências de reforçamento atuais presentes no ambiente do indivíduo, caracterizando, portanto, o nível ontogenético. Dessa maneira, o que é importante/reforçador diante da possibilidade de uma morte próxima varia de pessoa para pessoa, e o profissional de Psicologia pode favorecer a identificação e a expressão de preferências, gostos e decisões pelo paciente, contribuindo, assim, para que exerça papel ativo em seu próprio processo de adoecimento e morte (Nery & Fonseca, 2018, 2019).

Anteriormente, apresentou-se ampla descrição das mudanças envolvidas em um contexto de adoecimento. São diversas perdas que podem ser caracterizadas como modificações no contexto ambiental, frequentemente atreladas a um processo de extinção diante da perda de uma fonte de reforçadores. Espera-se um impacto mais ou menos significativo, a depender de fatores como a presença de fontes alternativas de reforço e de repertório comportamental para acessar novas fontes (Fernandes & Lopes, 2010; Hoshino, 2006; Torres, 2010). Em adição, é possível identificar privação e estimulação aversiva como características do contexto das doenças ameaçadoras da vida, as quais podem exercer a função de operações estabelecedoras/motivadoras, ou seja, estímulos antecedentes que podem alterar momentaneamente a efetividade reforçadora de um evento ambiental e evocar os comportamentos que o produzem (Michael, 1982, 1993; Miguel, 2000). Na Análise do Comportamento, esse conceito é relacionado ao de motivação. Especificamente no contexto em análise, verifica-se que essas operações motivadoras evocam comportamentos, por exemplo, busca por aproximação de amigos e familiares, e alteram o valor reforçador de eventos consequentes, como o contato com essas pessoas. Complementando, Björk et al. (2005) afirmam que estudos na área da saúde indicam que pacientes, familiares, amigos e profissionais, ao se depararem com a aproximação inevitável e concreta da morte, frequentemente passam a refletir sobre o que é mais importante na vida, de modo que novas prioridades são estabelecidas. Nesse contexto, o contato com familiares e outras pessoas queridas, muitas vezes, torna-se ainda mais importante do que era antes. Assim, estar com a família é um desejo comumente apontado como prioritário por pacientes. Ademais, outro pedido frequente se refere a uma organização que permita ao paciente retornar para sua cidade de origem, onde há a possibilidade de rever pessoas do passado, visitar locais importantes em sua história de vida e se engajar em atividades reforçadoras características daquele local. De maneira semelhante, há pacientes que exprimem desejo de ir a um lugar significativo (como a própria casa ou uma propriedade rural da família) para viver o tempo que lhes resta de vida em ambiente considerado por eles como reforçador.

Outra possibilidade é que o diagnóstico de doença em estágio avançado exerça a função de operação motivadora ao contribuir para que pacientes escolham realizar atividades em que gostariam de se engajar há tempos, mas que acabavam deixando para depois – por exemplo, investir as economias em uma viagem dos sonhos, conhecer pessoas e lugares novos, experimentar sabores diferentes, aventurar-se em relacionamentos intensos, declarar seu amor, perdoar e/ou pedir perdão, dedicar-se a um novo *hobbie*, engajar-se em conversas vulneráveis e profundas com pessoas significativas, escrever sobre as próprias experiências, praticar esportes radicais, resgatar relacionamentos antigos, transmitir valores e ensinamentos a familiares. Dessa maneira, a perspectiva de aproximação concreta da morte pode alterar o valor reforçador de determinadas atividades, reconfigurando a lista de prioridades da pessoa que recebe o diagnóstico e favorecendo escolhas compatíveis com essas novas prioridades.

Ademais, observa-se que o adoecimento e a morte podem se configurar como operações motivadoras não apenas para o comportamento do próprio doente, mas também para os comportamentos das pessoas próximas a ele. Assim, familiares e amigos podem se aproximar, de modo a vivenciarem da forma mais intensa possível a presença do ente adoecido. Frequentemente, buscarão aproveitar o tempo que resta como uma última oportunidade para viver algumas experiências, como aprender tradições de família, compartilhar histórias, relembrar vivências e memórias compartilhadas no passado, declarar sentimentos, revisitar fotografias, resolver pendências afetivas ou mesmo burocráticas/financeiras. Um exemplo ilustrativo envolveu o caso de uma mãe que, diante do agravamento de seu quadro de saúde, chamou sua única filha e lhe pediu que reservasse uma tarde para que pudesse lhe ensinar, em todos os detalhes, as receitas por ela preparadas de que a filha mais gostava. A mãe destacou que o preparo do alimento que as conectava e o contato com os sabores das receitas tradicionais da família seriam uma forma de perpetuar sua presença na vida da filha nos momentos de saudade após sua partida.

A aproximação concreta da morte pode, ainda, funcionar como operação motivadora ao potencializar a probabilidade e o valor reforçador de conversas cujo tema central é a finitude. Kovács (1998) destaca que indivíduos saudáveis, em geral, evitam falar sobre esse assunto, que costuma ter teor aversivo, desagradável. Contudo, diante de doenças de prognóstico ruim e do risco de morte, reflexões sobre o sentido da vida e as incertezas relacionadas à morte tornam-se, com frequência, extremamente relevantes para pacientes e familiares. Diante da importância de conversas que contemplem a temática da morte, o analista do comportamento pode trazer grande contribuição na medida em que consiga identificar a esquiva de familiares, que caracteriza o que a literatura aponta como "conspiração do silêncio"* e que pode intensificar o isolamento do paciente. Um caso ilustrativo dessa questão é a história de uma paciente que descreveu queixa de tristeza e decepção no que se refere ao seu papel de mãe, por considerar que seus filhos estavam distantes, que não compreendiam nem davam importância a sua condição de grave adoecimento sem possibilidade de cura. Diante da progressiva piora do seu estado de saúde, a paciente tinha preocupações com o aumento de sua dependência e com a perspectiva de que iria morrer antes de concretizar alguns sonhos. Todavia, sempre que se aproximava dos filhos para abordar o assunto, a reação deles era lhe dizer que não pensasse em coisas negativas e que logo ela iria ficar curada. Em atendimento individual com os filhos, eles descreveram acreditar que seu papel seria transmitir força para a mãe, o que, em termos de comportamentos, segundo sua avaliação, significava se esquivar do assunto morte, falar frases de incentivo e demonstrar fé na cura. Não discriminavam que assim estavam invalidando os sentimentos da mãe e punindo ou colocando em extinção a expressão de seus pensamentos sobre a morte. Dessa forma, assuntos relevantes deixavam de ser resolvidos, e decisões importantes eram adiadas. Diante desse cenário, foi importante que os filhos discriminassem que o significado de transmitir força para a mãe poderia envolver outros tipos de comportamento, como estar disponível para escutar, abordar o assunto morte e até mesmo compartilhar sentimentos e chorar junto com a mãe.

Programas de cuidados paliativos efetivos devem, portanto, contemplar a importância de que os profissionais da equipe recebam treinamento para aprimorar suas habilidades de se comunicarem com os pacientes e suas famílias e, também, de favorecerem uma comunicação de qualidade entre estes. A equipe multidisciplinar de saúde, por vezes, não pode evitar a morte, mas é responsável por fazer esse processo ocorrer da maneira mais pacífica e livre de sofrimento possível. Para atingir esse objetivo, além do controle vigoroso da dor e de todos os sintomas físicos pela equipe, destaca-se o papel fundamental do psicólogo ao contribuir no suporte para as demandas existenciais, emocionais e sociais do pacien-

* Situação em que mensagens ambivalentes são transmitidas entre equipe, família e pacientes com evitação da abordagem de temas como terminalidade e morte. Em geral, como justificativa para a esquiva, aponta-se a tentativa de proteção dos entes queridos de reações consideradas negativas, como depressão (Silva & Araújo, 2012).

te e de sua família, bem como na identificação de demandas no que se refere a repertórios comportamentais a serem desenvolvidos para favorecer sua qualidade de vida ao longo dos processos de adoecimento e morte (Contro et al., 2004; de-Farias et al., 2018; Goldman, 1998; Nery & Fonseca, 2019; Postovsky & Arush, 2004; Sales et al., 2008; Wolfe et al., 2000).

Além das questões filogenéticas e ontogenéticas anteriormente discutidas, é necessário considerar a influência do nível cultural na forma como o indivíduo lida com a terminalidade da sua vida, uma vez que o comportamento humano ocorre com frequência em contextos sociais. Segundo Skinner (2003), a origem do comportamento social está no fato de que um organismo é importante para o outro como parte de seu ambiente. O comportamento denominado "social" é o "comportamento de duas ou mais pessoas em relação a uma outra ou em conjunto em relação ao ambiente comum" (Skinner, 2003, p. 325).

Na perspectiva da Análise do Comportamento, a cultura consiste nas práticas cotidianas, comuns das pessoas. As práticas culturais são, muitas vezes, chamadas de "costumes" no sentido de que são comportamentos habituais de muitos indivíduos que fazem parte de uma comunidade, os quais que se repetem ao longo do tempo entre indivíduos de uma geração e entre gerações de indivíduos e produzem consequências. Assim, a cultura consiste na seleção de comportamento operante, verbal e não verbal, aprendido como resultado de se fazer parte de um grupo. Em uma cultura, o grupo programa consequências para os comportamentos de seus membros (Baum, 2006; Glenn, 1997, 2004).

Nesse contexto, há determinados padrões comportamentais esperados em relação ao adoecimento e à morte em cada cultura. Por um lado, há culturas em que a morte é tratada com naturalidade e até como motivo de celebração. No México, a morte é celebrada com alegria, cores, flores, oferendas de comidas, bebidas alcóolicas e caveiras de açúcar. Busca-se substituir sentimentos de dor, tristeza e saudade ocasionados pela morte por alegria e celebração. A festa mexicana do Dia dos Mortos exerce importante função de preparar as pessoas para a realidade da morte como parte inevitável e natural da vida (Lopez Villaseñor & Concone, 2012). Por sua vez, há outras culturas, por exemplo, em países africanos, em que há ritos fúnebres com regras complexas e duração de dias. Em Cabo Verde, os rituais abrangem tradições de influência europeia e elementos africanos. A manifestação pública das emoções, principalmente por parte das mulheres, é marca tradicional. Os lamentos fúnebres, o canto, o choro são minuciosamente codificados, havendo hora e lugar apropriados para sua apresentação ou intensificação. As demonstrações exteriores da dor, por vezes intensas e exageradas, têm importância ao exercerem função de simbolizar afeto em relação aos parentes enlutados, e simbolizam a valorização e a saudade do falecido (Saraiva, 1998).

Observa-se que há também padrões socialmente estabelecidos em relação a comportamentos esperados no contexto do adoecimento e da morte. Questões relacionadas ao significado da vida, da morte, da esperança, do amor, dos relacionamentos e do perdão surgem, portanto, com frequência quando se trata de pacientes com doenças sem perspectiva de cura ao lidarem com a aproximação da morte (Kübler-Ross, 2003). Em grande parte da cultura ocidental, frequentemente há expectativas de comoção do ambiente social em torno do doente: espera-se que amigos e familiares estejam presentes principalmente para acompanhar o paciente em seus momentos finais, que haja reconciliação em casos de desavença, que haja mais expressão de afeto, que as pessoas demonstrem sofrimento pela despedida do ente querido, que todos se tornem mais tolerantes e compreensivos com o doente. Complementando, as mídias televisivas constituem outro contexto cultural que frequentemente contribui para uma perspectiva romantizada da morte, com modelos ilustrados em novelas e filmes em que o processo de morrer é retratado de forma bela, poética e envolve o resgate e/ou o aprofundamento de relações significativas, como nos filmes *A culpa é das estrelas* (Bowen et al., 2014), *Um amor para recordar* (Di Novi et al., 2002), *Minha vida sem mim* (Almodóvar & Coixet, 2003), *Lado a lado* (Columbus, 1999), *Antes de partir* (Zadan et al., 2007) e *As invasões bárbaras* (Louis et al., 2003).

Faz-se relevante destacar que grande parte dos comportamentos socialmente aceitos em uma cultura é aprendida por meio de regras (p. ex., conselhos, leis, instruções, orientações, julgamentos de valor, histórias, provérbios, mitos, relatos de tradições e do folclore, músicas). Trata-se de estímulos verbais que descrevem ou especificam relações de contingência, ou seja, relações de dependência entre eventos ambientais ou entre eventos ambientais e comportamentos (Baum, 2006; Skinner, 1974). As diferentes funções das regras no contexto da saúde são um aspecto a ser considerado no que se refere ao processo de adoecimento e de morte. Uma regra comum é a de que, antes de morrerem, as pessoas devem encontrar um sentido para a sua vida, e outra regra relacionada a esta é a de que uma vida com sentido/valor deve ser produtiva e envolver necessariamente um legado. Em outras palavras, o homem deve deixar a sua marca antes do fim de sua vida. Essa regra com frequência se relaciona ao sofrimento identificado como espiritual. Existem falas de pacientes que sinalizam controle por esse tipo de regra. Uma paciente apresenta a queixa "por que desperdicei minha vida?". Ela não se casou, estudou até completar o ensino médio e trabalhou na maior parte de tempo em empregos diversos por períodos curtos. Precisou de ajuda financeira dos irmãos e, assim, disse ter se dedicado a ajudar a cuidar de vários sobrinhos, não por prazer, mas por necessidade pela dependência financeira que tinha da família. Agora, aos 63 anos, seus sobrinhos estão adultos, e ela descreve sentimento de solidão, a percepção de que não tem realizações em sua vida e não se dedicou a nada que realmente lhe desse prazer. Adicionalmente, a paciente acredita já não ter mais tempo para modificar as contingências atuais.

Observa-se, a partir desse trecho, que a regra de que uma vida com sentido/propósito deve ser produtiva especifica que a pessoa deve se engajar em comportamentos (p. ex., casar-se, ter filhos, bom desempenho em atividades profissionais, artísticas e/ou esportivas; atividades de caridade que tenham impacto social) que levem ao cumprimento de resultados/objetivos socialmente estabelecidos (consequências), e, uma vez que sejam atingidos esses critérios, há também um reconhecimento social (consequência) que pode contribuir para um efeito de maior serenidade diante da aproximação da morte. Por sua vez, os efeitos podem ser de angústia, culpabilização, desapontamento, frustração e arrependimento caso haja uma avaliação, por parte do indivíduo, ao fim da vida, de que suas escolhas não produziram esses resultados, como exemplifica o caso da paciente.

Dessa maneira, as regras especificam o que se deve ou não fazer, em quais condições e quais serão as prováveis consequências (Skinner, 1987). A despeito de seu papel facilitador na aquisição de repertórios, regras frequentemente podem ser inacuradas, isto é, incoerentes em relação às contingências em vigor, ou podem ser excessivamente simplórias, negligenciando a complexidade de determinadas contingências, o que pode favorecer o estabelecimento de repertórios comportamentais pouco adaptativos ao se seguirem essas regras. Ademais, quando há uma mudança nas contingências, de modo que determinada regra não corresponda mais às contingências em vigor, o comportamento governado por regras pode permanecer de acordo com a regra, levando mais tempo para se adaptar às novas contingências do que o comportamento diretamente modelado pelas contingências de reforço e punição (p. ex., Paracampo et al., 2001; Rosenfarb et al., 1992). Portanto, embora facilitem a aquisição, as regras podem favorecer a insensibilidade do comportamento a mudanças nas contingências. No contexto da saúde, algumas regras inacuradas podem influenciar os comportamentos tanto da equipe como de familiares e do próprio paciente.

Um exemplo interessante de controle por regras inacuradas ou simplistas em relação à complexidade das contingências envolveu a postura de uma profissional de saúde ao se deparar com o adoecimento repentino de sua mãe. Diante do diagnóstico de câncer metastático, ela propôs que a mãe participasse de um estudo clínico, apesar de seu prognóstico ruim e dos prováveis efeitos colaterais que comprometeriam sua qualidade de vida. Como justificativa para as decisões que tomava pela mãe, a médica afirmava repetidamente: "É meu papel lutar pela vida da minha mãe até o fim, eu não posso desistir". Assim, suas escolhas ficaram sob controle da regra de que seu papel, como boa filha e boa médica, era prolongar a vida da mãe a todo custo. A mãe, por sua vez, tinha receio de confrontar a filha e magoá-la, especialmente por sua inquestionável qualificação como profissional de saúde. Dizia aos membros da equipe: "Quando eu morrer, ela precisa saber que fez tudo o que podia por mim", abrindo mão, assim, de sua autonomia na tomada de decisões relativas ao próprio tratamento. Como previsto, o tratamento experimental não produziu resultado curativo e gerou uma série de efeitos adversos que prejudicaram o bem-estar, a autonomia e a disposição da mãe, inclusive para se relacionar com a filha, comprometendo a qualidade do tempo que ainda tinham juntas.

Observa-se, a partir desse exemplo, que, para a família, para o próprio paciente e até para alguns profissionais de saúde, a proposta de cuidados paliativos pode significar que a equipe deixará completamente o tratamento e abandonará o paciente, deixando-os desamparados até a chegada da morte. Essa regra pode levar paciente e familiares a adotarem uma postura resistente diante da equipe que propõe a abordagem dos cuidados paliativos. Assim, uma regra comumente observada nesse contexto é a de que a vida deve ser preservada a todo custo, o que também contribui para maior resistência à proposta dos cuidados paliativos, que são erroneamente classificados como uma forma de restrição dos cuidados adequados ao paciente, de forma a abreviar sua vida. A partir dessa regra, para a família, aceitar os cuidados paliativos significaria desistir do paciente, o que poderia se relacionar a sentimento de culpa e dúvida sobre a possibilidade de obter um resultado diferente caso os tratamentos com objetivos curativos fossem mantidos. Dessa maneira, uma compreensão mais acurada tanto do prognóstico quanto do significado de cuidados paliativos pode alterar as metas do tratamento e as expectativas do paciente e dos familiares, levando, portanto, a um atendimento mais efetivo e adequado às necessidades reais de cada caso (Steinhauser et al., 2001; Wolfe et al., 2000).

Destaca-se que a equipe tem papel fundamental nesse momento, pois cabe aos profissionais estabelecer comunicação eficaz no sentido de esclarecer a proposta dos cuidados paliativos e contribuir para desconstruir mitos (regras inacuradas) sobre o tema. Daí a importância do investimento em educação para os profissionais de saúde, já que não será possível oferecer um acompanhamento apropriado ao paciente enquanto não haja formação adequada e conhecimento sobre cuidados paliativos. O que se observa é que ainda há profissionais da saúde que contribuem para a difusão de regras inacuradas sobre cuidados paliativos, como "não há mais nada que se possa fazer pelo seu ente querido, por isso ele será encaminhado para o nosso programa de cuidados paliativos", "nossa missão, como profissionais de saúde, é salvar vidas", "não é nosso papel desistir de nossos pacientes". Assim, regras simplistas ou pouco coerentes com a complexidade das contingências envolvidas na proposta dos cuidados paliativos ainda fazem parte do discurso de alguns profissionais.

No contexto da análise sobre o papel das regras, há também os julgamentos de valor, definidos por Baum (2006) como regras (estímulos verbais) que descrevem relações últimas que são sociais, ou seja, julgamentos de valor se referem ao comportamento verbal que envolve noções como "bom" e "mau", "certo" e "errado". Um aspecto extremamente relevante é que a cultura ensina as pessoas a valorizarem determinados ideais, símbolos e padrões. A socialização de valores ocorre quando um indivíduo recebe aprovação contingente a comportamentos considerados socialmente aceitos (reforçamento) e censura contingente a comportamentos inaceitáveis (punição). Há, portanto, um condicionamento social que favorece que a maioria das pessoas se comporte de acordo com os valores de sua comunidade (Pierce & Epling, 1997). Dessa maneira, reforços sociais, bem como estímulos aversivos contingentes a determinadas maneiras de se comportar em relação ao adoecimento e à possibilidade concreta da morte próxima, caracterizam os padrões estabelecidos por uma cultura quanto aos papéis* que devem ser desempenhados em relação ao fim da vida, assim como o que é valorizado socialmente no que se refere aos comportamentos de pessoas que convivem com pacientes nessa situação.

A atuação do psicólogo é fundamental para a identificação de tais julgamentos de valor que podem vir por parte do paciente, de familiares e mesmo da equipe. A título de exemplo, identifica-se o julgamento sobre o "bom profissional de saúde": aquele que não desiste de seu paciente, que utiliza todos os recursos disponíveis e que deve lutar contra a morte, como no exemplo em que a profissional de saúde, que também era filha da paciente na situação descrita, insistiu na realização de um tratamento agressivo para a doença da mãe, apesar de os riscos se sobreporem aos benefícios, sob o argumento de que os profissionais não deveriam desistir de sua mãe, uma vez que salvá-la era a sua responsabilidade. Verifica-se que essa perspectiva se relaciona a regras inacuradas sobre cuidados paliativos, discutidas anteriormente.

Há também o modelo de "bom e mau paciente": se há questionamentos, dificuldade de compreensão, demonstração de reações emocionais e choro, frequentemente o paciente passa a ser visto pela equipe como uma pessoa difícil, como alguém que está em negação da sua realidade. Espera-se, ainda, que o paciente demonstre gratidão e se comporte de forma cordial em relação aos cuidadores e que esteja disposto a abordar diretamente assuntos relacionados à sua morte, perdoar e pedir perdão. De maneira semelhante, há comportamentos esperados do "bom familiar ou cuidador": está sempre presente e disponível para atender a todas as necessidades de quem está doente com paciência e amor. Esse julgamento de valor não leva em consideração a história do relacionamento, a qualidade do vínculo e as diferentes razões possíveis para se estar no papel de cuidador. Por exemplo, há cuidadores que descrevem vínculo fortalecido com a pessoa doente e informam sobre a escolha de ter papel ativo nos cuidados a ele; por sua vez, existem histórias de vínculos frágeis entre pacientes e cuidadores, experiências traumáticas do passado (p. ex., abuso, abandono) envolvendo a relação e, no presente, pressão de terceiros ou outros mecanismos de controle (como retorno financeiro) para que o indivíduo exerça o papel de cuidador. As palavras usadas pelos cuida-

* Neste trabalho, a expressão "papéis" é utilizada em termos de repertórios ou padrões comportamentais socialmente estabelecidos.

dores ao descreverem a rotina com o paciente podem indicar se as atividades de cuidado desempenhadas são interpretadas como escolha ou como obrigação. Exemplificando, o uso dos verbos "devo", "preciso" e "tenho que", ao falar sobre o papel de cuidador, podem sugerir conotação de obrigação, isto é, as funções podem ser desempenhadas como forma de evitar contato com estímulos aversivos, como críticas sociais, julgamentos, cobranças de familiares ou de terceiros, ao passo que os verbos "quero", "gostaria" "preocupo-me com" indicam que as funções podem ser desempenhadas pelas características reforçadoras estabelecidas na relação de cuidado, ou seja, por reforçamento positivo (de-Farias, comunicação pessoal, 26 de abril, 2017). Julgamentos de valor nesse sentido perdem de vista as contingências atuais e históricas que influenciam a forma como cada paciente e familiar irá se comportar diante da sua situação de adoecimento.

O conceito de agências controladoras, proposto por Skinner (2003) ao analisar o comportamento de pessoas em grupo, também é relevante no que se refere à compreensão do nível cultural de variação e seleção. Essas agências são mais organizadas do que o grupo como um todo e manipulam conjuntos específicos de variáveis de forma a obter um efeito sobre os indivíduos do grupo. O autor descreveu governo, religião, economia, educação e psicoterapia como exemplos de agências de controle. De acordo com ele, no que se refere à religião, o controle deriva de uma suposta conexão com o sobrenatural. A descrição do que é o céu e o inferno pode variar de cultura para cultura, mas envolve sempre reforçadores poderosos. Nesse contexto, o comportamento é classificado como "moral" e "imoral", "virtuoso" e "pecaminoso", "bom" e "mau". O alcance do poder da agência religiosa depende do grau de eficiência do condicionamento de certos reforçadores verbais, em especial a promessa do céu e a ameaça do inferno. Dessa forma, o risco de perder o acesso ao céu (ausência da consequência reforçadora positiva) ou a condenação ao inferno (consequência punitiva) é contingente ao comportamento pecaminoso; já o comportamento virtuoso seria seguido da promessa de chegar ao céu (consequência reforçadora positiva) ou alívio do perigo da eternidade no inferno (retirada da consequência punitiva). A punição do comportamento pecaminoso gera uma condição aversiva, muitas vezes, descrita como "sentimento de pecado". A expiação ou absolvição dos pecados é mecanismo de fuga dessa condição, o que se configura como reforço poderoso para o comportamento virtuoso. Assim, a bênção eterna ou a condenação depende apenas do indivíduo. O controle sobre o fiel se dá não pela manipulação das contingências de reforço, mas ao tornar certas contingências reais ou alegadas mais eficientes.

Fica evidente, pois, a necessidade de verificar o papel dessa agência de controle tão relevante em nossa cultura. Há pessoas cujos comportamentos ficam sob controle da regra "fé inabalável na vida eterna no paraíso", para as quais se espera maior probabilidade de encarar a terminalidade da vida com mais serenidade e menos receios sobre o que está por vir e, além disso, sabem como devem se comportar para obter tal resultado. Por sua vez, é comum o atendimento de queixas relacionadas a uma dificuldade diante da noção de punição ou de salvação, a depender da forma como o indivíduo adequou ou não sua vida e suas escolhas aos princípios religiosos (Nery & Fonseca, 2019). Frequentemente, quando a avaliação da pessoa é de que não se comportou conforme os preceitos da religião, há relatos de intensificação do sofrimento, o que se relaciona a sentimentos como culpa, arrependimento, medo e sensação de desamparo (Peres et al., 2007). Isso fica nítido diante da apresentação de questionamento dos pacientes sobre a possibilidade de eles próprios terem causado seu adoecimento como resultado de castigo divino para comportamentos inadequados (guardar mágoas, expressar desagrado pelo comportamento de outras pessoas ou outros comportamentos avaliados como pecados). Para além disso, há aqueles que acreditam que a cura também depende de algum comportamento que precisem desempenhar, como no caso de uma paciente que se separou do marido após descobrir uma traição, e foi-lhe dito, por membros da igreja que frequentava, que a causa do seu adoecimento foi o divórcio e que a cura dependeria do perdão honesto ao ex-marido, ou seja, a cura seria de sua inteira responsabilidade.

Em conclusão, a discussão apresentada nesta seção não se propõe a esgotar o tema, porém pode ser útil como modelo de análise. Recomenda-se, assim, que, diante de um paciente em cuidados paliativos, o profissional aborde as queixas descritas a partir do modelo de causalidade interacionista, externalista e selecionista, em acordo com a perspectiva do Behaviorismo Radical, levando em consideração os três níveis de variação e seleção: filogenético, ontogenético e cultural. Por meio das análises funcionais, serão identificadas as funções de comportamentos relevantes, levantadas hipóteses, estabelecidos objetivos e planejadas intervenções coerentes (Delitti, 1997).

A intervenção baseada na análise do comportamento

A Análise Comportamental Clínica tem como foco as funções dos comportamentos/padrões comportamentais dos indivíduos. O instrumento de trabalho básico é a análise funcional, que consiste em uma investigação ampla e aprofundada tanto das variáveis históricas que podem ter contribuído para o desenvolvimento dos comportamentos da pessoa como dos contextos atuais envolvidos na manutenção dessa forma de se comportar. Tal investigação inclui pensamentos e sentimentos, com o diferencial de que estes são vistos como comportamentos a serem compreendidos, e não como causas diretas de outros comportamentos. Atualmente, o modelo de simples modificação do comportamento com aplicações de técnicas para abordar respostas consideradas disfuncionais foi substituído por um modelo com foco maior na construção de repertórios comportamentais (Gimenes et al., 2005; Goldiamond, 1974). A proposta é que o paciente assuma papel ativo no seu processo terapêutico, no seu desenvolvimento de acordo com os objetivos traçados e em sua vida. Na medida em que se busca a ampliação do autoconhecimento, espera-se como resultado maior autonomia para que o indivíduo possa promover mudanças que favoreçam a sua qualidade de vida ao se comportar de forma a acessar mais reforçadores positivos (de-Farias, 2010; de-Farias et al., 2018; Rangè, 1995).

Conforme descrito anteriormente, a literatura aponta demandas frequentemente observadas no atendimento a pacientes em cuidados paliativos. Observa-se, porém, que a descrição realizada é predominantemente topográfica. Nesse sentido, destaca-se o olhar diferenciado do analista do comportamento, na medida em que se trabalha com o modelo do sujeito como seu próprio controle. Assim, evitam-se pressuposições, de forma que demandas como depressão, ansiedade, perda de dignidade ou de identidade deverão ser definidas operacionalmente em cada caso, bem como buscar-se-ão as contingências particulares envolvidas na determinação dessas queixas.

A seguir, serão apresentados alguns passos considerados importantes para a avaliação e a definição de intervenções em caso de pacientes em cuidados paliativos. Inicialmente, propõe-se a escuta do paciente para identificação de suas queixas, entendidas como os aspectos centrais que ele mesmo aponta para serem trabalhados no processo terapêutico (Fonseca & Nery, 2018). Ademais, deve ser feito um levantamento de dados históricos e atuais relevantes para a compreensão do caso. A seguir, estão listados pontos a serem abordados, os quais foram definidos a partir de uma adaptação do que foi apresentado por Cherny (2015) ao discutir a avaliação do sofrimento de pacientes em cuidados paliativos. Dessa forma, espera-se fornecer subsídios para que o profissional possa compor sua análise e compreender as contingências vigentes, ressaltando-se novamente que não se trata de uma lista fechada. O psicólogo poderá incluir outras variáveis que considere importantes.

- Quem é o paciente e qual é seu contexto social: dados demográficos, estrutura familiar e outros relacionamentos relevantes, histórico acadêmico-profissional, histórico médico-psicológico individual e familiar.
- Qual é o diagnóstico do paciente? Qual é o prognóstico? Em que estágio do curso natural da doença o paciente se encontra? Há complicações ou problemas que podem ser previstos? Quais são os objetivos atuais do tratamento?
- Quais são as consequências físicas da doença? Há algum tipo de sintoma físico não controlado?
- Qual é a compreensão do paciente sobre sua condição de saúde?
- Quais são os sentimentos e os pensamentos do paciente em relação ao seu adoecimento e ao futuro? Ressalta-se a importância de se investigar ativamente medos e preocupações e identificar variáveis que contribuem para a manifestação desses sentimentos (p. ex., informações equivocadas, falhas ou ausência de comunicação).
- Como o paciente tem-se comportado/que estratégias tem utilizado para lidar com as contingências relacionadas ao adoecimento?

Com base no levantamento de dados, o psicólogo poderá sistematizar análises funcionais, compondo as contingências de reforçamento atuais relacionadas às queixas trazidas pelo paciente (Fonseca & Nery, 2018). Destaca-se ainda a necessidade de se identificar demandas, ou seja, aspectos que envolvem déficits comportamentais e que não necessariamente são apontados pelo paciente na descrição de sua queixa. A título de exemplo, algumas demandas que podem ser observadas são:

- Autoconhecimento limitado, o que pode estar relacionado a dificuldades em discriminar as variáveis que contribuem para a emissão de certos comportamentos relacionados à doença, incluindo sentimentos e pensamentos. Ademais, o déficit de autoconhecimento pode prejudicar a clareza de valores, o estabelecimento de prioridades, o planejamento do tratamento de saúde e a definição de diretivas antecipadas de vontade.*
- Déficit no repertório de habilidades sociais e comunicação: pode trazer prejuízos para a compreensão da condição de saúde, novamente dificulta o planejamento do tratamento médico, pode se relacionar a conflitos familiares, à manutenção de pendências e a dificuldades de solicitar suporte social e expressar quais são as suas preferências quanto ao tipo de suporte desejado.
- Esquiva experiencial: trata-se da indisposição para entrar em contato com eventos privados que sejam avaliados negativamente (Saban, 2011). Dessa forma, observa-se evitação de falar sobre questões aversivas, como diagnóstico, limitações do adoecimento e prognóstico, bem como

* Conjunto de desejos manifestados prévia e expressamente pelo paciente a respeito dos cuidados e tratamentos que deseja ou não receber no momento em que estiver incapacitado de expressar, livre e autonomamente, sua vontade, em condições de doenças ameaçadoras à vida (Resolução CFM nº 1.995, 2012).

tentativas de controle e de supressão de emoções e pensamentos avaliados como negativos. Algumas falas recorrentes entre pacientes exemplificam essa demanda: "Não gosto dessa palavra ('câncer')", Não gosto nem de pensar nisso", "Eu não aceito essa doença", "Não suporto o olhar de piedade das pessoas. Não quero falar sobre a minha morte", "Às vezes, parece que isso não está acontecendo comigo. Gosto de pensar que nada mudou".

- Fusão cognitiva: refere-se à identificação do indivíduo com seus eventos privados, de forma que estes passam a ter *status* de identidade, algo inerente ao indivíduo, não sendo vistos como reações emocionais que surgem e passam (Saban, 2011). O efeito disso na área da saúde pode ser a culpabilização e o medo de sentir medo (ou outras emoções avaliadas como desagradáveis), uma vez que, para o paciente, sentir tais emoções significa diretamente outras questões aversivas, como fraqueza ou falta de fé. Ressalta-se ainda a regra comumente identificada entre pacientes: "As coisas podem dar errado porque tive pensamentos errados". Exemplos de falas que podem sinalizar a demanda são: "Eu me culpo, porque fui eu que causei essa doença em mim. Sempre guardei muitas mágoas ao longo da minha vida", "Tem que pensar positivo sempre. Não posso desanimar", "No fundo, eu sinto raiva por estar doente. Por que isso está acontecendo comigo? Logo depois eu me culpo, porque não é certo sentir raiva. Será tudo castigo pelo que penso?".

Posteriormente, devem ser definidos os objetivos terapêuticos com base em todas as análises funcionais realizadas. O foco deverá estar em acompanhar o paciente no desenvolvimento de repertórios que o auxiliem a lidar com as contingências em vigor, fortalecendo as possibilidades de acesso a reforçadores positivos, reduzindo a produção de estimulação aversiva e enriquecendo recursos para lidar com problemas e eventos aversivos (Fonseca & Nery, 2018). Duas perguntas podem guiar o estabelecimento de objetivos terapêuticos:

- Quais habilidades ou repertórios o paciente precisa adquirir (p. ex., autoconhecimento, habilidades sociais, sensibilidade às contingências, tolerância à frustração)?
- Quais classes comportamentais devem ser enfraquecidas?

Conforme descrito anteriormente, a literatura (Mehnert, 2015) aponta objetivos terapêuticos importantes em se tratando do acompanhamento de pacientes em cuidados paliativos. É possível ao analista do comportamento estabelecer objetivos compatíveis com a literatura e pertinentes em termos comportamentais. De maneira exemplificativa, objetivos terapêuticos poderiam ser: desenvolvimento de repertório de autoconhecimento e clarificação de valores, desenvolvimento de habilidades sociais e de comunicação, desenvolvimento do repertório de resolução de problemas e tomada de decisões, ampliação de fontes de reforçamento, flexibilidade psicológica (aceitar os eventos privados desagradáveis a serviço de manter ou modificar ações que são importantes para o indivíduo) (Hayes et al., 1999).

Com objetivos traçados, o psicólogo poderá definir estratégias terapêuticas para alcançar os resultados pretendidos. A seguir, são descritas algumas intervenções úteis, considerando os objetivos apontados:

- Treino em auto-observação e análises funcionais por meio de exercícios de registro de comportamentos e questionamento reflexivo (Medeiros & Medeiros, 2011).
- Treino de habilidades sociais (sistemático ou assistemático).
- Modelagem e modelação de comportamentos relevantes – por exemplo, a expressão de sentimentos sobre o adoecimento. En-

tende-se que a expressão emocional tem papel importante não no sentido de ser curativa por si mesma, mas porque indica que o paciente está em contato com variáveis de controle importantes, de forma que novos comportamentos podem ser aprendidos (Oliveira, 2014).

- Exercícios e metáforas para que os pacientes compreendam os eventos privados que não podem ser controlados, mas que devem ser vivenciados sem resistência, sem identificação, de forma a permitir que eles venham e vão sem adicionar sofrimento (Harris, 2009; Saban, 2011).
- Exercícios para favorecer a clarificação de valores: tabela de valores, exercícios sobre "vida e morte" (escrever seu epitáfio, imaginar seu velório e o modo como as pessoas irão se comportar nessa situação) (Harris, 2009; Saban, 2011).
- Identificação de escolhas comprometidas com os valores, descrição dos comportamentos coerentes na direção dos valores, estabelecimento de objetivos e das ações necessárias para alcançá-los (Harris, 2009; Saban, 2011).
- Técnicas de relaxamento e visualização para manejo de emoções.
- Intervenções baseadas em *Mindfulness*: o desenvolvimento da atenção ao momento presente favorece maior sensibilidade às contingências e aumenta a possibilidade de discriminações, permitindo a emissão de comportamentos coerentes com os objetivos (Harris, 2009; Saban, 2011).

Estudo de caso

A seguir, será apresentado um estudo de caso para ilustração da discussão realizada neste capítulo. A abordagem foi realizada a partir de seis atendimentos ambulatoriais – três individuais com a paciente e três com a participação do marido –, além de cinco atendimentos durante a internação hospitalar até o dia do óbito – dois atendimentos individuais com a paciente, um atendimento individual com a mãe, um atendimento individual com o marido e um atendimento do grupo familiar (mãe, marido e paciente). O cuidado à família foi prestado pelos seguintes membros de uma equipe de cuidados paliativos: uma assistente social, duas médicas, uma terapeuta ocupacional, duas técnicas de enfermagem e duas psicólogas. Serão descritas as análises que embasaram a atuação da Psicologia.

Dados demográficos/gerais

Mariana (nome fictício), paciente do sexo feminino, 33 anos, casada, dois filhos (menino de 8 anos, de relacionamento anterior, e menino de 3 anos, do relacionamento atual). Tinha ensino médio completo, trabalhou em empregos sem carteira assinada (babá). Deixou de trabalhar após o adoecimento e não estava recebendo nenhum tipo de benefício assistencial do governo. Sua fonte de renda era proveniente da família do esposo, que pediu demissão do emprego para cuidar da paciente. Morava com o marido e os dois filhos em um cômodo cedido na casa da sogra. Indicou ser católica e acreditar em Deus.

Queixa inicial

A paciente solicitou suporte emocional para enfrentamento do adoecimento. A principal fonte de preocupação eram os filhos, como cuidar das crianças e explicar o adoecimento, além de dúvidas sobre como ficariam os cuidados com eles após seu falecimento. Sentia-se isolada dos familiares e tinha a percepção de suporte social emocional insatisfatório, com dificuldades de dividir suas preocupações, tendo em vista que os familiares se esquivavam de abordar diretamente questões relativas à finitude da paciente. Dessa forma, sentia-se invalidada e incompreendida.

- "Minha médica disse que não tem mais tratamento para me curar."
- "Estou muito angustiada. Só consigo pensar que meu tempo está acabando."
- "Ninguém conversa sobre isso comigo. Dizem que eu tenho que ser forte e que estou desistindo."
- "O que acontece depois da morte? Será que poderei ver meus filhos?"

Considerando os fatores expostos, uma proposta de operacionalização da queixa poderia focar nas respostas de Mariana de aproximação e tentativas de abordar suas preocupações e medos relativos à sua morte com os familiares. Como antecedentes, consideram-se a ocasião do adoecimento sem possibilidade de tratamento curativo, a iminência da morte, demandas por tomada de decisões e pendências a serem resolvidas. Algumas das consequências das respostas da paciente envolvendo comunicação sobre o tema da sua morte foram: esquiva dos familiares, críticas sobre fraqueza/falta de fé/desistência, além de manutenção de problemas sem solução. Dessa forma, observam-se os efeitos emocionais relatados pela paciente como produto da contingência: angústia, ansiedade, além dos sentimentos de inadequação, invalidação e de ser incompreendida.

Aspectos históricos

Em relação à história de vida, Mariana contou que os pais se separaram quando ainda era criança e que ficou sem contato próximo com o pai, a não ser por meio de conversas esporádicas por telefone até o momento do diagnóstico, quando o genitor se aproximou e passou a oferecer suporte, principalmente auxiliando no cuidado com os netos. Teve uma irmã mais nova, que faleceu em casa ainda bebê, nos braços da mãe, o que ela aponta como experiência muito marcante, que a genitora parece não ter elaborado desde então. Após a separação dos pais, a paciente descreveu percepção de afastamento emocional da mãe, que a deixava em casa sozinha por muito tempo e estabelecia uma relação de amor condicional baseada no desempenho, sendo muito exigente em relação aos comportamentos considerados adequados, desde os cuidados com a casa até a maneira de se vestir e falar. A relação com a mãe foi muito conflituosa, e ela apontou essa questão como um dos fatores motivadores para que saísse de casa para o primeiro casamento aos 17 anos.

Contingências atuais

No contexto atual, apontou como fator estressor o desentendimento com o ex-marido, relacionado ao não pagamento correto da pensão alimentícia para o filho e a percepção de cuidados inadequados quando a criança visitava o pai. Além disso, havia conflitos com a sogra, que, segundo a paciente, parecia não compreender a gravidade do seu adoecimento, reclamava constantemente da dependência financeira do casal e criticava o fato de seu filho ter abandonado o emprego e dedicar todo o seu tempo aos cuidados com a esposa. Relatou receber suporte social insatisfatório da mãe, que se recusa a falar sobre o agravamento do seu estado de saúde. Apontou satisfação com a reaproximação do pai após muitos anos com pouco convívio. Elencou o marido e os filhos como relacionamentos mais relevantes. Afirmou ter poucos amigos, entre primos e colegas da época da escola, com quem tinha pouco contato após o adoecimento.

Dados sobre doença e tratamento

A paciente tem diagnóstico de neoplasia de mama metastática (ossos, fígado e pulmão). Passou por tratamento com quimioterapia e radioterapia durante um ano e meio. Após identificação da progressão da doença, apesar dos tratamentos instituídos e da grande queda da funcionalidade, houve definição de não indicação de tratamentos modificadores da doença. O foco do cuidado passou a ser o controle dos sintomas e a qualidade de vida, e não mais intervenções visando a cura ou controle direto da doença. Nesse momento, foi encaminhada para acompanhamento com a equipe de cuidados paliativos. Na primeira consulta, afirmou que havia recebido informações sobre a abordagem antes do encaminhamento, realizado pela equipe de oncologia. Como queixas físicas, apontou fadiga, dispneia e dor de forte intensidade. Sua expectativa com o acompanhamento era escuta/acolhimento e alívio da dor. Na primeira consulta médica, foram realizadas intervenções para otimização da analgesia e controle da dispneia, e foi acordado acompanhamento médico mensal. Em caso de necessidade, seria possível adiantar retorno da consulta médica, e houve orientação para busca de atendimento em pronto-socorro em caso de emergência com sintomas graves, como dor mal controlada, falta de ar ou rebaixamento do nível de consciência. A paciente foi encaminhada pela equipe médica para acolhimento e avaliação pela equipe multiprofissional, com participação da equipe de Psicologia.

Compreensão e impacto do adoecimento

Mariana apontou como prioridades estar com a família e viver o presente. Descreveu percepção de muito tempo gasto com atividades relacionadas ao tratamento, ao passo que identificava problemas e pendências que não haviam sido resolvidos (benefício assistencial, conflito com o ex-marido, falhas de comunicação com a mãe, por exemplo). Apontou questões existenciais e demanda por abordagem da espiritualidade. No que se refere à dor espiritual, verificou-se questionamento sobre o sentido de sua própria existência: compreendia a proximidade de sua morte, evoluindo com angústia e episódios de ansiedade ao pensar sobre sua terminalidade. A paciente tinha dificuldade diante da percepção de esgotamento do tempo de vida na medida em que afirmava não conseguir pensar sobre suas prioridades, valores e os objetivos que gostaria de realizar. Dessa forma, a rotina consistia basicamente em compromissos relativos ao seu tratamento e cuidado/recuperação dos sintomas provocados pela doença. Não foi capaz de apontar engajamento em outras atividades significativas. Em adição, o sofrimento espiritual era intensificado por dúvidas sobre como poderia manter contato com os filhos após sua morte, somadas a grande temor de ser esquecida pelos entes queridos.

Demandas

- Déficit no repertório de autoconhecimento e falta de clareza de valores.
- Déficit no repertório de habilidades sociais e de comunicação.
- Esquiva experiencial.
- Fusão cognitiva.

Objetivos terapêuticos

- Desenvolvimento de repertório de autoconhecimento e clarificação de valores.
- Desenvolvimento de habilidades sociais e de comunicação.
- Desenvolvimento do repertório de resolução de problemas e tomada de decisões.
- Ampliação de fontes de reforçamento.
- Aumento da frequência de expressão emocional, principalmente sobre o adoecimento.
- Redução da esquiva experiencial.

- Desenvolvimento de flexibilidade psicológica.

Todos os objetivos foram definidos para que, em última instância, Mariana desenvolvesse repertórios comportamentais que permitissem que ela pudesse fazer escolhas coerentes com o que ela considerava uma vida com sentido, bem como se engajar nos comportamentos necessários.

Intervenções realizadas

Para alcançar a ampliação de repertório de autoconhecimento, realizou-se treino de auto-observação e análises funcionais por meio de perguntas abertas e questionamento reflexivo, de forma a favorecer a discriminação de contingências e do efeito dos comportamentos da paciente sobre os outros, e vice-versa. Além disso, foi proposto o uso de um *planner*/calendário (desenvolvido pela terapeuta ocupacional responsável pelo caso) para auxiliar a paciente a identificar e descrever seus compromissos, visualizar o tempo investido em cada atividade e registrar ideias sobre prioridades, desejos e realizações, objetivando reflexão sobre o aproveitamento de seu tempo com qualidade.

Investiu-se na construção de uma relação terapêutica de confiança e intimidade por meio do uso de escuta ativa, audiência não punitiva e validação de sentimentos. Na medida em que se observou, inicialmente, alta frequência de esquiva de emoções, silêncio e foco em questões objetivas em detrimento da revelação de pensamentos íntimos, buscou-se evocar comportamento de autorrevelação e responder contingentemente de forma genuína e afetuosa (Haworth et al., 2015). Dessa forma, utilizaram-se modelagem e modelação para abordagem da expressão de sentimentos. Como exemplo de fala da terapeuta contingente à expressão de emoção por parte da paciente, pode-se citar: "Pelo que você está me falando, vejo como tem sido duro lidar com tantas perdas depois do seu diagnóstico, e agora surgiram mais medos e preocupações quando você pensa na possibilidade de morrer. Parece ser mais duro ainda não conseguir conversar sobre isso com ninguém. Percebo que você tem conseguido se abrir aos poucos, e estou me sentindo muito próxima de você neste momento. Quero continuar ao seu lado nesta caminhada!".

Foi realizado treino de habilidades sociais assistemático, que teve por objetivo auxiliar a paciente a identificar estratégias para estabelecer comunicação mais efetiva com os familiares, tendo em vista seu desejo de discutir sua terminalidade e definir desejos que gostaria que fossem cumpridos após sua morte (como a maneira de cuidar dos filhos). Isso incluiu treino de argumentação, exposição de ideias e fazer pedidos claros em conformidade com suas necessidades.

Para abordagem sobre esquiva experiencial, utilizou-se a leitura do livro infantil *O que você faz com um problema?*, escrito por Yamada (2017). Resumidamente, a história descreve um problema persistente e a dúvida da criança que não sabe como enfrentá-lo. Quanto mais evita o problema, maior ele parece ficar. A moral da história é incentivar a disposição para olhar cuidadosamente para os problemas, e assim seria possível descobrir algo significativo sobre o problema e sobre si mesmo. Dessa forma, a reflexão após a leitura da história foi utilizada para identificar de que forma a paciente vinha lidando com os eventos privados e para promover discriminação sobre a alternativa de aceitar as emoções e os pensamentos como algo a ser vivenciado sem resistência ou tentativa de controle. Além disso, a paciente descreveu reflexão sobre percepção de significado para seu adoecimento, como um evento de sua vida que foi importante para seu crescimento como pessoa e reaproximação com pai e mãe.

Partindo do relato da paciente sobre preocupações com os filhos, foram realizadas intervenções para clarificação de valores.

> Mariana: "Quero ser para os meus filhos a mãe que não tive para mim."
>
> Terapeuta: "Como é essa mãe que você quer ser para eles?"
>
> Mariana: "É uma mãe boa. Quero que eles saibam com toda a certeza que eu vou sempre amá-los muito."
>
> Terapeuta: "Quais qualidades você falaria sobre essa mãe boa? Como ela é com os filhos, de forma que eles têm certeza do seu amor?"
>
> Mariana: "Hmmm... não sei... é aquela mãezona! Aquela mãe que todo mundo queria ter, porque é um exemplo de boa pessoa. É uma pessoa amorosa e muito carinhosa, atenciosa e interessada."

A paciente também descreveu seu medo de ser esquecida pelos entes queridos. Esta foi mais uma questão apontada por ela que serviu como contexto para explorar seus valores. Foi sugerido exercício inspirado nas propostas de exercícios de "vida e morte", descritos por Harris (2009), e foi pedido que a paciente pensasse no que gostaria que as pessoas falassem sobre ela depois da sua morte, de que forma ela gostaria que as pessoas se lembrassem dela e o que era importante que não fosse esquecido quando não mais estivesse viva.

Por fim, utilizando-se questionamento reflexivo diante das análises realizadas pela própria paciente sobre seus valores, passou-se a focar no estabelecimento de objetivos, que deveriam ser específicos, significativos, adaptativos, realistas e definidos no tempo (na medida do possível, estabelecer quando ou aproximadamente em quanto tempo o objetivo deveria ser realizado) (Harris, 2009). De forma complementar, buscou-se a descrição de comportamentos que se caracterizariam como ações comprometidas com os valores e que permitiriam o alcance dos objetivos traçados.

Produtos e resultados obtidos

- Desenvolvimento do repertório de autoconhecimento.
- Organização prática e engajamento em comportamentos necessários para resolução de pendências.
- Identificação de valor central: "ser uma pessoa amorosa, atenciosa e generosa". Estabelecimento de objetivos e escolhas de comportamentos coerentes com seu valor.
- Realização de sonho: planejamento e realização de viagem da paciente com familiares.
- Comunicação mais efetiva com a família, tendo sido possível conversa profunda e clara com a mãe sobre a morte, relato de perdão mútuo entre as duas, descrição de desejos da paciente quanto ao que esperava da mãe após sua morte (continuar cuidando dos netos e manter a fé) e despedida.
- Contato reforçador com familiares e amigos que não encontrava há tempos e conversas sobre momentos importantes que viveram juntos. Destaca-se aproximação mais intensa do pai e reencontro com amigos da época de escola.
- Confecção de cartas individualizadas para o marido e os dois filhos, descrevendo seus sentimentos e como gostaria de ser lembrada por eles, como forma de registrar seu legado.

Considerações finais

Este capítulo teve como objetivo discutir questões relacionadas ao processo de adoecimento e morte à luz da Análise do Comportamento por meio de reflexões fundamentadas em conceitos do Behaviorismo Radical e da apresentação de possibilidades de intervenções do analista do comportamento no contexto dos cuidados paliativos. Destacou-se a importância de se levar em consideração as influências dos contextos histórico e cultural, bem como questões filogeneticamente determinadas, sem perder de vista a necessidade de se avaliarem os aspectos ontogenéticos de cada paciente que busca suporte psicológico para o enfrentamento do seu adoecimento, visto que cada indivíduo considera alguns aspectos como fundamentais para a sua qualidade de vida, os quais podem ser muito particulares (Kovács, 1998).

De acordo com Morin (1988, p. 32):

> é impossível conhecer o homem sem lhe estudar a morte, porque, talvez mais do que na vida, é na morte que o homem se revela. É nas suas atitudes e crenças perante a morte que o homem exprime o que a vida tem de mais fundamental.

Nesse contexto, os comportamentos das pessoas podem ser alterados no fim da vida, no sentido de buscarem um contato maior e mais intenso com aquilo que mais valorizam em sua existência, e, muitas vezes, a valorização desses aspectos se intensifica diante das restrições impostas pela fragilização da saúde e/ou da condição de terminalidade da vida.

Complementando, Arantes (2020) descreve, entre os aspectos importantes para uma boa morte ou uma morte apropriada: que seja livre de sobrecarga evitável e de sofrimento para o paciente e seus familiares; que sejam respeitadas as decisões e os desejos expressos pelo paciente e sua família, considerando-se os limites estabelecidos por normas clínicas, culturais e éticas; acesso a informações sobre a proximidade da morte e o que pode ocorrer durante o processo; capacidade de exercer controle e tomar decisões naquilo que for possível; garantia de dignidade e privacidade; acesso a suporte espiritual e/ou emocional; acesso aos cuidados paliativos em qualquer lugar, seja no hospital ou em casa; possibilidade de escolha no que se refere a quem estará presente e com quem compartilhará o fim da vida; possibilidade de encaminhar orientações antecipadas que garantam o respeito aos desejos do paciente; oportunidade de se despedir das pessoas que escolher.

Considerando-se, assim, a diversidade de objetivos a serem trabalhados em uma perspectiva biopsicossocial de cuidado, fica demonstrada a importância do trabalho em equipe para que todos os aspectos descritos possam ser plenamente contemplados. O profissional de Psicologia pode participar ao longo das diferentes etapas do processo, contribuindo para a tomada de decisões, para que sejam respeitados os desejos expressos pelo paciente, para a realização de possíveis ajustes sociais necessários, para a resolução de pendências, enfim, acompanhando o paciente e dispondo de todos os recursos possíveis para diminuir seu sofrimento. Familiares, amigos próximos e cuidadores também devem ser contemplados pela equipe de cuidados, inclusive no processo de elaboração do luto, quando for o caso (Arantes, 2020). O papel desempenhado pelos familiares durante o período da doença e as reações destes contribuem de forma significativa para a própria reação do paciente (Kübler-Ross, 1996).

Como foi discutido e exemplificado ao longo deste capítulo, o diagnóstico de uma doença ameaçadora à vida envolve mudanças significativas, muitas vezes, descritas na forma de perdas. A análise funcional pode levar à identificação de contingências de extinção, consequências aversivas ou mesmo alguns reforçadores positivos dentro de determinados contextos. A composição das contingências fornecerá as bases para que sentimentos comumente relatados, como medo, incerteza, impotência e solidão, sejam compreendidos e acolhidos. Espera-se que as reflexões levantadas neste capítulo sejam úteis para subsidiar a atuação de analistas do comportamento no atendimento de demandas tão únicas e significativas que podem surgir no acompanhamento de pacientes que se deparam com a vulnerabilidade da vida e buscam suporte para viver com qualidade, o tempo que for possível.

Referências

Academia Nacional de Cuidados Paliativos (ANCP). (2012). Parte 5: A equipe multiprofissional em cuidados paliativos. In R. T. Carvalho, & H. A. Parsons (Orgs.), *Manual de cuidados paliativos ANCP* (2. ed., pp. 333-374). ANCP.

Agar, M., & Phillips, J. L. (2015). Palliative medicine and care of the elderly. In N. Cherny, M. Fallon, S. Kaasa, R. Portenoy, & D. C. Currow (Eds.), *Oxford textbook of palliative medicine* (5th ed., pp. 1044-1056). Oxford University.

Alckmin-Carvalho, F., & Pereira, R. F. (2019). A questão dos valores frente à experiência de adoecimento e de morte: Contribuições da Terapia de Aceitação e Compromisso (ACT). In A. K. C. R. de-Farias (Org.), *Ciências da Saúde: O trabalho de equipes multiprofissionais em diferentes contextos* (pp. 383-400). Juruá.

Almeida, R. A., & Malagris, L. E. N. (2011). A prática da psicologia da saúde. *Revista da SBPH, 14*(2), 183-202.

Almodóvar, P., & Coixet, I. (2003). *Minha vida sem mim*. El Deseo S.A. DVD.

Arantes, A. C. Q. (2019). *A morte é um dia que vale a pena viver*. Sextante.

Arantes, A. C. Q. (2020). *Histórias lindas de morrer*. Oficina do Livro.

Baum, W. M. (2006). *Compreender o behaviorismo: Comportamento, cultura e evolução* (2. ed.). Artmed.

Björk, M., Wiebe, T., & Hallström, I. (2005). Striving to survive: Families' lived experiences when a child is diagnosed with cancer. *Journal of Pediatric Oncology Nursing, 22*(5), 265-275.

Bowen, M., Godfrey, W., & Boone, J. (2014). *A culpa é das estrelas*. 20th Century Fox. DVD.

Caputo, R. F. (2008). O homem e suas representações sobre a morte e o morrer: Um percurso histórico. *Saber Acadêmico, 6*, 73-80.

Cherny, N. I. (2015). The problem of suffering and the principles of assessment in palliative medicine. In N. Cherny, M. Fallon, S. Kaasa, R. Portenoy, & D. C. Currow (Eds.), *Oxford textbook of palliative medicine* (5th ed., pp. 35-48). Oxford University.

Chiesa, M. (2006). *Behaviorismo radical: A filosofia e a ciência*. Celeiro.

Chochinov, H. M., Kristjanson, L. J., Breitbart, W., McClement, S., Hack, T. F., Hassard, T., & Harlos, M. (2011). Effect of dignity therapy on distress and end-of-life experience in terminally ill patients: A randomised controlled trial. *The Lancet Oncology, 12*(8), 753-762.

Columbus, C. (1999). *Lado a lado*. Columbia Pictures. DVD.

Conte, F. C. S. (2010). Reflexões sobre o sofrimento humano e a análise clínica comportamental. *Temas em Psicologia, 18*(2), 385-398.

Contro, N. A., Larson, J., Scorfield, S., Sourkes, B., & Cohen, H. J. (2004). Hospital staff and family perspectives regarding quality of pediatric palliative care. *Pediatrics, 114*(5), 1248-1252.

de-Farias, A. K. C. R. (2010). Por que análise comportamental clínica? Uma introdução ao livro. In A. C. C. R. de-Farias (Org.), *Análise comportamental clínica: Aspectos teóricos e estudos de caso* (pp. 19-29). Artmed.

de-Farias, A. K. C. R., Fonseca, F. N., & Nery, L. B. (2018). Prefácio. In A. K. C. R. de-Farias, F. N. Fonseca, & L. B. Nery (Orgs.), *Teoria e formulação de casos em análise comportamental clínica* (pp. ix-xiv). Artmed.

Delitti, M. (1997). Análise funcional: o comportamento do cliente como foco da análise funcional. In M. Delitti (Org.), *Sobre comportamento e cognição: A prática da análise do comportamento e da terapia cognitivo-comportamental* (Vol. 2, pp. 35-42). ESETec.

Di Novi, D., Lowry H., & Shankman, A. (2002). *Um amor para recordar*. Warner Bros Pictures. DVD.

Fernandes, V., & Lopes, A. A. (2010). *Análise funcional de comportamentos de culpa e de enfrentamento de mães e pais enlutados*. Anais da I Jornada de Análise do Comportamento de Bauru. Bauru.

Fonseca, F. N., & Nery, L. B. (2018). Formulação comportamental ou diagnóstico comportamental: Um passo a passo. In A. K. C. R. de-Farias, F. N. Fonseca, & L. B. Nery (Orgs.), *Teoria e formulação de casos em análise comportamental clínica* (pp. 23-48). Artmed.

Gimenes, L. S., Andronis, P. T., & Laying, T. V. J. (2005). O questionário construcional de Goldiamond: Uma análise não-linear de contingências. In H. J. Guilhardi, & N. C. Aguirre (Orgs.), *Sobre comportamento de cognição: Expondo a variabilidade* (Vol. 15, pp. 309-322). ESETec.

Glenn, S. S. (1997). Contingencies and metacontingencies: Relations among behavioral, cultural, and biological evolution. In P. A. Lamal (Ed.), *Cultural contingencies: Behavioral analysis of societies and cultural practices* (pp. 39-73). Hemisphere.

Glenn, S. S. (2004). Individual behavior, culture and social change. *The Behavior Analyst, 27*(2), 133-151.

Glenn, S. S. (2005). Metacontingências em Walden Dois. In J. C. Todorov, R. C. Martone, & M. B. Moreira (Orgs.), *Metacontingências: Comportamento, cultura e sociedade* (pp. 13-28). ESETec

Goldiamond, I. (1974). Toward a constructional approach to social problems: Ethical and constitutional issues raised by applied behavioral analysis. *Behaviorism, 2*(1), 1-84.

Goldman, A. (1998). ABC of palliative care: Special problems of children. *British Medical Association, 316*(7124), 49-52.

Handzo, G., & Puchalski, C. M. (2015). The role of the chaplain in palliative care. In N. Cherny, M. Fallon, S. Kaasa, R. Portenoy, & D. C. Currow (Eds.), *Oxford textbook of palliative medicine* (5th ed., pp. 170-176). Oxford University.

Harris, R. (2009). *ACT made simple: An easy-to-read primer on acceptance and commitment therapy.* New Harbinger.

Haworth, K., Kanter, J. W., Tsai, M., Kuczynski, A. M., Rae, J. R., & Kohlenberg, R. J. (2015). Reinforcement matters: A preliminary, laboratory-based component-process analysis of functional analytic psychotherapy's model of social connection. *Journal of Contextual Behavioral Science, 4*(4), 281-291.

Hayes, S. C., & Smith, S. (2005). *Get out of your mind and into your life: The new acceptance and commitment therapy.* New Harbinger.

Hayes, S. C., Follette, V. M., & Linehan, M. M. (Eds.). (2004). *Mindfulness and acceptance: Expanding the cognitive-behavioral tradition*. Guilford.

Hayes, S. C., Strosahl, K. D., & Wilson, K. G. (1999). *Acceptance and commitment therapy: An experiential approach to behavior change*. Guilford.

Hoshino, K. (2006). A perspectiva biológica do luto. In H. J. Guilhardi, & N. C. Aguirre. (Orgs.), *Sobre comportamento e cognição: Expondo a variabilidade* (Vol 17, pp. 313-326). ESETec.

Hünziker, M. H. L. (2010). Comportamento de dor: Análise funcional e alguns dados experimentais. *Temas em Psicologia, 18*(2), 327-333.

Instituto Nacional de Câncer (INCA). (2014). *Estimativa 2014: Incidência de câncer no Brasil.* https://www.inca.gov.br/bvscontrolecancer/publicacoes/Estimativa_2014.pdf

Kovács, M. J. (1992). *Morte e desenvolvimento humano*. Casa do Psicólogo.

Kovács, M. J. (1998). *Autonomia e o direito de morrer com dignidade. Revista Bioética, 6*(1), 61-69.

Kübler-Ross, E. (1996). *Sobre a morte e o morrer.* Martins Fontes. (Obra original publicada em 1969).

Kübler-Ross, E. (2003). *O túnel e a luz: Reflexões essenciais sobre a vida e a morte.* Verus.

Lopez Villaseñor, R., & Concone, M. H. V. B. (2012). A celebração da morte no imaginário popular mexicano. *Kairós Gerontologia, 15*, 37-47.

Louis, D., Robert, D., & Arcand, D. (2003). *As invasões bárbaras.* Flach Pyramide International. DVD.

Maciel, M. G. S. (2012). Organização de serviços de cuidados paliativos. In R. T. Carvalho, & H. A. Parsons (Orgs.), *Manual de cuidados paliativos ANCP* (2. ed., pp. 94-110). ANCP.

Marçal, J. V. S. (2010). Behaviorismo radical e prática clínica. In A. C. C. R. de-Farias (Org.), *Análise comportamental clínica: Aspectos teóricos e estudos de caso* (pp. 30-48). Artmed.

Matsumoto, D. Y. (2012). Cuidados paliativos: Conceitos, fundamentos e princípios. In R. T. Carvalho, & H. A. Parsons (Orgs.), *Manual de cuidados paliativos ANCP* (2. ed., pp. 23-30). ANCP.

Medeiros, C. A., & Medeiros, N. N. F. A. (2011). Psicoterapia Comportamental Pragmática: uma terapia comportamental menos diretiva. In C. V. B. B. Pessôa, C. E. Costa, & M. F. Benvenuti (Orgs.), *Comportamento em foco* (Vol. 1, pp. 417-436). ABPMC.

Mehnert, A. (2015). Clinical psychology in palliative care. In N. Cherny, M. Fallon, S. Kaasa, R. Portenoy, & D. C. Currow (Eds.), *Oxford textbook of palliative medicine* (5th ed., pp. 221-227). Oxford University.

Michael, J. (1982). Distinguishing between discriminative and motivational functions of stimuli. *Journal of Experimental Analysis of Behavior, 37*(1), 149-155.

Michael, J. (1993). Establishing operations. *The Behavior Analyst, 16*(2), 191-206.

Miguel, C. F. (2000). O conceito de operação estabelecedora na análise do comportamento. *Psicologia: Teoria e Pesquisa, 16(3)*, 259-267.

Moore, J. (2008). *Conceptual foundations of radical behaviorism*. Sloan Educational Publishing.

Morin, E. (1988). *O homem e a morte*. Europa-América.

Mystakidou, K., Tsilika, E., Parpa, E., Katsouda, E., Galanos, A., & Vlahos, L. (2006). Psychological distress of patients with advanced cancer: Influence and contribution of pain severity and pain interference. *Cancer Nursing, 29*(5), 400-405.

Nery, L. B., & Fonseca, F. N. (2018). Análises funcionais moleculares e molares: Um passo a passo. In A. K. C. R. de-Farias, F. N. Fonseca, & L. B. Nery (Orgs.), *Teoria e formulação de casos em análise comportamental clínica* (pp. 1-22). Artmed.

Nery, L. B., & Fonseca, F. N. (2019). 'As invasões bárbaras', o adoecimento e a morte: Uma visão analítico-comportamental. In A. K. C. R. de-Farias (Org.), *Ciências da Saúde: O trabalho de equipes multiprofissionais em diferentes contextos* (pp. 343-373). Juruá.

Nunes, L. V. (2012). O papel do psicólogo na equipe. In R. T. Carvalho, & H. A. Parsons (Orgs.), *Manual de cuidados paliativos ANCP* (2. ed., pp. 337-340). ANCP.

Oliveira, D. R. (2014). *Terapia do luto: Contribuições e reflexões sob a perspectiva da Análise do Comportamento* [Trabalhp de conclusão de curso]. Hospital Universitário USP.

Paracampo, C. C. P., Souza, D. G., Matos, M. A., & Albuquerque, L. C. (2001). Efeitos de mudanças em contingências de reforço sobre o comportamento verbal e não verbal. *Acta Comportamentalia, 9*(1), 31-55.

Payne, S., & Lynch, T. (2015). International progress in creating palliative medicine as a specialized discipline and the development of palliative care. In N. Cherny, M. Fallon, S. Kaasa, R. Portenoy, & D. C. Currow (Eds.), *Oxford textbook of palliative medicine* (5th ed., pp. 3-9). Oxford University.

Peres, M. F. P., Arantes, A. C. L. Q., Lessa, P. S., & Caous, C. A. (2007). A importância da integração da espiritualidade e da religiosidade no manejo da dor e dos cuidados paliativos. *Revista de Psiquiatria Clínica, 34*(suppl 1), 82-87.

Pierce, W. D., & Cheney, C. D. (2004). *Behavior analysis and learning*. Taylor & Francis.

Pierce, W. D., & Epling, W. F. (1997). Activity anorexy: The interplay of culture, behavior and biology. In P. A. Lamal (Ed.), *Cultural contingencies: Behavioral analysis of societies and cultural practices* (pp. 53-85). Hemisphere.

Postovsky, S., & Arush, M. W. B. (2004). Care of a child dying of cancer: The role of the palliative care team in pediatric oncology. *Pediatric Hematology and Oncology, 21*(1), 67-76.

Prata, P. R. (1992). A transição epidemiológica no Brasil. *Cadernos de Saúde Pública, 8*(2), 168-175.

Radbruch, L., Lima, L., Knaul, F., Wenk, R., Ali, Z., Bhatnaghar, S., ... Pastrana, T. (2020). Redefining palliative care: A new consensus-based definition. *Journal of Pain and Symptom Management, 60*(4), 754-764.

Rangé, B. (1995). Psicoterapia Comportamental. In B. Rangé (Org.), *Psicoterapia comportamental e cognitiva* (pp. 16-38). Psy.

Resolução CFM nº 1.995/2012. (2012). Dispõe sobre as diretivas antecipadas de vontade do paciente. https://sistemas.cfm.org.br/normas/visualizar/resolucoes/BR/2012/1995

Rodin, G., Lo, C., Rydall, A., Shnall, J., Malfitano, C., Chiu, A., ... Hales, S. (2018). Managing cancer and living meaningfully (CALM): A randomized controlled trial of a psychological intervention for patients with advanced cancer. *Journal of Clinical Oncology, 36*(23), 2422-2432.

Rodrigues, I. G. (2004). *Cuidados paliativos: Análise de conceito* [Dissertação de mestrado]. Universidade de São Paulo.

Rodríguez-Prat, A., Balaguer, A., Crespo, I., Monforte-Royo, C. (2019). Feeling like a burden to others and the wish to hasten death in patients with advanced illness: A systematic review. *Bioethics, 33*(4), 411-420.

Rosenfarb, I. S., Newland, M. C., Brannon, S. E., & Howey, D. S. (1992). Effects of self-generated rules on the development of schedule-controlled behavior. *Journal of the Experimental Analysis of Behavior, 58*(1), 107-121.

Saban, M. T. (2011). *Introdução à terapia de aceitação e compromisso*. ESETec.

Sales, A. A., Silva, M. R. B., Borgognoni, K., Rorato, C., & Oliveira, E. T. (2008). Cuidado paliativo: A arte de estar-com-o-outro de uma forma autêntica. *Revista Enfermagem UERJ, 16*, 174-179.

Saporetti, L. A., Andrade, L., Sachs, M. F. A., & Guimarães, T. V. V. (2012). Diagnóstico e abordagem do sofrimento humano. In R. T. Carvalho, & H. A. Parsons (Orgs.), *Manual de cuidados paliativos ANCP* (2. ed., pp. 42-55). ANCP.

Saraiva, M. C. (1998). Rituais funerários em Cabo Verde: Permanência e inovação. *Revista da Faculdade de Ciências Sociais e Humanas, 12*, 121-156.

Saunders, C. (1996). Into the valley of the shadow of death: A personal therapeutic journey. British Medical Journal, *313*(7072), 1599-1601.

Sepúlveda, C., Marlin, A., Yoshida, T., & Ullrich, A. (2002). Palliative care: The World Health Organization's global perspective. *Journal of Pain and Symptom Management, 24*(2), 91-96.

Silva, M. J. P., & Araújo, M. M. T. (2012). Comunicação em cuidados paliativos. In R. T. Carvalho, & H. A. Parsons (Orgs.), *Manual de cuidados paliativos ANCP* (2. ed., pp. 75-85). ANCP.

Skinner, B. F. (1974). *Sobre o behaviorismo*. Cultrix.

Skinner, B. F. (1981). Selection by consequences. *Science, 213*(4507), 501-504.

Skinner, B. F. (1987). *Upon further reflection*. Prentice Hall.

Skinner, B. F. (2003). *Ciência e comportamento humano* (11. ed.). Martins Fontes. (Obra original publicada em 1953).

Steinhauser, K. E., Christakis, N. A., Clipp, E. C., McNelly, M., Granbow, P., Parker, J., & Tulsky, J. A. (2001). Preparing for the end of life: Preferences of patients, families, physicians and other care providers. *Journal of Pain and Symptom Management, 22*(3), 727-737.

Strada, E. A. (2018). *Palliative psychology: Clinical perspectives on an emerging specialty*. Oxford University.

Thomas, L. P. M., Meier, E. A., & Irwin, S. A. (2014). Meaning-centered psychotherapy: A form of psychotherapy for patients with cancer. *Current Psychiatry Reports, 16*(10), 488.

Todorov, J. C. (1989). A psicologia como estudo de interações. *Psicologia: Teoria e Pesquisa, 5*(3), 347-356.

Torres, N. (2010). Luto: A dor que se perde com o tempo (...ou não se perde?). In M. R. Garcia, P. R. Abreu, E. N. P. Cillo, P. B. Faleiros, & P. Piazzon (Orgs.), Sobre comportamento e cognição: Terapia cognitivo comportamental (Vol. 27, pp. 385- 393). ESETec.

von Blanckenburg, P., & Leppin, N. (2018). Psychological interventions in palliative care. *Current Opinion in Psychiatry, 31*(5), 389-395.

Wolfe, J., Grier, H. E., Kar, N., Levin, S. B., Ellenbogen, J. M., Salem-Schatz, S., ... Weeks, J. C. (2000). Symptoms and suffering at the end of life in children with cancer. *The New England Journal of Medicine, 342*(5), 326-333.

World Health Organization (WHO). (2002). *National cancer control programmes: Policies and managerial guidelines* (2nd ed). WHO.

Yamada, K. (2017). *O que você faz com um problema?* Vooinho.

Zadan, C., Meron, N., Knox, T., Zackham, J., & Reiner, R. (2007). *Antes de partir*. Warner Bros Pictures. DVD.

Capítulo 11

Da assistência básica à atenção domiciliar: possíveis contribuições da análise do comportamento*

Ana Karina C. R. de-Farias
Juciléia Rezende Souza
Adriana Jaime
Juliana Afonso Prado
Tathianna de Assis Córdova

De acordo com a Portaria nº 825, de 2016, do Ministério da Saúde, considera-se atenção domiciliar (AD) um conjunto de ações realizadas no domicílio do paciente com restrição ao leito ou ao lar, com foco na prevenção e no tratamento de doenças, na reabilitação, na paliação** e na promoção à saúde. O Serviço de Atenção Domiciliar (SAD) é substitutivo ou complementar à internação hospitalar e visa à ampliação da autonomia do paciente e de seus familiares e/ou cuidadores. Caracteriza-se como uma modalidade de atendimento multiprofissional ao paciente e à sua família. Acontece em cenários e contextos peculiares, principalmente em função das diferentes dinâmicas familiares e diversidade de quadros clínicos assistidos. Por esse motivo, é necessário que a equipe de saúde desenvolva competências tanto para realizar intervenções clínicas quanto para lidar com os aspectos psicológicos e sociais relacionados ao recebimento de cuidados em domicílio. Deve-se ser capaz de reconhecer como as características do contexto domiciliar e da dinâmica familiar podem interferir no cuidado prestado a cada paciente incluído no programa (Püschel et al., 2005a, 2005b, 2006).

Para o bom desenvolvimento da assistência, tanto os familiares quanto os cuidadores

* As autoras agradecem à Doutora Giselle de Fátima Silva, ex-gerente da extinta Gerência de Psicologia, da Secretaria de Estado de Saúde do Distrito Federal (SES-DF), o estímulo à produção de protocolos e diretrizes nos diferentes âmbitos de atuação de psicólogos na SES-DF. A partir de nossas discussões, puderam ser levantadas contribuições de diferentes abordagens ao serviço de atenção domiciliar.

** O texto de Fonseca e Nery, neste livro, define cuidados paliativos e algumas estratégias de intervenção. Outros textos escritos por analistas do comportamento também podem contribuir para o estudo dessa abordagem em saúde (p. ex., de-Farias, 2020; Nery & Fonseca, 2019; Nery et al., 2021).

formais (pessoas contratadas pelos familiares para auxiliarem nos cuidados) ou informais precisam ser avaliados em sua competência para zelar pela saúde da pessoa enferma. A equipe de saúde deve orientá-los a respeito do quadro clínico e sobre como podem participar das ações de cuidado, qualificando o acompanhamento realizado (Batista et al., 2014; Laham, 2004; Portaria nº 825, 2016).

Atualmente, conforme a Portaria nº 825, de 2016, a AD encontra-se organizada em três modalidades: atenção domiciliar 1 (AD1); atenção domiciliar 2 (AD2); e atenção domiciliar 3 (AD3). Consideram-se elegíveis na modalidade AD1 os pacientes de menor complexidade, que são atendidos pelas equipes de atenção básica (Equipes de Saúde da Família, ESF). Os pacientes de maior complexidade estão inseridos nas modalidades AD2 e AD3 e são atendidos pelo SAD.

Consideram-se elegíveis para as modalidades AD2 e AD3 pacientes que apresentem os seguintes critérios:

- afecções agudas ou crônicas agudizadas, com necessidade de cuidados intensificados e sequenciais, como tratamentos parenterais ou reabilitação;
- afecções crônico-degenerativas, considerando o grau de comprometimento causado pela doença, que demande atendimento no mínimo semanal;
- necessidade de cuidados paliativos com acompanhamento clínico no mínimo semanal, com o fim de controlar a dor e o sofrimento do usuário;
- prematuridade e baixo peso em bebês com necessidade de ganho ponderal; ou
- necessidade de cuidado multiprofissional mais frequente, uso de equipamento(s) ou agregação de procedimento(s) de maior complexidade (p. ex., ventilação mecânica, paracentese de repetição, nutrição parenteral e transfusão sanguínea), geralmente demandando períodos maiores de acompanhamento domiciliar.

Os SADs são compostos por dois tipos de equipes: Equipe Multiprofissional de Atenção Domiciliar (EMAD), formada por médico, enfermeiro, auxiliar ou técnico de enfermagem e fisioterapeuta ou assistente social, e Equipe Multiprofissional de Apoio (EMAP), que pode ser constituída por assistente social, fisioterapeuta, psicólogo, fonoaudiólogo, nutricionista, odontólogo, farmacêutico e terapeuta ocupacional (Portaria nº 825, 2016).

O psicólogo atua, em conjunto com os demais membros da equipe do SAD, para ajudar os pacientes e sua rede de suporte social a lidarem mais efetivamente com o contexto de adoecimento e tratamento. Dentro da rede de suporte social, são atendidos prioritariamente os familiares mais próximos e, quando necessário, os cuidadores formais (Batista et al., 2014; Laham, 2004; Portaria nº 825, 2016). Quando a equipe adentra o ambiente domiciliar, deve estar preparada para respeitar o funcionamento familiar, assim como as diferentes crenças e valores existentes. Conhecendo os padrões de funcionamento da família, a equipe poderá fomentar a autonomia e o empoderamento tanto do paciente quanto dos familiares envolvidos, assim como estar preparada para atuar no contexto domiciliar, podendo contribuir para a redução de conflitos existentes (Ministério da Saúde, 2013).

Cabe ao psicólogo avaliar o funcionamento e as peculiaridades de cada família, observando seu contexto social, econômico e cultural, pois a compreensão da dinâmica existente fornece subsídios para auxiliar a equipe multiprofissional sobre como se inserir no espaço. A relevância da construção de um plano ou projeto terapêutico singular (PTS) torna-se relevante e passa pela compreensão de toda a equipe sobre o núcleo familiar no qual o paciente está inserido e com o qual tal plano deverá ser compartilhado. Parte-se da investigação clínica e psicossocial como base para as intervenções, sendo a avaliação psicológica inicial e as reavaliações rotineiras etapas fundamentais à implementação e à adequação do PTS, que deverá ser periodicamente discutido com a família, o paciente e a equipe. Para tal, devem-se averiguar a qualidade das inter-relações familiares, a capacidade de seus membros para administrar conflitos, o nível de estabilidade existente, assim como a condição de se adaptar e de desenvolver estratégias para lidar com o contexto de cuidado a um familiar dependente em internação domiciliar (Batista et al., 2014; Laham, 2004; Püschel et al., 2006).

Vale ressaltar que, ao longo do tempo de acompanhamento ao paciente, o cuidador pode apresentar sensação de sobrecarga pelo acúmulo de tarefas a serem cumpridas, assim como pela dificuldade de presenciar as dificuldades vivenciadas por um ente querido. Ainda, pode ocorrer também diminuição em seu autocuidado. Faz parte das atribuições do psicólogo manter-se atento e reavaliando a dinâmica familiar nas diferentes etapas de tratamento (Baptista et al., 2012; Carvalho, 2019; Laham, 2010).

Em relação ao paciente, o psicólogo precisa avaliar possíveis reações de medo por não estar no hospital em momentos de piora clínica e/ou crise aguda, uma demanda comum de se encontrar no contexto de atenção domiciliar e que deve ser trabalhada pela equipe para que ele possa desenvolver confiança e adaptação à nova modalidade de assistência. Também é necessário verificar a existência de variações no estado de humor relacionadas ao adoecimento; a presença de transtornos psicológicos ou psiquiátricos prévios ou instalados após o adoecimento, como o desenvolvimento de dificuldades/transtornos de ajustamento; o nível de adaptação às limitações físicas e à consequente dependência de outras pessoas; as dificuldades no processo de ajustamento às mudanças em seu papel familiar e social e às alterações na rotina de vida; os sentimentos ou a percepção de ser um peso para os familiares; as dificuldades de comunicação com familiares/cuidadores e equipe; o desenvolvimento de reações emocionais relacionadas ao medo da morte e ao processo de morrer; dentre outros aspectos (Alvarenga, 2005; Laham, 2004).

Na impossibilidade de prestar assistência a todos os pacientes atendidos pela equipe SAD, cabe ao profissional de Psicologia criar estratégias para capacitar sua equipe para avaliar e triar pacientes e familiares que apresentem maior necessidade de acompanhamento. A partir da avaliação das características descritas anteriormente, é possível identificar pacientes e núcleos familiares com maior necessidade de tratamento psicológico (Laham, 2004).

Em suma, ao psicólogo que atua na área da atenção domiciliar cabe a realização de avaliação e acompanhamento psicológico com os diferentes atores que fazem parte desse contexto: pacientes, cuidadores, familiares e equipe de saúde. Sua atuação deve ser voltada para minimizar transtornos psíquicos, quando existentes, contribuir para melhorar a adaptação psicológica ao processo de adoecimento e tratamento domiciliar, promover comportamentos ativos e colaborativos em relação ao tratamento ofertado, favorecer a qualidade de vida dos envolvidos e, quando necessário, auxiliar no enfrentamento do processo de finitude.

Breve descrição da população atendida no distrito federal

No levantamento realizado por Villas Bôas (2014) entre janeiro de 2012 e agosto de 2013 no SAD da SES-DF, verificou-se que são atendidos com maior frequência pacientes com uma ou mais das seguintes características: sequelas de acidente vascular cerebral (AVC), em uso de traqueostomia, necessidade de dieta enteral, portando colostomia, com úlceras de decúbito e/ou em cuidados paliativos oncológicos. Em sua maioria, eram idosos (62,66%) com doença crônica agravada e que apresentavam incapacidade funcional e dependência física para atividades da vida diária. Verificou-se também predomínio de mulheres (55,78%) e de indivíduos com doenças cardiovasculares (26,37%). Vale ressaltar que esses dados são antigos e precisam ser constantemente reavaliados em cada SAD.

Critérios de inclusão e não inclusão

De forma geral, podem receber atendimento psicológico todos os pacientes assistidos pelos SADs e seus familiares e/ou cuidadores, de acordo com as necessidades detectadas por meio de estratégias de triagem.

O psicólogo e a equipe do SAD podem identificar pacientes com necessidade de acompanhamento psicológico: a) durante o acolhimento aos familiares e aos cuidadores, que ocorre após o paciente ser admitido pelo SAD; ou b) ao longo das visitas domiciliares realizadas pela equipe de saúde. Entretanto, o acompanhamento psicológico também pode ser iniciado por solicitação do paciente, dos familiares ou dos cuidadores formais, desde que a demanda apresentada esteja relacionada ao contexto de adoecimento e tratamento domiciliar.*

A seguir, são apresentadas estratégias para identificar a necessidade de acompanhamento psicológico.

Utilização de protocolo para triagem psicológica durante o acolhimento aos familiares e aos cuidadores

O psicólogo deverá estar inserido e participar do processo de acolhimento multidisciplinar aos familiares e aos cuidadores, seja em grupo, seja individual. Nesse momento, no qual ocorre o primeiro contato com o núcleo familiar, além de serem ofertadas informações básicas sobre o programa, deve-se iniciar a coleta de informações sobre o paciente e a dinâmica familiar existente, de forma a avaliar a necessidade de acompanhamento psicológico.

Para delimitar as demandas, é necessário realizar uma breve avaliação dos presentes (familiares e/ou cuidadores formais), podendo-se lançar mão das seguintes estratégias:

A Entrevista semiestruturada, incluindo minimamente informações sobre:
- nível de compreensão do paciente e de seus familiares sobre a situação de adoecimento e tratamento;
- compreensão e expectativas em relação à assistência domiciliar;
- presença e qualidade da rede de apoio social para oferta de suporte operacional e emocional; e
- condição psicológica dos familiares e do paciente.

B Aplicação de instrumentos/escalas que possibilitem identificar:
- presença de níveis elevados de *distress*, ansiedade e/ou depressão;
- existência de sensação de sobrecarga nos cuidadores;
- prejuízos na qualidade de vida do paciente e de seus familiares;
- inadequação no funcionamento da rede de suporte social; e
- uso de estratégias de enfrentamento consideradas desadaptativas.

C Participação em discussão posterior do caso com os membros da equipe que participaram do acolhimento.

O psicólogo deverá priorizar, minimamente, o acompanhamento das visitas aos domicílios nos quais existam uma ou mais das seguintes situações:

* Quando identificadas demandas que impliquem necessidade de atendimento em psicologia clínica, o psicólogo da equipe do SAD deverá encaminhar o usuário a serviços que realizem tal modalidade de assistência.

- compreensão inadequada e/ou limitada sobre o adoecimento e o tratamento, ou seja, incompatível com a realidade do paciente;
- prejuízo no funcionamento da rede de suporte social, principalmente relacionado ao suporte emocional recebido tanto pelo paciente quanto pelos principais cuidadores;
- alteração importante no estado emocional e/ou no repertório de enfrentamento, desde que desencadeada pelo contexto de adoecimento e tratamento do paciente ou interferindo neste;
- alteração importante no estado emocional e/ou no repertório de enfrentamento relacionada ao processo de terminalidade; e
- presença de conflitos e/ou dificuldades no relacionamento que interfiram na interação entre os sujeitos envolvidos no processo de cuidado – paciente, familiares, cuidadores e equipe de saúde.

Deve-se ressaltar que a triagem poderá ser complementada com informações que o profissional julgar pertinentes, de acordo com o trabalho realizado pela equipe na qual estiver inserido.

Resposta a pedidos realizados por meio de encaminhamentos, pareceres ou solicitações realizados pela equipe de saúde após identificação de demandas para o serviço de Psicologia durante a assistência prestada em domicílio

A equipe deverá ser orientada pelo psicólogo sobre aspectos a serem observados durante as visitas domiciliares, de forma a capacitá-la a identificar a dinâmica de relacionamentos e possíveis dificuldades psicológicas do paciente e de seus familiares e/ou cuidadores.

Minimamente, as solicitações deverão ocorrer quando se observarem:

- mudanças no estado de humor decorrentes de impacto negativo do diagnóstico e/ou dos tratamentos;
- alterações comportamentais e/ou emocionais que dificultem a adaptação ao contexto de adoecimento e tratamento;
- presença de conflitos familiares relacionados ao contexto de adoecimento e cuidado ao paciente, principalmente quando interferem na assistência ao paciente;
- dificuldade de adesão às orientações;
- dificuldade para compreensão e assimilação das informações sobre o quadro clínico, o cuidado prestado e o tratamento; e
- problemas que englobam dificuldades de relacionamento e/ou comunicação entre os sujeitos envolvidos no processo de cuidado – paciente, familiares, cuidadores e equipe de saúde.

Livre demanda proveniente de pacientes e/ou familiares

Caracteriza-se pela solicitação, seja por parte do paciente ou dos familiares, seja por parte de cuidadores, de atendimento psicológico, independentemente de encaminhamento da equipe. Desde o início do atendimento domiciliar, deve-se informar a possibilidade de, a qualquer momento, tal solicitação ser feita aos membros da equipe no momento da visita domiciliar ou por contato com o assistente administrativo do SAD, pessoalmente ou por telefone.

Caberá ao psicólogo verificar, durante a primeira avaliação, se a demanda que desencadeou o pedido de assistência tem relação com o contexto específico de adoecimento e tratamento do paciente. O acompanhamento deverá ser mantido caso a demanda seja compatível com o descrito anteriormente, e, em caso contrário, deverá ser realizado encaminhamento para outros serviços, sendo importante o desenvolvimento de uma lista com possíveis serviços de atendimento psicológico para onde encaminhar diferentes demandas. Após avaliação, a decisão pela manutenção ou não da assistência psicológica deverá ser comunicada e discutida com a equipe, o paciente e os familiares envolvidos na solicitação inicial.

Havendo número de profissionais suficiente para cobrir a demanda existente no SAD, a assistência psicológica deverá estar disponível para todos os usuários desse serviço desde que não recusem a oferta de atendimento psicológico. Caso contrário, os critérios descritos servirão como orientações para priorizar-se o atendimento a determinados núcleos domiciliares, mas não como critérios de exclusão.

Critérios de alta, diminuição da periodicidade e/ou interrupção do atendimento

A oferta de atendimento psicológico estará atrelada aos critérios adotados para a permanência em acompanhamento do paciente pelo SAD, segundo legislação vigente. Atualmente, os principais critérios são: melhora ou piora clínica do paciente (piora que justifique internação hospitalar ou *home care*, no qual há presença de um técnico de enfermagem 24 horas por dia e uso de procedimentos mais invasivos); encaminhamento para outros serviços; situação de óbito.*

Nas situações nas quais as demandas para a assistência apresentarem diminuição ao longo do acompanhamento, caberá ao psicólogo discutir com o paciente e/ou familiares uma possível redução na periodicidade dos atendimentos realizados, salientando-se que, na manifestação de novas demandas, tal redução poderá ser revista.

Legislações e normativas de interesse

- Cadernos de Atenção Domiciliar, volumes 1 (Ministério da Saúde, 2012) e 2 (Ministério da Saúde, 2013).
- Guia Prático do Cuidador (Ministério da Saúde, 2008).
- Manual de Assistência Domiciliar na Atenção Primária à Saúde – Experiência do Serviço de Saúde Comunitária do Grupo Hospitalar Conceição, publicado pelo Ministério da Saúde (Lopes, 2003).
- Projeto de implantação do Programa de Internação Domiciliar da SES-DF, aprovado pelo Conselho de Saúde e homologado pela SES pela Resolução nº 56, de 14 de outubro de 2008.
- Política Nacional de Humanização – PNH (Ministério da Saúde, 2004a, 2004b).
- Portaria nº 825, de 25 de abril de 2016, do Ministério da Saúde.
- Resolução CFP nº 001 de 2009 do Conselho Federal de Psicologia, que dispõe sobre a obrigatoriedade do registro documental decorrente da prestação de serviços psicológicos.
- Código de Ética Profissional do Psicólogo, aprovado pela Resolução CFP nº 010 de 2005, do Conselho Federal de Psicologia.
- Lei nº 4.119, de 27 de agosto de 1962. Dispõe sobre os cursos de formação em Psicologia e regulamenta a profissão de Psicólogo.
- Resolução CFP nº 005/2012. Altera a Resolução CFP nº 002/2003, que define e regu-

* Nos casos de óbito, o psicólogo deverá participar da visita domiciliar pós-óbito dos pacientes por ele acompanhados, momento no qual, além da intervenção, realizará uma breve avaliação das reações dos familiares à perda vivenciada. Caso identifique necessidade de atendimento clínico psicológico, deverá encaminhar o usuário para tal modalidade de assistência.

lamenta o uso, a elaboração e a comercialização de testes psicológicos.

Procedimentos relacionados à atividade desenvolvida

Encontram-se listados a seguir os procedimentos identificados no Sistema de Gerenciamento da Tabela de Procedimentos, Medicamentos e OPM do SUS (SIGTAP) por ocasião do desenvolvimento deste capítulo. Cabe ao psicólogo acompanhar as atualizações do Ministério da Saúde no rol de procedimentos, acessando http://sigtap.datasus.gov.br/tabela-unificada/app/sec/inicio.jsp.

Para complementação, foram listados, de forma mais detalhada, procedimentos rotineiramente realizados pelo psicólogo em sua rotina de serviço no SAD.

- Participar do processo de acolhimento aos novos usuários do SAD, de forma a colaborar para a transmissão de informações adequadas ao nível de compreensão dos familiares/cuidadores, avaliar as demandas existentes e resguardar a integralidade da assistência.
- Desenvolver e implementar protocolo de triagem para priorização da assistência psicológica.
- Avaliar e discutir com o solicitante a visita domiciliar para atendimento psicológico, os fatores envolvidos na indicação do atendimento, bem como as condições clínicas, emocionais e psicossociais do paciente.
- Participar das visitas domiciliares, de forma a manter uma avaliação continuada das demandas existentes.
- Oferecer assistência psicológica adequada às necessidades do paciente, dos familiares/cuidadores e/ou da equipe.
- Preparar, em conjunto com a equipe, o paciente e seus familiares/cuidadores, para a entrada no programa de atenção domiciliar.
- Dar conhecimento à equipe sobre os resultados das avaliações psicológicas dos pacientes e familiares/cuidadores, bem como da dinâmica de funcionamento dos núcleos familiares, oferecendo subsídios à equipe envolvida para compreensão dos aspectos psicossociais que interagem e interferem no contexto de adoecimento e tratamento domiciliar.
- Realizar atendimento psicoeducacional individual ou em grupo aos cuidadores/familiares dos pacientes assistidos, podendo contar com a participação de outros membros da equipe multiprofissional.
- Promover abordagem em cuidados paliativos, de maneira a favorecer o enfrentamento do processo de finitude pelos pacientes e familiares/cuidadores.
- Realizar visita domiciliar após óbito do paciente, com o intuito de fornecer suporte psicológico aos familiares e/ou cuidadores, investigar fatores que indiquem risco de processo de luto complicado (encaminhar para serviços apropriados) e encerrar o processo de acompanhamento domiciliar.
- Quando necessário, fazer encaminhamentos de usuários para serviços de Psicologia Clínica ou outras especialidades que possam complementar a assistência prestada.
- Realizar discussões de caso clínico e interconsultas com a equipe do SAD e, se necessário, com outros profissionais.
- Participar, colaborando com o enfoque multidisciplinar, da elaboração do Projeto Terapêutico Singular (PTS) do usuário/dos familiares.
- Discutir e revisar periodicamente o plano terapêutico em conjunto com a equipe de cuidados.
- Registrar todos os atendimentos e ações realizados em prontuário, embasando teórica e tecnicamente as informações registradas e mantendo os devidos cuidados éticos.

- Redigir documentos relativos à assistência psicológica (atestados, laudos, relatórios, prontuários), embasando teórica e tecnicamente as informações registradas e mantendo os devidos cuidados éticos.
- Descrever a rotina e as ações relacionadas à assistência psicológica.
- Elaborar protocolos de assistência psicológica – protocolos clínicos, de organização dos serviços e de procedimentos.
- Articular-se com os outros serviços da rede de saúde, buscando ampliar a abrangência dos cuidados oferecidos aos pacientes.
- Participar de ações de matriciamento para membros de equipes da atenção básica, viabilizando a continuidade e a integralidade da assistência ao paciente.
- Colaborar para a organização das ações e a elaboração de propostas para educação permanente e capacitação para profissionais do SAD e cuidadores.
- Participar de programas de treinamentos e capacitações.
- Desenvolver ações de ensino e pesquisa relacionadas à atuação do psicólogo na assistência domiciliar.
- Desenvolver ações de humanização.
- Supervisionar estagiários.
- Atuar como preceptor em programas de residência de Psicologia nas unidades de saúde.
- Zelar pela guarda, conservação e manutenção dos materiais e equipamentos.

Competências e habilidades necessárias

Para um bom desempenho da assistência psicológica em SADs, o profissional necessita desenvolver minimamente as seguintes habilidades, atitudes e conhecimentos.

- Adotar postura empática em relação aos usuários, desenvolvendo vínculo com os pacientes e os membros da família que favoreça o processo terapêutico.
- Conhecer e saber utilizar técnicas e intervenções psicológicas que contribuam para a compreensão, favoreçam a adaptação, promovam a adesão e melhorem a qualidade de vida física e emocional dos usuários em assistência domiciliar.
- Comunicar-se de forma clara, objetiva, assertiva e compatível com a linguagem e o contexto social e cultural dos usuários.
- Contribuir para a boa comunicação entre os membros da equipe, o paciente, os familiares e os cuidadores, atentando-se para não estabelecer triangulações.
- Esclarecer os demais profissionais sobre termos e jargões próprios da Psicologia.
- Favorecer a compreensão dos demais profissionais sobre as intervenções psicológicas adotadas e outras características da assistência psicológica.
- Compreender o diagnóstico e o prognóstico do paciente, mantendo diálogo constante com a equipe sobre as implicações orgânicas de cada caso.
- Conhecer a história natural das patologias, os tratamentos e as medicações utilizadas pelos pacientes acompanhados nos SADs e como podem interferir nos aspectos comportamentais, cognitivos e emocionais.
- Assegurar autonomia profissional para analisar a demanda psicológica e propor ações para atendê-la.
- Sistematizar o trabalho de tal modo que seja possível desenvolver ações assistenciais, de ensino e de pesquisa.
- Realizar avaliação e diagnóstico psicológicos por meio de entrevistas, observação, testes e dinâmicas de grupo.
- Identificar a necessidade dos usuários e escolher métodos de intervenção condizentes com o estado de saúde que apresentam e com as características dos SADs.
- Ter variabilidade comportamental (flexibilidade, adaptabilidade, criatividade) para lidar com demandas inesperadas que

possam surgir durante visitas domiciliares.

- Assessorar a equipe do SAD na construção do PTS.
- Priorizar ações que complementam o trabalho dos demais profissionais e promovam a prática multidisciplinar ou interdisciplinar.
- Coordenar e manejar processos grupais.
- Avaliar a necessidade de trabalhar dificuldades de manejo da equipe e, se for o caso, intervir nesse sentido.
- Ser capaz de estabelecer fluxo de visitas, em conjunto com os diferentes profissionais da equipe, de acordo com as demandas evidenciadas e com as prioridades existentes ao longo do acompanhamento ao paciente.
- Atuar de forma a sensibilizar a equipe para o trabalho multiprofissional na assistência ao paciente, ao familiar e ao cuidador.
- Manter atualizada a estatística dos atendimentos e desenvolver recursos que permitam avaliar os resultados obtidos com a intervenção psicológica.
- Manter postura profissional e ética durante a assistência no domicílio que observe e respeite a privacidade, o contexto, a dinâmica, a rotina e a realidade do paciente e sua família.
- Resguardar sigilo profissional, sendo capaz de diferenciar quais informações serão compartilhadas com a equipe e, quando necessário, quais serão registradas apenas em prontuário psicológico, que ficarão sob sua tutela.
- Criar, coordenar e acompanhar, individualmente ou em equipe multiprofissional, tecnologias próprias ao treinamento em saúde, com o objetivo de qualificar o desempenho das equipes dos SADs.
- Identificar a disponibilidade de rede de suporte, seja na rede de saúde ou na comunidade, que possa, quando necessário, ser acionada para ampliação da assistência ao paciente e aos seus familiares.
- Prezar pela manutenção de relação profissional com o paciente e seus familiares, dado que o convívio em ambiente domiciliar favorece a indefinição de papéis.
- Capacitar-se, teórica e tecnicamente, para atendimento em psicologia da saúde com ênfase na assistência domiciliar.
- Capacitar-se, emocionalmente, teórica e tecnicamente, para assistência em cuidados paliativos e para lidar com as demandas relacionadas ao processo de morte e morrer.
- Capacitar-se, teórica e tecnicamente, para atendimento em grupo.
- Capacitar-se, emocionalmente, teórica e tecnicamente, para atuação em equipe multi e interdisciplinar, de forma a manter uma boa interação e contribuir para o aperfeiçoamento dos demais profissionais.
- Respeitar o compromisso firmado com o paciente e os familiares e trabalhar de acordo com o plano terapêutico estabelecido.
- Evitar assumir responsabilidades que não são funções do psicólogo.

Intervenções psicológicas

O Quadro 11.1 elenca as principais atividades feitas pelos psicólogos dos SADs e esclarecimentos quanto a serem realizadas de forma compartilhada ou não com os outros profissionais da equipe.

Registro em prontuário

De acordo com a Resolução nº 001/2009 do Conselho Federal de Psicologia (Resolução CFP nº 001, 2009), é obrigatório o registro documental decorrente da prestação de serviços psicológicos. Quando o psicólogo atua em serviço multiprofissional, as informações necessárias ao cumprimento dos objetivos do trabalho da equipe de saúde deverão ser registradas em prontuário único, sendo facultado ao profissional que mantenha paralelamente um prontuário psicológico caso seja imprescindível o registro de dados sigilosos sobre o atendimento realizado.

Em consonância com tal resolução, nas evoluções dos psicólogos devem constar as informações descritas a seguir.

Prontuário multidisciplinar

1 Nome do serviço, local no qual foi realizado o atendimento e equipe presente no atendimento.
2 Identificação do usuário atendido – paciente e/ou familiar/cuidador.
3 Resultado da avaliação do estado psíquico do usuário.
4 Identificação dos cuidadores principais e tipo de vínculo com o paciente.
5 Descrição do contexto de atendimento.
6 Descrição do nível de compreensão do paciente e dos seus familiares e/ou cuidadores sobre o contexto de adoecimento e tratamento.
7 Apresentação dos resultados da avaliação do funcionamento da dinâmica familiar e rede de apoio do paciente, caracterizando a dinâmica familiar na qual o paciente está inserido e, quando necessário, apresentando orientações para a equipe que favoreçam a boa interação com paciente e cuidadores no ambiente domiciliar.
8 Descrição dos principais aspectos e comportamentos observados durante o atendimento aos usuários.
9 Descrição das principais demandas e queixas identificadas durante as avaliações e os atendimentos aos pacientes, aos familiares/cuidadores e aos cuidadores formais e elaboração de lista de problemas.
10 Descrição de procedimentos e intervenções realizadas, técnicas utilizadas e justificativas para o uso de tais técnicas.
11 Relato do plano terapêutico, com os objetivos e os procedimentos/condutas a serem adotados.
12 Registro da evolução do trabalho realizado, sinalizando a cada atendimento a ocorrência de avanços, retrocessos ou modificações no planejamento inicial, bem como os procedimentos técnico-científicos adotados, justificando as opções adotadas.
13 Informações sobre a realização de encaminhamentos.
14 Quando ocorrer, registro do momento de encerramento do acompanhamento e o motivo – alta, transferência, desligamento do programa, óbito.

Prontuário psicológico

1 Nome do serviço, local no qual foi realizado o atendimento e equipe presente no atendimento.
2 Identificação do usuário atendido – paciente e/ou familiar/cuidador.
3 Informações complementares de caráter sigiloso.

Ressalta-se que cabe ao psicólogo avaliar e selecionar quais informações devem ser compartilhadas com a equipe multiprofissional, observando-se sua relevância para o atendimento prestado, o Código de Ética do Psicólogo e as resoluções do Conselho Federal de Psicologia que versam sobre a evolução em prontuário multiprofissional.

Contribuições da análise do comportamento

Podemos contribuir?

Quando se depara com a complexidade do trabalho em atenção domiciliar e em cui-

Quadro 11.1
Intervenções psicológicas na atenção domiciliar

Intervenção	Classificação	Discussão/justificativa
Psicoterapia breve individual ou em grupo para paciente e/ou cuidador	Exclusivas	§1° do art. 13 da Lei nº 4.119 de 1962: constitui função privativa do psicólogo a utilização de métodos e técnicas psicológicas com os seguintes objetivos: a) diagnóstico psicológico; b) solução de problemas de ajustamento.
Aplicação de instrumentos e técnicas psicológicas, incluindo triagem psicológica		
Entrevista de avaliação psicológica		
Visita domiciliar de pré-admissão	Compartilhadas	§2º do art. 13 da Lei nº 4.119 de 1962: é da competência do psicólogo a colaboração em assuntos psicológicos ligados a outras ciências.
Reunião de acolhimento com cuidadores e familiares		
Busca ativa		
Ações educativas individuais ou em grupo		
Atendimento em conjunto com equipe multi/interdisciplinar		
Interconsultas		
Matriciamento		
Grupos terapêuticos e educacionais		
Visita pós-óbito		
Encaminhamento para outros serviços		
Reunião de equipe - sessão clínica e/ou administrativa		
Ações de humanização		
Identificar e acionar rede de apoio familiar e na comunidade		
Planejamento terapêutico		

Quadro 11.1
Intervenções psicológicas na atenção domiciliar

Intervenção	Classificação	Discussão/justificativa
Atendimento psicoterápico para membros da equipe (ambulatorial)	Não é atribuição do psicólogo da equipe de atenção domiciliar	O psicólogo da atenção domiciliar tem como foco a atenção clínica ao paciente e aos seus familiares, e, em relação aos membros das equipes, cabe a ele apenas o desenvolvimento de ações psicoeducativas que subsidiem a prática dos profissionais e favoreçam a humanização da assistência.
Informar diagnósticos médicos, condições de cuidados paliativos, situação de alta do programa e ocorrência de óbito	Não é atribuição do psicólogo	A comunicação de diagnósticos médicos é privativa do médico, podendo o psicólogo participar em conjunto com tal profissional no momento da comunicação de diagnósticos e de más notícias. Conforme o art. 34 do Código de Ética Médica (Resolução CFM nº 1.931, 2009), é vedado ao médico: deixar de informar ao paciente o diagnóstico, o prognóstico, os riscos e os objetivos do tratamento, salvo quando a comunicação direta possa lhe provocar dano, devendo, nesse caso, fazer a comunicação a seu representante legal. Conforme o art. 22 da Resolução CFM nº 2.056, de 2013, é vedado ao médico delegar a outro profissional ato privativo de médico, mesmo quando integrante de equipe multiprofissional. Conforme o §1º do art. 24 dessa mesma resolução, é de competência exclusiva de médico a prescrição de admissões e altas de pacientes sob sua responsabilidade, sendo terminantemente vedada a admissão ou alta multiprofissional.

dados paliativos, o psicólogo pode se sentir "perdido" ou forçado a reproduzir intervenções de outras abordagens da Psicologia. Como analistas do comportamento, defendemos que, onde há comportamento, estamos tratando de contingências ambientais (relações de dependência entre eventos ambientais ou entre eventos ambientais e comportamentais). Portanto, há análises funcionais a serem realizadas. Nesse sentido, a sugestão para quem está começando na área é: "Paciência! Busque entender as contingências históricas e atuais!" (de-Farias, 2015).

Todo o conhecimento da Análise Experimental do Comportamento e da Análise Aplicada do Comportamento (em clínica ou em outros contextos) é útil para a área de saúde como um todo. Ainda existe relativa pouca publicação sobre atenção domiciliar, cuidados paliativos e luto, sob um ponto de vista analítico-comportamental. No entanto, tem-se um robusto arcabouço teórico e técnico, por meio de diversos trabalhos em diferentes áreas, cuja ferramenta em comum é a análise funcional do comportamento. Esse arcabouço nos faz defender que devemos:

- respeitar as diferenças individuais;
- observar/avaliar cuidadosamente a linha de base/nível operante;*
- considerar fatores históricos e atuais, tendo em vista que todo comportamento é multideterminado em três níveis de variação e seleção pelas consequências: filogenético, ontogenético e cultural (Skinner, 2007);
- identificar e utilizar os processos de aprendizagem respondente (reflexos condicionados) e operante (modelagem, modelação e comportamento governado por regras);
- focar na implementação de repertório comportamental (p. ex., autonomia, autocuidado, cuidar de alguém com perdas funcionais, compaixão e autocompaixão, enfrentamento da doença e da morte), e não na eliminação de comportamentos tidos como problemas ou inadequados; e
- discriminar e descrever controle e contracontrole.

Em nossos consultórios ou em outros contextos, atendemos diferentes tipos de queixas que, muitas vezes, envolvem perdas, como rompimentos de relacionamentos amorosos, perda de emprego, mudança de país, término da faculdade (Oliveira, 2014). Essa experiência direta e/ou o estudo de relatos de caso podem nos ajudar a lidar com as questões enfrentadas pelos profissionais dos SADs.

A seguir, são apresentadas algumas possíveis aplicações da Análise do Comportamento ao trabalho da equipe multiprofissional em atenção domiciliar.

Exposição direta às contingências e modelagem

No Modelo Analítico-comportamental, os comportamentos são modelados/estabelecidos e mantidos em nosso repertório comportamental a partir das mudanças que produzem no ambiente (consequências), em um constante processo de interação organismo-ambiente.** Quando essa interação é planejada, o procedimento é denominado "modelagem", que consiste em programar as contingências de ensino de um comportamento. Parte-se da linha de base ou nível operante, e, por aproximações sucessivas (aumento gradual no grau de exigência/complexidade do comportamento a ser emitido), os comportamentos estabelecidos como desejáveis são estabelecidos (Catania, 1999; Moreira & Medeiros, 2019; Skinner, 2003, 2007).

Planejar a modelagem de comportamentos permite que o indivíduo aprenda de forma mais eficaz e eficiente. Por exemplo, o gestor pode exigir de um membro da equipe de saúde mudanças graduais em seu repertório até que ele emita comportamentos adequados à

* O nível operante é a medida da linha de base. Refere-se à taxa de emissão de um comportamento antes de produzir reforçadores ou estímulos aversivos programados (Catania, 1999).

** O ambiente, para os analistas do comportamento, envolve qualquer parte do universo que possa influenciar o responder de um organismo. Pode-se falar de ambiente biológico, social e físico, e deve-se lembrar que os comportamentos do próprio organismo podem fazer parte de seu ambiente, controlando novos comportamentos.

sua função. Essa gradação pode minimizar erros e ter como efeitos aquilo que chamamos de satisfação pelo trabalho. Da mesma forma, a equipe pode escolher entre (i) exigir que o cuidador faça corretamente um curativo com pouco treino prévio, ou (ii) estar com o cuidador, auxiliando nos curativos, e permitir que ele vá assumindo a tarefa de realizar o curativo aos poucos, o que implicará menos erros. Nesse contexto, o profissional de Psicologia deverá estar atento aos repertórios comportamentais que precisarão ser aprimorados ou desenvolvidos, de forma a colocar pacientes e cuidadores em contato com possíveis reforçadores, como a melhora na área de uma ferida e o aumento no bem-estar do paciente. O maior contato com esses reforçadores pode favorecer a manutenção dos comportamentos relevantes para o contexto de tratamento.

Modelação ou aprendizagem por modelo

Outra forma de desenvolvimento de repertório comportamental consiste em observar o comportamento de outros organismos/indivíduos e aprender com esse modelo (Moreira & Medeiros, 2019; Skinner, 2003). Quando o psicólogo explica essa forma de aprendizagem para os envolvidos, torna mais provável que a equipe seja cuidadosa ao demonstrar um procedimento (p. ex., realização de curativo de lesões por pressão, banho no leito, aspiração nasal) e que a família preste mais atenção (controle de estímulos) a essa demonstração. Os membros da equipe passam a ser modelos para os cuidadores e podem realizar os procedimentos de forma mais lenta, a fim de facilitar a aprendizagem por observação (modelação).

Ainda, quando possível, a realização de grupos psicoeducacionais com a participação de cuidadores de diferentes pacientes abre a possibilidade para a troca de experiência e aprendizado vicariante, assim como aumenta o acesso a reforçadores sociais, como o reconhecimento e a validação dos membros da equipe e dos demais cuidadores.

Regras

Regras, instruções, avisos, conselhos e ordens são estímulos verbais antecedentes que especificam/descrevem uma contingência (Skinner, 2003). As regras podem ser (i) acuradas ou inacuradas e (ii) completas *versus* incompletas. Os membros da equipe devem emitir regras que sejam precisas e completas, tanto quanto possível, a fim de facilitarem a aprendizagem por parte dos cuidadores. Devem também atentar para a possibilidade de insensibilidade às contingências: a contingência muda, mas o cuidador continua se comportando de acordo com a regra anteriormente apresentada pela equipe. Por exemplo, um paciente com tumor cerebral em determinada área pode apresentar febre baixa em certo horário, todos os dias. Essa febre não precisa preocupar o cuidador nem ser medicada. Entretanto, o mesmo paciente pode ter febre mais alta e/ou fora dos horários comuns, e o cuidador pode tratar aquilo como normal, não atentando para uma possível infecção. Por isso, a equipe precisa emitir regras acuradas e completas, o que inclui chamar a atenção para possíveis exceções e a necessidade de comunicá-las aos profissionais.

Por fim, alguns cuidadores podem desenvolver dependência do agente formulador das regras. Este é o caso de alguém que, além de pedir mais visitas domiciliares do que as previstas, liga várias vezes ao dia para o SAD, perguntando tudo o que precisa fazer e comunicando qualquer alteração no quadro do paciente.

Com o objetivo de facilitar a aprendizagem dos cuidadores, uma das equipes de atenção domiciliar do Distrito Federal montou a *Car-*

tilha do cuidador: aprendendo a cuidar em casa (de-Farias et al., 2015; Martins et al., 2019). São descritos vários dos procedimentos a serem realizados em domicílio, em uma linguagem simples, complementada por diversas figuras/fotografias que exemplificam cada procedimento e os termos técnicos utilizados. Nesse sentido, a cartilha apresenta regras, de forma escrita, que podem ser consultadas a qualquer momento pelos cuidadores. Em conjunto com a entrega da cartilha, a equipe demonstrava vários dos procedimentos no domicílio ou em encontros de cuidadores, realizados na sede do SAD, visando à modelação de comportamentos. Algumas famílias necessitam de maior acompanhamento para desenvolverem o repertório de cuidar de seu paciente, e, por isso, além das regras e da modelação, as visitas domiciliares foram intensificadas, e um processo de modelagem foi planejado para cada uma dessas famílias.

Projeto Terapêutico Singular (PTS)

Analistas do comportamento também podem contribuir na avaliação do caso como um todo, não apenas no trabalho do psicólogo. Por isso, desenvolver o repertório de analisar funcionalmente um comportamento é de grande relevância para o trabalho em equipes multiprofissionais de forma geral. Mais especificamente, prepara o psicólogo a contribuir para a formulação do PTS.

O PTS pode ser considerado uma variação do caso clínico, com descrição das condições históricas e atuais de saúde de um sujeito ou contexto único, planejamento e avaliação de intervenções realizadas, condições para a alta e o seguimento. No caso da atenção domiciliar, trata-se do conjunto de propostas de condutas terapêuticas articuladas, para um sujeito individual ou coletivo, resultado da discussão de uma equipe interdisciplinar, podendo ser apoiada por uma equipe matricial* (Mauch, 2014).

Nesse sentido, busca articular os conhecimentos dos diferentes profissionais da equipe, por meio da apresentação das várias formas de ver a problemática em questão e como se complementam, visando à integração e à organização das equipes de saúde. O PTS também tem como objetivo ajudar o indivíduo/família/comunidade a restabelecer relações afetivas e sociais e reconquistar direitos e poder (Mauch, 2014).

Esse instrumento de organização do cuidado em saúde deve ser construído entre equipe e usuário, consistindo em um movimento de coprodução e de cogestão do processo terapêutico de indivíduos e grupos. É imprescindível que considere as singularidades do sujeito e a complexidade do caso e que funcione como dispositivo de responsabilização e fortalecimento do vínculo entre profissionais e usuários (Mauch, 2014).

O PTS apresenta as necessidades de saúde, a discussão do diagnóstico e a definição do cuidado compartilhado, visando à promoção de formação de compromisso entre profissionais e usuários. Desse modo, produz-se uma prática terapêutica centrada no usuário e orientada para o enriquecimento de sua existência. Sua construção e seu acompanhamento/reformulação constante permitem o aumento da eficácia dos tratamentos, já que a ampliação da comunicação traz fortalecimento de vínculos e aumento da corresponsabilização pelo tratamento (Mauch, 2014).

* Uma equipe matricial envolve profissionais especialistas que podem orientar e agir em casos específicos. Por exemplo, uma geriatra pode se reunir com a equipe de atenção domiciliar, avaliar os exames de um paciente e sugerir medicações e procedimentos específicos que o médico do SAD não conheceria suficientemente.

Com o que isso se parece em Análise Comportamental Clínica? As Terapias Comportamentais de Terceira Onda ou Geração, ou Terapias Contextuais, defendem a elaboração de uma formulação comportamental ou conceituação do caso clínico que descreva e relacione aspectos (históricos e atuais) da relação organismo-ambiente que possam contribuir para o estabelecimento e a manutenção dos comportamentos/padrões comportamentais apresentados pelo cliente. É por meio dessa formulação que a linha de base é identificada (sabemos como o cliente está chegando ao tratamento), os objetivos terapêuticos podem ser traçados, as estratégias de intervenção podem ser sugeridas, e todo o processo terapêutico pode ser constantemente avaliado (de-Farias, 2010; de-Farias et al., 2018; Moraes, 2010; Quinta, 2018; Ruas et al., 2010; Villas-Boas, 2013a, 2013b).

O treino em formular ou conceituar um caso em Análise Comportamental Clínica ajuda significativamente o psicólogo e toda a equipe multiprofissional no que se refere à elaboração do PTS. Sugere-se as leituras de Fonseca e Nery (2018) e Nery e Fonseca (2018), que apresentam um passo a passo para a elaboração de análises funcionais moleculares (microanálises) e molares (macroanálises) que podem subsidiar as equipes de atenção domiciliar na construção do PTS.

Considerações finais

A Análise do Comportamento é uma ciência com princípios filosóficos, conceituais e técnicos de ampla aplicação. Mostra-se útil ao trabalho de um psicólogo em qualquer equipe multiprofissional da qual possa fazer parte. Este capítulo apresentou algumas das possíveis contribuições dessa ciência para o atendimento domiciliar, no Distrito Federal, em um programa elaborado pelo SUS. A atenção domiciliar pode também ser prestada por convênios particulares de saúde (quando é, geralmente, denominada *home care*, não havendo muita alteração na forma de atuação ou objetivo. No âmbito do SUS, o termo *home care* restringe-se aos casos mais graves de internação domiciliar, que necessitam de suporte ventilatório mecânico e/ou da presença contínua de um técnico/auxiliar de enfermagem).

Conhecer os princípios analítico-comportamentais, os programas do SUS e o local e a cultura nos quais o psicólogo esteja inserido aumenta a probabilidade de inserção no mercado de trabalho. Além disso, as contribuições teórico-conceituais, a ênfase em pesquisas e a avaliação das intervenções podem ampliar a eficácia nos atendimentos, viabilizando melhoria na qualidade de vida do paciente e de seus respectivos familiares e cuidadores.

Referências

Alvarenga, B. E. (2005). *Cuidados paliativos domiciliares: Percepções do paciente oncológico e de seu cuidador*. Moriá.

Baptista, B. O., Beuter, M., Girardon-Perlini, N. M. O., Brondani, C. M., Budó, M. L. D., & Santos, N. O. (2012). A sobrecarga do familiar cuidador no âmbito domiciliar: Uma revisão integrativa da literatura. *Revista Gaúcha de Enfermagem, 33*(1), 147-156.

Batista, M. P. P., Almeida, M. H. M., & Lancman, S. (2014). Cuidadores formais de idosos: Contextualização histórica no cenário brasileiro. *Revista Brasileira de Geriatria e Gerontologia, 17*(4), 879-885.

Carvalho, V. V. (2019). Cuidado familiar: O adoecimento do cuidador familiar do indivíduo em regime de internação domiciliar. In A. K. C. R. de-Farias (Org.), *Ciências da Saúde: O trabalho de equipes multiprofissionais em diferentes contextos* (pp. 215-219). Juruá.

Catania, A. C. (1999). *Aprendizagem: Comportamento, linguagem e cognição*. Artmed.de-Farias, A. K. C. R. (2010). Por que análise comportamental clínica? Uma introdução ao livro. In A. C. C. R. de-Farias (Org.), *Análise comportamental clínica: Aspectos teóricos e estudos de caso* (pp. 19-29). Artmed.

de-Farias, A. K. C. R. (2015). *Cuidados paliativos e atenção domiciliar: Em que a Análise do Comportamento pode ajudar?* Minicurso na Atitude Cursos.

de-Farias, A. K. C. R. (2020, 22 de maio). *Cuidados paliativos: Para que e para quem servem.* https://inpaonline.com.br/blog/cuidados-paliativos--para-que-e-para-quem-servem/

de-Farias, A. K. C. R., Fonseca, F. N., & Nery, L. B. (2018). Prefácio. In A. K. C. R. de-Farias, F. N. Fonseca, & L. B. Nery (Orgs.), *Teoria e formulação de casos em análise comportamental clínica* (pp. ix-xiv). Artmed.

de-Farias, A. K. C. R., Lacerda, T. L., Martins, N. F., & Ribeiro, I. A. (2015). *Cartilha do cuidador: Aprendendo a cuidar em casa.* 13º Congresso Brasileiro Interdisciplinar de Assistência Domiciliar.

Fonseca, F. N., & Nery, L. B. (2018). Formulação comportamental ou diagnóstico comportamental: Um passo a passo. In A. K. C. R. de-Farias, F. N. Fonseca, & L. B. Nery (Orgs.), *Teoria e formulação de casos em análise comportamental clínica* (pp. 23-48). Artmed.

Laham, C. F. (2004). Peculiaridades do atendimento psicológico em domicílio e o trabalho em equipe. *Psicologia Hospitalar, 2*(2).

Laham, C. F. (2010). Paciente e cuidador: Uma relação especial. In A. M. Y. Yamaguchi, K. T. Higa-Taniguchi, L. Andrade, S. A. P. C. Bricola, W. Jacob Filho, & M. R. Martins (Orgs.), *Assistência domiciliar: Uma proposta interdisciplinar* (pp. 414-420). Manole.

Lei nº 4.119, de 27 de agosto de 1962. (1962). Dispõe sobre os cursos de formação em Psicologia e regulamenta a profissão de Psicólogo. http://www.planalto.gov.br/ccivil_03/leis/1950-1969/l4119.htm

Lopes, J. M. C. (Org.). (2003). *Manual de assistência domiciliar na atenção primária à saúde.* Grupo Hospitalar Conceição.

Martins, N. F., de-Farias, A. K. C. R., Lacerda, T. L., Ribeiro, I. A., Tinazi, M. A. P., Souza, F. D. Z. S., & Rodrigues, M. P. B. (2019). Cartilha do cuidador: Ajudando a cuidar em casa. In A. K. C. R. de-Farias (Org.), *Ciências da Saúde: O trabalho de equipes multiprofissionais em diferentes contextos* (pp. 225-258). Juruá.

Mauch, S. D. N. (2014). *Equipes de atenção domiciliar.* Slides utilizados no VIII Curso de Extensão em Atenção Domiciliar.

Ministério da Saúde. (2004a). *Humaniza SUS: Política nacional de humanização: Documento base para gestores e trabalhadores do SUS.* https://bvsms.saude.gov.br/bvs/publicacoes/humanizaSus_doc_base.pdf

Ministério da Saúde. (2004b). *Humaniza SUS: Política nacional de humanização: A humanização como eixo norteador das práticas de atenção e gestão em todas as instâncias do SUS.* http://observatoriohospitalar.fiocruz.br/sites/default/files/biblioteca/humanizasus_2004.pdf

Ministério da Saúde. (2008). *Guia prático do cuidador.* https://bvsms.saude.gov.br/bvs/publicacoes/guia_pratico_cuidador.pdf

Ministério da Saúde. (2012). *Caderno de atenção domiciliar* (Vol. 1). http://189.28.128.100/dab/docs/publicacoes/geral/cad_vol1.pdf

Ministério da Saúde. (2013). *Caderno de atenção domiciliar* (Vol. 2). http://189.28.128.100/dab/docs/portaldab/publicacoes/cad_vol2.pdf

Moraes, D. L. (2010). Caso clínico: Formulação comportamental. In A. C. C. R. de-Farias (Org.), *Análise comportamental clínica: Aspectos teóricos e estudos de caso* (pp. 171-178). Artmed.

Moreira, M. B., & Medeiros, C. A. (2019). *Princípios básicos de análise do comportamento* (2. ed.). Artmed.

Nery, L. B., & Fonseca, F. N. (2018). Análises funcionais moleculares e molares: Um passo a passo. In A. K. C. R. de-Farias, F. N. Fonseca, & L. B. Nery (Orgs.), *Teoria e formulação de casos em análise comportamental clínica* (pp. 1-22). Artmed.

Nery, L. B., & Fonseca, F. N. (2019). 'As invasões bárbaras', o adoecimento e a morte: Uma visão analítico-comportamental. In A. K. C. R. de-Farias (Org.), *Ciências da Saúde: O trabalho de equipes multiprofissionais em diferentes contextos* (pp. 343-373). Juruá.

Nery, L. B., de-Farias, A. K. C. R., & Fonseca, F. N. (2021). Cuidados paliativos no contexto da oncologia pediátrica: Uma revisão de literatura. *Psicologia em Processo, 1*(1), 79-89.

Oliveira, D. R. (2014). *Terapia do luto: Contribuições e reflexões sob a perspectiva da análise do comportamento* [Trabalho de Conclusão de Curso]. Hospital Universitário USP.

Portaria nº 825, de 25 de abril de 2016. (2016). Redefine a atenção domiciliar no âmbito do Sistema Único de Saúde (SUS) e atualiza as equipes habilitadas. https://bvsms.saude.gov.br/bvs/saudelegis/gm/2016/prt0825_25_04_2016.html

Püschel, V. A. A., Ide, C. A. C., & Chaves, E. C. (2005a). Competências psicossociais para a assistência domiciliar. *Revista Brasileira de Enfermagem, 58*(4), 466-470.

Püschel, V. A. A., Ide, C. A. C., & Chaves, E. C. (2005b). Instrumento para a abordagem psicossocial do indivíduo e da família na assistência domiciliar: Condições de aplicabilidade. *Acta Paulista de Enfermagem, 18*(2), 203-212.

Püschel, V. A. A., Ide, C. A. C., & Chaves, E. C. (2006). Modelos clínico e psicossocial de atenção ao indivíduo e à família na assistência domiciliar: Bases conceituais. *Revista da Escola de Enfermagem da USP, 40*(2), 261-268.

Quinta, N. C. C. (2018). Reflexões sobre o estabelecimento de objetivos terapêuticos na clínica analítico-comportamental. In A. K. C. R. de-Farias, F. N. Fonseca, & L. B. Nery (Orgs.), *Teoria e formulação de casos em análise comportamental clínica* (pp. 49-63). Artmed.

Resolução CFM nº 1.931/2009. (2009). Aprova o código de ética médica. https://portal.cfm.org.br/etica-medica/codigo-2010/resolucao-cfm-no-1931-2009/

Resolução CFM nº 2.056/2013. (2013). Disciplina os departamentos de Fiscalização nos Conselhos Regionais de Medicina, estabelece critérios para a autorização de funcionamento dos serviços médicos de quaisquer naturezas, bem como estabelece critérios mínimos para seu funcionamento, vedando o funcionamento daqueles que não estejam de acordo com os mesmos. Trata também dos roteiros de anamnese a serem adotados em todo o Brasil, inclusive nos estabelecimentos de ensino médico, bem como os roteiros para perícias médicas e a organização do prontuário de pacientes assistidos em ambientes de trabalho dos médicos. https://sistemas.cfm.org.br/normas/arquivos/resolucoes/BR/2013/2056_2013.pdf

Resolução CFP nº 001/2009. (2009). Dispõe sobre a obrigatoriedade do registro documental decorrente da prestação de serviços psicológicos. https://site.cfp.org.br/wp-content/uploads/2009/04/resolucao2009_01.pdf

Resolução CFP nº 005/2012. (2012). Altera a Resolução CFP n.º 002/2003, que define e regulamenta o uso, a elaboração e a comercialização de testes psicológicos. http://www.crpsp.org.br/portal/orientacao/resolucoes_cfp/fr_cfp_005-12.aspx

Resolução CFP nº 010/2005. (2005). Aprova o Código de Ética Profissional do Psicólogo. https://site.cfp.org.br/wp-content/uploads/2005/07/resolucao2005_10.pdf

Resolução nº 56, de 14 de outubro de 2008. (2008). Aprova projeto de implantação do programa de internação domiciliar no Distrito Federal, constante nos autos do processo 060.011.780/2008. https://www.dodf.df.gov.br/index/visualizar-arquivo/?pasta=2008|11_Novembro|DODF%20225%2012-11-08|&arquivo=DODF%20225%2012-11-08%20SECAO1.pdf

Ruas, S. A., Albuquerque, A. R., & Natalino, P. C. (2010). Um estudo de caso em terapia analítico-comportamental: Construção do diagnóstico a partir do relato verbal e da descrição da diversidade de estratégias interventivas. In A. C. C. R. de-Farias (Org.), *Análise comportamental clínica: Aspectos teóricos e estudos de caso* (pp. 179-200). Artmed.

Skinner, B. F. (2003). *Ciência e comportamento humano* (11. ed.). Martins Fontes. (Obra original publicada em 1953).

Skinner, B. F. (2007). Seleção por consequências. *Revista Brasileira de Terapia Comportamental e Cognitiva, 9*(1), 129-137.

Villas Bôas, M. L. C. (2014). *Programa de internação domiciliar do Distrito Federal: Avanços e desafios* [Tese de doutorado]. Universidade de Brasília.

Villas-Boas, A. (2013a). *FAP e seus paralelos*. https://www.comportese.com/2013/03/fap-e-seus-paralelos

Villas-Boas, A. (2013b). *FAP e seus paralelos II: Identificando os paralelos em uma interação terapêutica*. https://www.comportese.com/2013/09/fap-e-seus-paralelos-ii-identificando-os-paralelos-em-uma-interacao-terapeutica

Leituras recomendadas

Ministério da Saúde. (2007). *Envelhecimento e saúde da pessoa idosa*. https://bvsms.saude.gov.br/bvs/publicacoes/abcad19.pdf

Tonetto, A. M., & Gomes, W. B. (2007). Competências e habilidades necessárias à prática psicológica hospitalar. *Arquivos Brasileiros de Psicologia, 59*(1), 38-50.

Anexos

Anexo 1

Diretrizes básicas para evolução psicológica

Serviço de Atenção Domiciliar – Informar a unidade

- Identificação do paciente:
- Registro:
- Sexo:
- Data de nascimento:
- Idade:
- Estado civil:
- Nível de escolaridade:
- Atividade laborativa anterior ao adoecimento:
- Prática religiosa:
- Pessoas com quem reside:
- Lista de familiares menores de idade:
- Lista de cuidadores principais e tipo de vínculo com o paciente:
- Profissionais presentes no momento do atendimento:
- Contexto no qual foi realizado o atendimento:

* Diretrizes elaboradas pela psicóloga Juciléia R. Souza, como coordenadora de serviços de saúde no Hospital Universitário de Brasília (HUB, Universidade de Brasília, DF).

Avaliação inicial - paciente

1 Estado psíquico: apresentação/aparência, atitude, nível de consciência, atenção, concentração, orientação, memória, sensopercepção, juízo crítico da realidade, humor e afeto, psicomotricidade, linguagem, vontade, sono, apetite, sexualidade, pensamento, incluindo a existência ou não de ideação suicida.

2 Avaliação da percepção do paciente sobre o contexto atual: nível de compreensão sobre a doença e o tratamento, qualidade e quantidade das informações apreendidas, principais fontes de informação sobre seu quadro atual, nível de satisfação com a assistência oferecida pela equipe de saúde e pelos cuidadores formais e informais, principais dúvidas e preocupações relacionadas ao seu estado atual.

3 Avaliação da percepção dos familiares e/ou cuidadores sobre o contexto atual: nível de compreensão sobre a doença e o tratamento, qualidade e quantidade das informações apreendidas, principais fontes de informação sobre seu quadro atual, nível de satisfação com a assistência oferecida pela equipe de saúde e pelos cuidadores formais e informais, principais dúvidas e preocupações relacionadas ao seu estado atual.

4 Reações do paciente ao adoecimento e tratamento domiciliar: reações emocionais desencadeadas pelo adoecimento e necessidade de atenção domiciliar, estado de humor predominante e situações que interferem positiva e/ou negativamente neste, habilidade de expressar suas preocupações e emoções para outras pessoas, formas de expressão (aproximação, esquiva, tom de voz, reações físicas, direcionamento do olhar, etc.) relacionadas ao estado de humor e condições ambientais e relacionais, autoestima e autoconceito.

5 Rede de suporte social: composição familiar, pessoas que estimulam positiva e/ou negativamente tanto o paciente quanto seus familiares, percepção do paciente sobre seu papel no núcleo familiar, impacto do adoecimento no cotidiano e na interação familiar, impacto na estrutura e condição financeira.

6 Reações dos familiares e/ou cuidadores ao adoecimento e tratamento domiciliar: reações emocionais desencadeadas pelo adoecimento e necessidade de atenção domiciliar, estado de humor predominante e situações que interferem positiva e/ou negativamente neste, habilidade de expressar suas preocupações e emoções para outras pessoas, formas de expressão (aproximação, esquiva, tom de voz, reações físicas, direcionamento do olhar, etc.) relacionadas ao estado de humor e condições ambientais e relacionais, autoestima e autoconceito.

7 Estratégias de enfrentamento adotadas pelo paciente: comportamentos do paciente direcionados para o manejo da sua condição de saúde e das reações emocionais relacionadas.

8 Estratégias de enfrentamento adotadas pelos familiares e/ou cuidadores: comportamentos utilizados por familiares e/ou cuidadores para manejar o estado de saúde do paciente, assim como para lidar com a própria saúde e reações ao contexto de adoecimento e tratamento domiciliar.

9 Lista de problemas: relatar as principais demandas/necessidades psicológicas e/ou psicossociais identificadas.

10 Plano terapêutico: descrever o plano de intervenção que será seguido durante os atendimentos e encaminhamentos realizados.

11 Intervenções realizadas: descrever quais intervenções foram utilizadas durante os atendimentos.

12 Encaminhamentos: registrar os encaminhamentos realizados para outros serviços ou profissionais.

13 Conduta: informar encerramento ou continuidade do acompanhamento.

Anexo 2

Evolução diária – paciente e/ou cuidador/familiar

1. Avaliação do estado mental: registro de existência ou não de mudanças no estado mental.

2. Avaliação da percepção sobre o contexto atual: registro de existência ou não de mudanças na percepção.

3. Avaliação da afetividade e do humor: registro de existência ou não de mudanças na afetividade e no humor.

4. Rede de suporte social: registro de informações que descrevem a interação entre o paciente e sua rede de suporte e possíveis mudanças verificadas.

5. Estratégias de enfrentamento adotadas: registro de informações que descrevem mudanças na interação paciente-cuidador/familiar-equipe de saúde.

6. Demandas identificadas: relatar novas demandas psicológicas e/ou psicossociais identificadas, bem como descrever, quando pertinente, o impacto das intervenções psicológicas realizadas e como podem estar relacionadas às mudanças observadas.

7. Intervenções realizadas: descrever quais intervenções foram utilizadas durante os atendimentos.

8. Informações complementares: inserir informações que possam ser úteis para subsidiar os membros da equipe de saúde e/ou tenham influência na condição psicológica do paciente e não foram contempladas anteriormente.

9. Plano terapêutico: descrever se houve ou não mudança no plano de intervenção e quais etapas estão em andamento.

10. Conduta: informar encerramento ou continuidade do acompanhamento.

Índice

As letras *f, q, t* indicam, respectivamente, figuras, quadros e tabelas.

D

E

F

G

H

I

L

Q

R

S

T

V

IMPRESSÃO:

PALLOTTI
GRÁFICA

Santa Maria - RS | Fone: (55) 3220.4500
www.graficapallotti.com.br